AF452283

TRAITÉ

DE

TOXICOLOGIE

GÉNÉRALE

OÙ

DES POISONS

ET

DES EMPOISONNEMENTS EN GÉNÉRAL

PAR

C.-P. GALTIER, D. M. P.

Professeur de Pharmacologie, de Matière médicale,
de Thérapeutique et de Toxicologie

PARIS

CHAMEROT, LIBRAIRE-ÉDITEUR

13, RUE DU JARDINET

1855

INTRODUCTION.

La toxicologie, τοξικολόγος, de τοξικόν, poison, et de λόγος, discours, est cette partie des sciences médicales qui traite des poisons et des empoisonnements, sous le point de vue chimique, médical et légal.

Est considéré comme *poison* tout corps qui, *par suite* de son action chimico-dynamique locale, et *surtout* de son absorption, peut donner lieu à des désordres organiques ou fonctionnels graves ou mortels.

Le nom de *corps* établit une délimitation entre les poisons et les agents impondérables (calorique, électricité) qui, par leur action chimique ou dynamique, peuvent donner lieu aussi à des accidents mortels.

Les substances telles que le *verre pilé*, etc., que quelques toxicologistes considèrent comme des poisons mécaniques, que l'article 301 du Code pénal assimile en quelque sorte aux poisons, en diffèrent en ce qu'elles n'ont pas d'action chimique locale, ne sont point absorbées, agissent enfin comme agents physiques, et, par conséquent, doivent faire partie des corps vulnérants.

Il n'y a pas de limite rigoureuse entre le poison et le *médicament*, puisque plusieurs de ces derniers, à haute dose, variable pour chacun d'eux, agissent comme poisons, que ceux-ci, à faible dose, sont administrés comme médicaments : la différence consiste surtout dans le but qu'on se propose, dans le résultat à obtenir.

Les venins sont des poisons organiques normaux, sécrétés par des appareils particuliers à certains animaux dits *venimeux*, qui, par inoculation ou par la muqueuse pulmonaire, donnent lieu à des effets spéciaux, variables en intensité : les venins restent inertes sur la muqueuse gastro-intestinale.

Les virus sont des produits organiques morbides qui, par inoculation et après une incubation plus ou moins longue, donnent lieu à des maladies spécifiques (rage, syphilis, etc.), et à un nouveau produit morbifique, transmissibles par inoculation d'individu à individu. Plusieurs faits tendent à démontrer l'innocuité des virus par la voie gastro-intestinale.

Les miasmes, *les effluves*, etc., sont des émanations provenant des matières organiques en décomposition ou d'individus malades, qui, portées à une plus ou moins grande distance, par l'intermédiaire de l'air, produisent des maladies endémiques ou épidémiques spécifiques, à forme périodique (fièvres intermittentes), ou continue (choléra, typhus, etc.).

Les venins, les virus, les miasmes ne diffèrent donc pas des poisons, dans le sens absolu du mot, puisque, introduits dans l'économie par voie d'absorption, ils déterminent des désordres organiques ou fonctionnels graves ou mortels. Nous ferons remarquer cependant qu'ils ne se produisent que dans des circonstances particulières, qu'ils sont d'origine et de nature organiques, qu'ils donnent lieu ordinairement à des maladies spécifiques pouvant se reproduire, se communiquer par inoculation, infection ou contagion. Les poisons, au contraire, appartiennent aux règnes inorganique et organique, diffèrent beaucoup entre eux par leur état, leurs caractères physiques, chimiques et leurs effets, ne donnent point lieu, comme les virus, à des

produits transmettant le même état morbide par inocula-
lation, produisent, à peu d'exceptions près, l'intoxication
par la voie gastro-intestinale. Peu altérables dans leur
nature, même pendant qu'ils circulent dans nos organes,
la viande, les produits sécrétés des animaux intoxiqués
peuvent agir comme poisons, tandis que la viande, les
produits sécrétés des animaux tués par les venins, les
virus, les miasmes ne seraient pas toxiques, puisque,
d'après M. Renault, ils peuvent alimenter d'autres animaux, les granivores, les carnivores, l'homme, sans inconvénient, ce qui cependant n'est pas admis par tous les
auteurs. Enfin, étant très-répandus dans la nature, le
commerce, il est facile de se les procurer pour la perpétration du crime : c'est ce qui fait peut-être que, dans les
traités de toxicologie, il n'est question que des poisons et
des venins, laissant à la pathologie les maladies viru-
lentes, miasmatiques.

La difficulté d'établir une délimitation rigoureuse entre
les poisons, les médicaments, les venins, les virus, les
miasmes, de donner de chacun d'eux une définition précise, succincte, surtout sous le point de vue de la toxicologie, science si complexe, nous fera pardonner les di-
gressions qui précèdent.

On donne les noms d'*intoxication*, d'*empoisonnement* à
l'ensemble des effets produits par un poison. Cependant
la dernière dénomination a un sens plus étendu et comprend, en outre, l'action d'empoisonner, l'attentat à la vie
par un poison; par conséquent, elle est plus médico-légale.

Il y a empoisonnement, *légalement parlant*, toutes les
fois qu'un poison ou une substance (cuivre, plomb, etc.)
administrée dans des circonstances à pouvoir le devenir,
ont été donnés dans un but coupable, quel qu'en soit le
résultat, par conséquent, sous le point de vue de la crimi-
nalité, on considère et les effets du poison et l'intention
dans laquelle il a été administré.

Législation. Est qualifié d'empoisonnement *tout attentat à la vie* d'une personne, par l'effet de substances qui peuvent donner la mort, plus ou moins promptement, *de quelque manière* que ces substances aient été employées ou administrées, *et quelles qu'en aient été les suites* (Code pénal, art. 301).

Les poisons sont fournis par le règne minéral, végétal et animal. Ils sont solides, liquides ou gazeux; quelques-uns s'offrent sous ces deux ou trois états. Plusieurs matières organiques, surtout animales, par leur altération spontanée, peuvent devenir toxiques, donner lieu à des gaz délétères.

Les hommes, les animaux se nourrissant de matières organiques, ont dû, quoique guidés par leur instinct, distinguer, à leurs dépens, les végétaux toxiques, les animaux venimeux; ce sont par conséquent les poisons organiques qui ont été les premiers connus, et leur découverte remonte à la plus haute antiquité. Les herbes enchantées dont parlent les anciens poëtes, qui, probablement, ne sont autres que nos plantes vireuses, les flèches empoisonnées avec le suc des plantes, le sang altéré, le venin des animaux, dont se servaient les anciens guerriers et les peuples sauvages, le breuvage avec le suc de ciguë et d'autres plantes toxiques, destiné aux condamnés, chez les Grecs, les Égyptiens, usage encore suivi à Madagascar, où l'on soumet les prévenus à l'épreuve du tanghin, viennent à l'appui de cette assertion.

La connaissance des poisons inorganiques est bien moins ancienne que celle des poisons organiques, et il nous serait bien difficile d'en fixer l'époque d'une manière précise, d'autant plus que la découverte des effets toxiques ne date pas toujours de celle du corps. Puisque Moïse recommandait l'extrême propreté des vases en cuivre, il devait connaître, probablement, les accidents produits par les aliments préparés dans des vases de ce métal. Du temps d'Hippocrate, on ne paraissait connaître qu'une seule préparation arsenicale, le sulfure d'arsenic, sous le nom de *sandaraque*, et ce n'est guère que dans Dioscoride où il paraît être question de l'arsenic blanc ou acide arsénieux. Nicandre et ce dernier auteur parlent des accidents par les oxydes de plomb; cependant les Romains mettaient des lames de ce métal dans le vin, afin de lui faire perdre son acidité, le faisaient même évaporer, à cet effet, dans des vases en plomb, et il a fallu arriver jusqu'au dernier siècle, pour condamner cet usage et savoir que les accidents, désignés sous le nom de colique végétale, n'étaient autres, le plus souvent, que la colique des peintres, due au cidre et autres boissons acides, conservées dans des cuves en plomb. Vitruve connaissait cependant la nocuité que contractait l'eau en passant dans des tuyaux en plomb récemment appliqués, et son innocuité après un certain laps de temps. Les Grecs, les Romains considéraient le mercure comme poison général. Dioscoride parle des masques dont se servaient les mineurs pour se préserver des vapeurs mercurielles. Mais ce métal ne paraît avoir été employé comme médicament que vers le milieu du huitième siècle. La nocuité des préparations antimoniales était connue au quinzième siècle. La découverte, et par suite les effets toxiques des acides sulfurique, nitrique, chlorhydrique datent à peu près de cette époque ; celle du phosphore, de 1669. La potasse, la soude, la chaux, le sel de nitre, d'ammoniaque étaient connus des Égyptiens. La découverte des autres poisons minéraux est en quelque sorte toute récente, et la chimie, vers la fin du siècle dernier, surtout dans celui-ci, en a fabriqué un très-grand nombre, a obtenu les produits auxquels les végétaux, les animaux doivent leurs propriétés. La connaissance de la baryte, des acides oxalique, tartrique, cyanhydrique est due à Schéele ; celle des alcalis végétaux date de 1816.

Les Grecs, les Romains attribuaient l'asphyxie des ouvriers des mines à un air irrespirable, que la superstition des siècles suivants a converti en démon, esprit malin. Ce n'est

guère que vers la moitié du dernier siècle et dans celui-ci
que la nature des gaz simples ou complexes a été bien déterminée, qu'on les a distingués en toxiques et asphyxiants,
question qui n'est pas encore complétement résolue pour
quelques-uns d'entre-eux. (Voy. Empois. par les matières
gazeuses, tom. II.)

La science, ou plutôt la pratique de l'empoisonnement,
était, peut-être, relativement au moins grand nombre de
poisons connus, autant et plus perfectionnée dans l'antiquité que de nos jours, et, sans remonter aux temps fabu-
leux de Médée, de Circée, je doute que nous puissions
composer un breuvage qui donnât une mort calme, sans
troubles, sans abolition de l'intelligence, comme celui
usité chez les Grecs. Nous ignorons encore, ou du moins
nous ne connaissons qu'incomplétement la composition
de quelques poisons exotiques, celle du worara, du curare, qui servent à empoisonner les flèches, chez les Indiens, les Américains, poisons avec lesquels ils peuvent
endormir momentanément les oiseaux, les singes, sans les
faire périr, ou tuer les animaux les plus robustes. D'après
les missionnaires, les Indiens possèdent des traités spéciaux sur les poisons et les contre-poisons qui remontent à
la plus haute antiquité. C'est par le poison que péris-
saient les criminels, chez plusieurs peuples anciens, ainsi
que les rois d'Ethiopie, sur l'ordre des prêtres. Selon Pline,
Théophraste, les Grecs auraient appris des Égyptiens l'art
de préparer les poisons. Les Grecs, les Carthaginois et autres peuples connaissaient les moyens d'empoisonner les
boissons, les fontaines, pour triompher plus facilement de
leurs ennemis ou faire capituler les villes. Mithridate,
combattant contre les Romains, empoisonna, sur son passage, l'eau des fontaines. Le rusé Annibal, pour dompter
les Africains, fit mettre de la mandragore dans leur vin,
pratique qui a été imitée par les Écossais envers les Danois
leurs ennemis, qui l'est encore de nos jours avec le datura

par les *endormeurs,* pour voler les personnes ou en abuser
(Voy. Solanées). En Orient, le cheik de l'ordre des Assassins, pour fanatiser les jeunes musulmans, s'en faire des
partisans, les plonge, par le hachich, dans un sommeil
ravissant, fantastique, qu'il fait suivre au réveil de réalité.
Au quatrième siècle de l'ère romaine, des dames romaines
s'étaient associées, dit-on, pour se débarrasser de leurs
maris par le poison. A l'époque du cruel Néron, la redou-
table Locuste n'avait-elle pas l'art de préparer des poisons
qui faisaient périr à une heure déterminée? Dans l'antiquité et le moyen âge, les empoisonnements étaient si
fréquents, si redoutés, que les seigneurs, les princes faisaient déguster, par leurs échansons, les boissons, les
aliments, et même, comme préservatif, mettaient des pier-
res précieuses dans les vases.

Le poison est l'arme dont se sont servies plusieurs têtes
couronnées pour satisfaire leur vengeance, leur avarice ou
se débarrasser de leurs compétiteurs. L'Italie, au quator-
zième siècle, a eu son Néron dans le pape Borgia, sa Locuste,
au dix-septième, dans la *Tophana,* femme qui a fait périr
plus de 600 personnes par l'*acqua-di-Napoli* (voyez Arsenic). La *Scala,* son héritière, était à la tête d'une affiliation
de 150 femmes, dont le but était de se débarrasser, par le
poison, de leurs maris débiles ou trop vieux. Vers le milieu
du dix-septième siècle, la *Brinvilliers,* assistée de Sainte-
Croix, son amant, a empoisonné son père, ses deux frères,
sa sœur et autres personnes. De nos jours les empoisonnements multiples sont moins fréquents, cependant nous
en citons plusieurs dans le cours de ce traité, et il est in-
croyable que la servante Jegado (assises de Rennes) ait été
convaincue d'avoir fait périr 45 personnes, par l'arsenic,
de 1833 à 1849. Combien d'autres empoisonnements
accidentels ou criminels passent inaperçus! Cela dépend
probablement de ce que les médecins ne s'occupent pas
assez de toxicologie médicale.

La toxicologie empruntant ses données, ses moyens d'investigation aux sciences naturelles et médicales, consistant même dans l'application de ces sciences à la solution de quelques problèmes toxicologiques, a dû nécessairement progresser comme elles. La chimie étant encore dans l'enfance vers la fin du dernier siècle, ne lui a été jusqu'alors que d'un bien faible secours; aussi les rapports, avant cette époque, quant à la partie chimique, peuvent être considérés comme nuls ou très-incomplets. Depuis, l'analyse qualitative s'est perfectionnée; on a découvert des réactifs plus sûrs, plus délicats, plus nombreux pour caractériser chaque poison en particulier, des procédés analytiques pour les déceler, non-seulement dans les matières alimentaires, le tube intestinal, mais encore dans le foie, les urines et autres parties solides et liquides du corps, quelle que soit la voie d'introduction. L'analyse a même tellement fait de progrès à cet égard, surtout depuis la découverte de l'appareil de Marsh (1836), et les procédés sont si parfaits, qu'il y a souvent impossibilité de démontrer si le poison, retiré des organes, provient d'un empoisonnement, ou s'il a été donné comme médicament, etc., question très-importante, sur laquelle nous avons beaucoup insisté aux préparations arsenicales, cuivreuses, plombiques, etc., et sur laquelle nous reviendrons ci-après.

Quant aux poisons organiques, la chimie n'avait été jusqu'ici que d'un bien faible secours pour les déceler dans les matières alimentaires, surtout dans les organes, les liquides où ils avaient pénétré par absorption, et, malgré les recherches tentées par plusieurs auteurs, le plus souvent elle était impuissante pour résoudre une question d'empoisonnement, si la botanique, la zoologie, la pharmacologie, la pathologie ne lui eussent prêté leur concours. Depuis l'affaire Bocarmé, M. Stass a ouvert une nouvelle voie pour la recherche de la nicotine, qu'il a démontrée dans la plupart des organes. La même méthode analytique

a été suivie avec succès par M. Orfila, pour la recherche de
la conicine sur les animaux empoisonnés par cet alcali.
Déjà M. Flandin avait démontré la morphine dans le foie,
et même dans l'eau de l'amnios, le fœtus, sur des singes
femelles, par un procédé qui serait aussi applicable à la
recherche de la strychnine, de la brucine, etc. M. Stass a
appliqué de nouveau son procédé à la recherche des alcalis
végétaux. Espérons qu'avec l'investigation dévorante qui
domine cette époque, on arrivera aux mêmes résultats que
pour les poisons minéraux, et que la toxicologie organique
offrira désormais, sous le rapport chimique, la même certitude que la toxicologie inorganique.

La toxicologie médicale ou plutôt la connaissance des
effets des poisons a donc précédé la toxicologie chimique.
Si dans les œuvres d'Hippocrate il n'est point question des
poisons, de leurs effets, c'est que le père de la médecine
avait fait le serment de ne pas en parler, l'avait imposé à ses
élèves, serment qui a été observé par Pline et Galien, lesquels parlent seulement des contre-poisons, d'une manière
générale. Depuis Erasistrate, Nicandre, qui ont publié un
ouvrage sur les poisons, il a paru plusieurs traités spéciaux,
les médicaments ont été considérés sous ce point de vue
dans plusieurs ouvrages de matière médicale, des expériences ont été tentées sur les criminels, sur les animaux
dans le but d'étudier les effets des poisons et des contre-
poisons, des observations ont été recueillies avec plus de
soin, aussi la toxicologie médicale, du moins pour quelques poisons, était-elle aussi avancée dans les siècles précédents que de nos jours. Les faits d'empoisonnement sont
même si nombreux chez l'homme, qu'une personne, versée
dans la langue allemande et anglaise, pourrait faire une
monographie complète sur chaque poison en particulier,
du moins pour les plus importants. Dans quelques traités
ex professo, depuis surtout que la chimie a donné une si
grande impulsion à la toxicologie, on a un peu trop négligé

la partie médicale, ou plutôt elle n'y a point été traitée avec le même développement; désormais la toxicologie chimique et médicale doivent marcher de pair, se prêter un mutuel appui, et c'est sur leur ensemble que l'expert doit puiser ses convictions, lorsqu'il a à se prononcer dans une question d'empoisonnement, de même que le magistrat, le jury qui, en outre, s'aident des preuves morales et autres circonstances, etc.

Les deux problèmes toxicologiques les plus importants sont donc d'une part la connaissance des effets, des lésions produits par les poisons; de l'autre, la recherche des poisons dans les matières suspectes (aliments, boissons, organes, etc.). Le premier problème sert à instituer la thérapeutique de l'empoisonnement; le second à reconnaître l'espèce toxique; les deux combinés ensemble à distinguer l'empoisonnement de tout autre genre morbide, à résoudre les questions médico-légales.

Dans un cours ou un traité, la toxicologie peut être exposée, enseignée de deux manières : 1° ou bien, après avoir fait l'historique de chaque poison en particulier, l'on termine par des considérations générales sur cette science, sur les poisons, l'empoisonnement en général; 2° ou bien, on commence par un exposé général de cette science, sur les poisons et l'empoisonnement, et l'on traite ensuite de chaque poison en particulier.

La première méthode, précédée surtout d'un exposé succinct sur la toxicologie, est plus didactique, plus à la portée des personnes peu initiées à l'étude de cette science; c'est celle qui convient mieux dans un cours, celle que nous suivons habituellement, que nous nous proposons de suivre dans ce traité. Cependant, comme les personnes auxquelles il est destiné sont déjà initiées à l'étude des sciences physiques et médicales, nous adopterons la seconde; le lecteur pourra ainsi embrasser la toxicologie dans son ensemble, en mieux apprécier toute l'importance;

ensuite n'ayant pas, comme dans un cours, l'intérét, la distraction des expériences, l'étude particulière des poisons lui en sera moins aride. Voici l'ordre dans lequel sont exposées les matières qui composent ce traité.

PREMIER VOLUME.

POISONS INORGANIQUES.

A. *De l'Empoisonnement et des Poisons en général,* ou *Toxicologie générale.*

B. *Des Poisons et des Empoisonnements en particulier,* ou *Toxicologie spéciale,* divisée en quatre sections :

1º *Poisons métalloïdes ;*

2º *Poisons acides ;*

3º *Poisons alcalins ;*

4º *Poisons salins métalliques.*

SECOND VOLUME.

POISONS ORGANIQUES.

Divisés en quatre sections,

Empoisonnement :

1º *Par les poisons végétaux,* distribués par familles ;

2º *Par les poisons animaux,* divisés en vénéneux et venimeux ;

3º *Par les matières alimentaires,* avec un Appendice sur leur sophistication ;

4º *Par les matières gazeuses* et *les agents anesthésiques.*

TRAITÉ

L'EMPOISONNEMENT

ET DES POISONS EN GÉNÉRAL

TOXICOLOGIE GÉNÉRALE

Dans *la toxicologie spéciale* nous supposons que le poison est connu et passons en revue les diverses recherches auxquelles il peut donner lieu, les moyens d'investigation à l'aide desquels on peut reconnaître chaque espèce d'empoisonnement, les voies par lesquelles il peut se produire, les questions médico et chimico-légales qu'il peut soulever.

Dans *la toxicologie générale* nous abordons un problème plus complexe et admettons au contraire que nous sommes en présence d'un cas supposé, par conséquent nous indiquons les moyens de démontrer s'il y a empoisonnement, de le distinguer de tout autre état morbide, de reconnaître l'espèce toxique, de résoudre les questions médico et chimico-légales qui peuvent se présenter. Afin d'arriver à ce but et pour ne pas déroger de la marche que nous suivons

2

dans l'étude de chaque poison en particulier, voici l'ordre que nous adopterons et les matières dont nous traiterons dans autant de chapitres suivants :

1° *Absorption, séjour et élimination des poisons;*

2° *Étiologie. Recherche des poisons dans les matières alimentaires, le tube intestinal, absorbés, etc.—Description des procédés.—Recherche et caractères des poisons en particulier.*

3° *Effets, lésions, mode d'action des poisons ;*

4° *Thérapeutique de l'empoisonnement ;*

5° *Pronostic de l'empoisonnement ;*

6° *Diagnostic de l'empoisonnement ;*

7° *Classification des poisons ;*

8° *Questions chimico et médico-légales ;*

9° *Rapports toxicologiques ;*

10° *Corollaires toxicologiques.*

Cet ordre, que nous suivons dans nos cours, nous permettra d'embrasser la toxicologie dans son ensemble, d'en exposer les bases fondamentales. Dans les ouvrages spéciaux nationaux, on y traite aussi des généralités sur les poisons, mais elles sont ordinairement disséminées dans le corps de l'ouvrage et non coordonnées en un ensemble systématique. Nous possédons plusieurs traités de toxicologie générale, parmi lesquels se distingue surtout celui d'Anglada, trop peu connu à Paris, remarquable par cet esprit philosophique et doctrinal qui caractérise les productions de l'école de Montpellier.

CHAPITRE Ier.

Absorption, séjour, élimination des poisons.

L'absorption des poisons, les surfaces par lesquelles ils peuvent pénétrer dans l'économie, leur séjour plus ou moins prolongé dans nos organes, ainsi que leur voie d'élimination sont des questions si importantes, sous le point de vue de la toxicologie, de la thérapeutique, qu'elles nous semblent devoir être traitées avec quelques détails.

I. — Absorption des poisons.

Dans le traité de toxicologie spéciale, surtout aux poisons inorganiques de la quatrième section, et aux poisons organiques les plus importants, nous rapportons des observations, des expériences physiologiques et chimiques qui démontrent l'absorption des poisons, que c'est même par suite de leur passage dans le sang qu'ils produisent l'intoxication. Les effets généraux ou spéciaux propres à certains poisons (mercuriaux, cantharides, etc.), l'odeur, la couleur, la saveur, etc., dont s'imprègnent soit les os, la chair des animaux, l'air expiré, le lait, les urines, la sueur, et autres liquides, sous l'influence de certains aliments, médicaments, aromates, matières colorantes, ont dû faire admettre l'absorption de toute antiquité ; c'est ce que semble prouver l'expression de *passage des poisons, des médicaments dans le sang*, qu'on trouve dans les anciens auteurs, ainsi que l'emploi de la ligature du côté du cœur, très-anciennement employée, pour s'opposer à l'absorption des venins.

L'absorption des poisons a été mise hors de doute par

plusieurs expérimentateurs, *Brodie, Magendie et Delille, Christson et Coïndet, Segalas, Panizza, Antonio Roselli, Gaetano Strombio*, etc. Ces physiologistes ont démontré : 1° qu'un poison, déposé sur le tissu cellulaire d'un membre, dans une anse intestinale, qui ne communiquent avec le corps que par les nerfs et même les vaisseaux lymphatiques, ne produisent pas d'effet toxique, tandis que c'est l'inverse si la communication a lieu seulement par une artère et une veine, et cela même aussi rapidement que lorsque le membre, l'intestin restent intacts ; 2° que c'est surtout par les veines que s'opère l'absorption des poisons, ce qui explique la rapidité de leurs effets ; 3° qu'une ventouse, appliquée sur le lieu où est déposé le poison, peut en retarder, en suspendre l'effet, même l'annuler, pourvu qu'elle soit appliquée à temps et pendant un temps assez prolongé, (Barry). Enfin nous verrons ci-après que tous les poisons minéraux et plusieurs poisons organiques peuvent être décelés dans le foie et autres organes, les liquides sécrétés, etc.

L'absorption varie, est plus ou moins active selon la surface absorbante, son état normal, pathologique ou physiologique actuel, selon la nature du poison, son état d'agrégation, de division, sa solubilité, les liquides, les substances avec lesquels il est mélangé ; c'est ce que nous allons examiner dans autant de paragraphes suivants.

1° *Absorption par la peau.* Quoique niée par quelques auteurs, elle est mise hors de doute, mais elle est très-lente. Si, dans le cours de ce traité, nous n'avons pu citer des cas d'intoxication par plusieurs poisons appliqués sur la peau, à moins que celle-ci ne fût dénudée par l'effet caustique local, nous en rapportons cependant un assez grand nombre, l'épiderme étant resté intact, par l'opium, les plantes vireuses, l'onguent mercuriel, le sublimé corrosif. Plusieurs auteurs admettent l'absorption des préparations plombiques par la peau et qu'on peut éviter les accidents toxiques par des lotions journalières. Dans les journaux on citait un ouvrier qui avait contracté la colique de cuivre, pour avoir immergé, à plusieurs reprises, ses mains dans un soluté de sulfate de cuivre, pour en retirer des plaques de zinc. Westrumb tenant son avant-bras plongé dans de l'eau musquée ou camphrée, son haleine s'imprégna de cette odeur. Des lapins ont éprouvé des symptómes d'intoxication, en 24, 48 heures, par l'application de l'acétate de plomb, de l'émétique dissous sur la peau (Lebkuchner). La pommade stibiée, en friction sur tout le corps, produit cet effet. Landriani, Chaussier, M. Collard de Martigny ont donné lieu à des accidents d'intoxication par l'application des gaz acides carbonique, sulfhydrique sur la peau chez l'homme et les animaux. Les sels solubles tels que l'iodure de potassium, le cyanure jaune sont assez promptement absorbés par cette voie. Des personnes auraient éprouvé la salivation en portant des ceintures en laine contenant du mercure pour combattre la gale; d'autres des accidents graves avec un sachet d'acide arsenieux sur la poitrine, comme moyen préservatif dans une épidémie; probablement l'absorption s'est opérée par l'intermédiaire de la sueur qui a dissous l'acide arsenieux. C'est ainsi qu'on doit expliquer celle des substances solides par cette voie, aussi est-elle plus active à la partie interne des membres, dans l'aine, le creux de l'aisselle, sur les parties enfin qui transpirent beaucoup, d'après M. Collard de Martigny. Les frictions activent l'absorption. L'épiderme, en raison de son hygrométricité, devient l'intermédiaire de l'absorption.

2° *Absorption par les plaies, la peau dénudée.* Les poisons, les médicaments appliqués sur la peau nouvellement dénudée, agissent plus rapidement que par l'estomac. L'absorption est très-active sur la plaie d'un vésicatoire récent ; des médicaments, à très-faible dose, peuvent alors donner lieu à des effets toxiques (sulfate de morphine, strychnées, etc.). Aux préparations mercurielles, arseni-

cales, plombiques, opiacées, cyanhydriques, solanées
vireuses, nous rapportons plusieurs exemples d'intoxication, soit par l'application topique de ces préparations sur
la peau (alors, si c'est un poison caustique, l'effet général
ne se manifeste qu'après l'effet local), soit par suite de leur
emploi contre la teigne, les poux, la gale, le cancer, les
ulcérations, les loupes, etc. Les accidents sont d'autant
moins graves, moins à redouter que l'effet caustique
local est plus intense. Dans quelques cas, ils se sont développés à la suite d'un bain, de fomentations liquides, qui,
en dissolvant le poison, en ont facilité l'absorption. Celle-ci
est plus lente et même nulle sur les plaies calleuses, pseudo-membraneuses. D'après M. Bonnet, l'absorption serait
également active sur les plaies suppurantes les vingt-deux
premiers jours, ainsi que le quatrième jour après la chute
de l'escarre. Elle offre toute son activité lorsque la plaie
se couvre de bourgeons vasculaires.

3° *Absorption par le tissu cellulaire.* Bien plus active que
par la voie gastrique, l'effet général se manifeste plus
promptement, est plus intense, même avec des doses
moindres de poison. Nous citons des empoisonnements
graves ou mortels chez les animaux avec 10, 20 centigr.
d'acide arsenieux, d'émétique, déposés sur le tissu cellulaire. On sait avec quelle rapidité les strychnées, le curare,
le worara, le ticunas, les flèches empoisonnées, le venin
des serpents venimeux agissent par cette voie, de même
que des arétes de bois, imprégnées d'un soluté de sublimé,
d'acide arsenieux, dans le but de le conserver, chez les
individus qui s'en piquent. L'absorption ne serait pas également active sur le tissu cellulaire des diverses parties
du corps, du moins selon la nature du poison ; ainsi l'acide
arsenieux est absorbé dans le même espace de temps sur
le tissu cellulaire de la cuisse et du dos, tandis que la
même dose de sublimé produit l'intoxication en 10, 15 heures sur le tissu cellulaire de la cuisse d'un chien, et en

6, 7 jours sur celui du dos (Orfila). L'absorption des gaz varie; l'oxyde de carbone, injecté dans le tissu cellulaire,
est rapidement absorbé et promptement mortel. 1 litre d'a-
cide carbonique disparaît aussi assez promptement , mais
sans donner lieu à aucun accident. Si c'est de l'air, l'oxygène seul est absorbé, comme avec nos moyens eudiométri-
ques les plus parfaits. L'azote, l'hydrogène ne le sont point.

4° *Absorption par les muqueuses externes.* L'acide cyanhydrique agit avec une extrême rapidité par la muqueuse
oculaire et linguale; il en est de même avec la nicotine,
la conicine. Nous rapportons des accidents saturnins par
des collyres, des injections vaginales avec le sous-acétate
de plomb. Le tabac, conservé dans des boites en plomb ou
coloré avec le minium, peut donner lieu à ces sortes d'accidents. Les endormeurs mélangent le tabac à des substances
narcotiques dans le but de voler les personnes. Des injections vaginales avec les opiacés, les plantes stupéfiantes,
peuvent déterminer le narcotisme; il en est de même
lorsque ces poisons sont appliqués sur les autres muqueuses. Nous rapportons qu'un homme aurait fait périr ses
trois femmes en leur introduisant de l'arsenic dans le
vagin. La muqueuse vésicale absorbe aussi les poisons,
mais assez lentement; ainsi l'extrait alcoolique de noix
vomique n'agirait, par cette voie, qu'au bout de vingt-deux
minutes (M. Segalas).

5° *Absorption par la muqueuse gastro-intestinale.* L'absorption gastrique, moins prompte que par endermie, par
le tissu cellulaire, se trouve modifiée par bien des circonstances, les vomissements, l'état de vacuité ou de plénitude
de l'estomac, etc. Dans ce dernier cas, elle est ralentie non-
seulement parce que le poison se trouve disséminé dans
les matières alimentaires, qu'il forme souvent avec elles
des composés insolubles , mais encore parce que l'estomac étant turgescent, sécrétant beaucoup pendant la
digestion, le pouvoir absorbant y est moindre ; ensuite le

poison, refluant dans les veines rénales, est éliminé directement par les urines sans passer par la grande circulation,
par conséquent son effet est moins à redouter (M. Bernard). Il est des poisons qui n'agissent pas par cette voie,
tels sont le curare, le venin des serpents venimeux, les
virus, etc. Peut-être le mucus qui tapisse la muqueuse stomacale s'oppose-t-il à leur absorption. Cela ne peut s'expliquer par l'altération spontanée de ces poisons, des modifications que leur fait subir le suc gastrique, puisque le
liquide, contenu dans l'estomac des animaux, conserve
encore toute son activité par inoculation.

6° *L'absorption par les petits intestins* est bien plus
prompte, plus active, plus constante, que par l'estomac,
non-seulement en raison de la différence de structure
comme chez les ruminants, mais encore parce que le suc
intestinal offre toujours la même composition, tandis que
celle du suc gastrique varie selon l'espèce animale ; aussi,
M. Segond, pour expérimenter les poisons, les médicaments, propose-t-il de les porter dans l'intestin, à l'aide
d'une sonde, par une fistule stomacale.

7° *Absorption par le rectum.* Elle est aussi et même plus
active que par l'estomac. Nous rapportons plusieurs empoisonnements par cette voie, par l'acide arsenieux, le
sublimé, les opiacés, les plantes vireuses, la gratiole, etc.,
aussi rapidement graves ou mortels que par la muqueuse
gastrique. Une servante a empoisonné sa maîtresse avec
l'acide azotique dans un lavement. Une autre femme, voulant intoxiquer son mari avec de l'acide sulfurique, donné
aussi dans un lavement, n'en trouvant pas l'effet assez
prompt, lui administra de l'arsenic par la bouche. Les
médecins anglais admettent que les médicaments sont
moins actifs par le rectum que par l'estomac et les donnent,
dans le premier cas, à plus haute dose. MM. Roselli et
Gaetano Strombio ont comparé ces deux modes d'absorption sur les chiens, dont l'estomac était vidé par le

jeûne et le rectum par un lavement. Avec 1/4 de grain de strychnine, dissous dans un peu d'alcool, le temps, avant l'arrivée de l'accès, a été, par l'estomac, le maximum de 13 à 15 minutes, le minimum de 10 à 12 ; par le rectum, le maximum de 10 à 12, le minimum de 4 à 10. Avec les sels de morphine, par l'estomac, le maximum d'action a été de 9 minutes, le minimum de 5 ; par le rectum, le maximum de 6, le minimum de 2. 1/4 de grain de strychnine, dissous dans l'alcool, tue un chien en 65 min. par l'estomac, et en 40 par le rectum. A 1/16 de grain, la strychnine occasionna la mort chez trois chiens par le rectum, non par l'estomac, et les accès tétaniques, chez deux d'entre eux, dans ce dernier cas, furent très-légers. Ces expériences prouvent que les poisons sont plus actifs par le rectum que par l'estomac. Cependant, il importe de tenir compte de la nature du poison, et si les opiacés, les strychnées, les solanées vireuses sont plus promptement absorbés par cette voie, il n'en est pas ainsi pour le sulfate de quinine, car pour combattre une fièvre intermittente, il en faut moins par la bouche qu'en lavement (M. Grisolle).

8. *Absorption par la muqueuse des voies pulmonaires.* C'est de toutes les surfaces la plus activement absorbante. Les gaz, les anesthésiques agissent ainsi d'une manière très-prompte. Une seule inspiration d'acide cyanhydrique anhydre foudroie à l'instant. Il en est de même par l'insufflation de la nicotine. Quelques centigr. de strychnine, par cette voie, intoxiquent un chien en quelques minutes. On peut ainsi, portions par portions, faire absorber 30-40 litres d'eau à un cheval, 60 gram. à un chat, 120 gram. à un lapin. Du bouillon, du vin, portés dans l'estomac, à l'aide d'une sonde, ont pénétré quelquefois dans les bronches sans graves accidents. L'absorption y est excessivement rapide : le cyanure jaune, le nitrate de potasse, le cuivre ammoniacal, le sulfate de fer, introduits dans les bronches, se trouvent dans le sang 2 à 6 minutes après (Panizza,

Mayer). C'est par cette voie que se produisent les empoisonnements par les matières gazeuses, les poudres inorganiques et organiques qui voltigent dans l'atmosphère,
que se contractent les maladies épidémiques, miasmatiques, etc. Le curare, le venin des serpents venimeux,
inactifs par la muqueuse gastro-intestinale et buccale, par
la peau, sont au contraire très-actifs par cette voie (Voy.
Empoisonnement par les matières gazeuses, tome II).

9° Ayant passé en revue les principales voies d'introduction des poisons dans l'économie, celles par lesquelles
se produisent ordinairement les empoisonnements accidentels ou criminels, comme complément nous dirons
seulement quelques mots des autres surfaces absorbantes.
Sur *les séreuses* l'absorption est aussi prompte que sur le
tissu cellulaire, et 8 à 10 fois plus active que dans l'estomac.
Christison ayant déposé 120 gram. d'un soluté d'acide
oxalique dans la cavité péritonéale, n'en trouva que 4 gram.
après la mort, qui eut lieu en 14 minutes. De l'huile phosphorée étant injectée dans la plèvre, le péritoine, l'air expiré devient phosphorescent en moins de 2 minutes. Les
poisons déposés sur les *parois veineuses et artérielles* sont
aussi absorbés, mais moins promptement dans le dernier
cas. Injectés dans *ces vaisseaux*, leur effet est des plus
prompts. Le chloroforme, l'acide cyanhydrique, etc., agissent avec une rapidité extrême. Des doses médicamenteuses peuvent, par cette voie, agir comme toxiques, soit
par leur effet chimique sur le sang (sels de plomb, de bismuth, d'étain, etc.), soit par leur effet dynamique sur le
cœur, les centres nerveux (digitale, strychnées, etc.). Cependant 20, 40 centigr. d'émétique ont été injectés dans les
veines sans inconvénients pour l'expulsion des corps étrangers engagés dans l'œsophage, tandis que la même dose
peut intoxiquer par le tissu cellulaire. Les strychnées, les
sels de morphine, l'acide cyanhydrique, poisons si actifs,
lorsqu'ils arrivent au centre nerveux par voie d'absorption,

n'ont que peu ou pas d'effet lorsqu'ils sont déposés sur les *nerfs* bien isolés, même sur *le cerveau, le cervelet*. Le venin de la vipère, appliqué sur *les muscles*, les enflamme sans produire de trouble général (Fontana). Enfin l'absorption est excessivement lente sur *les tendons, les aponévroses, les os*, tissus qui sont encore bien moins vasculaires que le cerveau, les nerfs.

10° *Les poisons insolubles sont-ils absorbés?* Cette question n'est pas tout à fait résolue. Il y a des faits pour et contre. En général on admet que les corps complétement insolubles ne sont pas absorbés, à moins qu'ils ne deviennent solubles sous l'influence des chlorures alcalins, des acides, comme l'a démontré M. Mialhe pour les mercuriaux et autres poisons minéraux, et M. Orfila pour les borate, tartrate, oxalate, phosphate de plomb, et M. Melsens pour le sulfate. Cependant voici des faits qui prouveraient le contraire : Kramer introduit dans l'estomac d'un chien du cinabre, et constate ce corps, *en nature*, dans les vaisseaux capillaires de cet organe. Le professeur OEsterlin frictionne la peau du ventre d'un chat, pendant 4 jours, avec de l'onguent mercuriel, et trouve du mercure, *en nature*, dans les fèces, le sang, et en grande quantité dans le foie, surtout dans la vésicule, la rate, le dépôt des urines, non dans le système nerveux. Il a obtenu à peu près les mêmes résultats sur un chat auquel il a fait avaler, pendant 7 jours, de l'onguent mercuriel. Le même professeur a trouvé du charbon dans le sang des veines mésaraïques, de la veine porte, du foie, du cœur droit, chez des lapins, des chats, des coqs qui avaient avalé, pendant 6 jours, du charbon. M. Meisonide a trouvé du charbon dans les cloisons interlobulaires des poumons sur les animaux qui en avaient pris. Le résultat a été négatif dans le cas contraire. Il a constaté des globules d'amidon dans le sang mésentérique des animaux, auxquels il en avait administré. MM. Mialhe, Lébert, Bernard n'ont pas obtenu les mêmes résultats. MM. Bérard

Orfila, Robin donnent à un chien, à jeun depuis 24 heures,
16 gram. de charbon de bois porphyrisé. Deux jours après,
l'animal étant toujours à jeun, ils le tuent, et trouvent des
molécules de charbon anguleuses dans le sang du foie,
examiné au microscope, à un grossissement de 450. Ils en
trouvent moins dans les poumons, un ganglion mésentérique, le sang de l'oreillette gauche du cœur, et aucune
trace dans la veine porte, le chyle. Ils n'en trouvèrent pas
chez un chien qui avait copieusement mangé, auquel ils
avaient donné, en deux doses, 32 gram. de charbon porphyrisé. Mêmes résultats sur un chien, à jeun depuis
24 heures, auquel ils avaient administré 32 gr. de noir de
fumée, en deux jours, et qui fut tué et examiné le troisième.
Il en a été de même pour l'amidon, donné aussi à la dose
de 32 gram., en deux jours, sur deux chiens à jeun, tandis
qu'il y avait des globules amylacés dans l'intestin. M. Bérard
pense que si le charbon porphyrisé est absorbé, non le
noir de fumée, c'est qu'étant anguleux et acéré, il peut
ainsi s'insérer dans la substance molle des villosités et
s'ouvrir un passage.

11° *Quelle est l'influence du système nerveux, et en particulier du nerf pneumogastrique sur l'absorption des poisons?*
Elle paraît être peu marquée, et même nulle. Brodie coupe
les nerfs d'un membre, dépose du worara sur une plaie, et
l'intoxication a lieu aussi rapidement que si les nerfs eussent été intacts. Après avoir coupé tous les rameaux nerveux qui se distribuent à la lèvre supérieure ou à la langue d'un chien, M. Panizza instille sur ces parties 1 goutte
d'acide cyanhydrique, et les effets sont aussi prompts que
dans l'état normal (M. Berard).

Quant à l'influence des *nerfs pneumogastriques* sur l'absorption stomacale, les opinions varient à cet égard, ou
sont diversement interprétées, ce qui dépend probablement de l'espèce animale qui a servi à l'expérimentation,
de la manière dont les expériences ont été instituées. La

section de ces nerfs, d'après Dupuy, M. Brachet s'oppose à l'absorption; selon MM. Magendie, Longet, Coindet et Christison, elle la retarde ; d'après Nysten, Brodie, MM. Muller, Panizza, elle n'a aucune influence, et les effets se manifestent aussi promptement que lorsque ces nerfs sont intacts. M. Bouley fils injecte 52 grammes d'extrait de noix vomique, délayé dans 2 décilitres d'eau, dans l'estomac d'un cheval, par un trou pratiqué à l'œsophage : 1/4 d'heure après, symptômes d'intoxication, mort en 1 heure et 1/2. Sur un autre cheval, dont il a réséqué les pneumogastriques la veille, quoique à jeun, la même expérience n'a encore rien produit 54 heures après ; ce cheval est tué; le liquide contenu dans son estomac, donné à un chien, l'intoxique en 25 minutes. Dans une autre expérience, il laisse les pneumogastriques intacts, lie le pylore, et il n'y a aucun effet toxique pendant 48 heures; le pylore est alors délié, et le cheval succombe en moins de 25 minutes dans les convulsions. M. Bouley conclut de ces expériences que la section des pneumogastriques paralyse l'estomac, lequel ne peut alors se contracter pour chasser le poison dans les petits intestins, qui sont les véritables absorbants chez les ruminants. En effet, l'estomac des animaux, soumis à cette opération, est flasque, immobile, plein de matières, tandis que les intestins se contractent encore. M. le professeur Bérard, tout en admettant cette explication, interprète, en outre, autrement les faits. Ayant trouvé l'estomac des ruminants, dans sa partie splénique, recouvert d'une couche d'épithélium pavimenteux, presque aussi épais que celui de la peau, dont il se dépouille en partie du côté du pylore, et offre, en cet endroit, une surface plutôt sécrétante qu'absorbante, pense que l'absorption stomacale, chez les ruminants, est nulle ou presque nulle, tandis que dans l'estomac de l'homme et du chien, qui offre un épithélium cylindrique, l'absorption y est très-active, aussi ce sont d'entr'eux qu'ils également intoxiqués que les nerfs pneumogastriques soient coupés ou restent intacts. MM. Perolino, Beruti, Triolani et Vella de Turin, ayant répété les expériences de M. Bouley sur des chevaux, avec du cyanure jaune, au lieu d'extrait de noix vomique, se sont assurés que, lorsque le pylore était lié, ce sel était absorbé dans l'estomac ; mais qu'au lieu de passer par la grande circulation, il refluait dans les reins, était éliminé, en grande partie, par cet émonctoire. Dans une expérience, le cheval étant tué 2 heures après l'ingestion du sel, ils ont trouvé le cyanure dans l'estomac, les reins, la vessie, le sang de la veine porte et des veines rénales, non dans celui des veines caves, jugulaires, artères rénales, etc. Dans une autre, le cheval étant tué 48 heures après, tout le sel a complétement passé dans les urines, et ils n'en trouvent ni dans l'estomac, ni dans toute autre partie du corps.

Relativement à l'influence de la *circulation, de l'âge, du sexe, de l'état morbide et autres circonstances* sur l'absorption des poisons, voyez l'article suivant et les effets.

II. — Séjour, élimination des poisons.

Depuis longtemps, on avait constaté que des médicaments (éther, camphre, etc.), des matières colorantes (indigo, rhubarbe, etc.), odorantes (musc, etc.), étaient éliminés soit par les urines, le lait, la muqueuse pulmonaire, gastro-intestinale, la peau, etc., le temps qu'elles mettaient à parcourir l'arbre circulatoire, les transformations que quelques-unes subissaient ; plusieurs poisons avaient même été constatés dans le sang, les urines, les organes, mais ces recherches n'avaient point été envisagées exclusivement sous le point de vue médico-légal, c'est-à-dire après combien de temps les poisons étaient complétement éliminés de l'organisme, si l'élimination se faisait d'une manière continue ou intermittente, par quelles voies ;

enfin, on n'avait pas limité le temps qu'ils peuvent séjourner dans l'économie, et dans quels organes ou liquides ils
se rencontrent spécialement. Ces questions, très-importantes sous le point de vue qui nous occupe, ont été abor-
dées dans ces derniers temps, du moins pour un certain
nombre de poisons, et, quoique non complétement résolues, elles jettent cependant un nouveau jour sur la
toxicologie. Pour nous en tenir à notre sujet, nous rappor-
terons seulement les faits relatifs aux poisons.

Les substances gazeuses, les liquides ou solides très-
volatils, les agents anesthésiques, l'alcool, le camphre, les
huiles essentielles, le phosphore, etc., sont spécialement
éliminés par les voies pulmonaires, même très-promp-
tement et plus complétement que les autres poisons par
toute autre voie. De l'huile phosphorée étant injectée dans
la plèvre, dans l'estomac d'un chien, en moins de 2 minutes,
l'air expiré devient phosphorescent à l'obscurité; la phosphorescence est immédiate, si l'huile est injectée dans la
veine jugulaire. Brandes a constaté la présence de l'argent
dans le pancréas d'un épileptique qui, 18 mois avant, avait
pris du nitrate d'argent. Le plomb a été aussi démontré
dans le sang, les muscles, le cerveau et autres organes des
personnes atteintes de maladie saturnine, même longtemps
après la cessation des travaux plombiques. Dupaquier,
Orfila ont retiré ce métal du tube intestinal des chiens
auxquels ils avaient donné 16 jours, 1 mois avant, de
l'acétate de plomb par la bouche ou en lavement.
MM. Flandin et Danger ont constaté que l'arsenic et
autres poisons se localisaient spécialement dans le foie,
étaient surtout éliminés par les urines, et que l'élimination,
chez un mouton, n'était complète que le trentième jour.
M. Orfila n'a plus rencontré ce métal dans les urines après
15 jours. MM. Millon et Laveran ont entrepris des expériences très-importantes sur le séjour et l'élimination du
tartre stibié, dont voici le résultat : tous les jours, pendant

une semaine, 3 décigr. d'émétique étant mêlés aux aliments
de 6 chiens, ils trouvent de l'antimoine dans le foie, le
cœur, la chair musculaire, les membranes intestinales, les
poumons, non dans le cerveau, la graisse et les os. Si l'expérience est continuée pendant 15 à 25 jours, la distribution
de l'antimoine est la même, la quantité ne diminue pas
sensiblement ; 600 gram. de divers tissus réunis en donnent moins que 100 gram. de foie. 6 autres chiens prennent, par jour, dans leurs aliments, environ 4 décigr.
d'émétique ; dès les premiers jours vif appétit, allant en
augmentant, bientôt la voracité fait place à un dégoût
prononcé et, 6 jours après, ils refusent les aliments.
L'émétique est diminué de moitié, et, 4 jours après, supprimé, parce que ces animaux n'y touchent plus, sont
d'une maigreur extrême. Chacun, en 10 jours, avait consommé environ 5 gram. d'émétique. 4 reprirent peu à peu
leur état, 2 moururent dans une consomption complète,
l'un en 15 jours, l'autre en 21 avec des tremblements
continuels et un grand affaiblissement des membres postérieurs. On ne trouve pas de lésion évidente, si ce n'est que
le foie est très-friable, très-volumineux, et, en poids, dans
le rapport de 1 à 10 ou 12 de celui du corps, tandis que,
dans l'état normal, ce rapport est de 1 à 32 ou 40. L'antimoine était disséminé dans tous les organes précités ;
chez le second chien, le cerveau était celui qui en contenait le plus. Le premier avait succombé à une sorte de
diathèse, le second à une espèce d'encéphalopathie antimoniales.

Les 4 autres chiens se rétablirent au bout de 20 jours,
reprirent leur vivacité naturelle ; l'un d'eux mourut subitement, par suite d'un lombric passé dans le péritoine, les
trois autres furent tués trois mois après. L'antimoine s'était
surtout condensé dans le foie, la graisse. 50 gram. de
celle-ci en donnait autant que 500 gram. des autres tissus
réunis. Le rapport du foie à celui du corps était de 1 à 27,

en poids. Chez un autre chien, tué 4 mois après la cessation
de l'émétique, l'antimoine s'était surtout accumulé dans
les os. Le foie dont le poids relatif à celui du corps était de
1 à 24, en contenait aussi beaucoup, les autres tissus fort
peu. De l'émétique étant donné à une jeune chienne pleine,
5 jours avant qu'elle mit bas, les petits vinrent à terme
et leur foie contenait une quantité notable d'antimoine,
ainsi que celui de la mère. MM. Millon et Laveran ont
constaté que l'élimination par les urines se faisait d'une
manière intermittente, et ont démontré l'antimoine dans le
sang des animaux empoisonnés, fait qui a été aussi constaté par M. Orfila pour l'arsenic, sur le sang d'un individu
vivant, tandis que MM. Flandin et Danger n'ont pas trouvé
ces poisons dans ce liquide.

M. Louis Orfila a entrepris une série d'expériences sur
quelques préparations d'argent, de mercure, de cuivre, de
plomb, qui viennent corroborer celles de MM. Millon et
Laveran. Il donnait ces préparations à des chiens, à la
dose de 0,05 à 0,50, pendant 15 jours, un mois et plus,
examinait les urines, tuait ensuite les animaux un certain
laps de temps après la cessation du poison, pour s'assurer
dans quels organes il s'était spécialement condensé, loca-
lisé.

1° Avec le *nitrate d'argent*, donné à la dose de 0,10 à
0,25, tous les jours, pendant 15 jours à 1 mois 1/2, il ne
trouve pas d'argent dans les urines et le retire du foie 5 mois
après la cessation du poison, mais non après 7. Il ne l'a pas
trouvé dans l'estomac, les intestins, la graisse, la peau, les
veines, non plus que dans le foie de deux petits allaités par
une chienne. Kramer n'a pas non plus retiré l'argent des
urines lorsqu'il donnait le nitrate. C'est le contraire, de
même que M. Louis Orfila, lorsqu'il donnait le chlorure de
ce métal. Cependant nous citons un fait, aux préparations
d'argent, où les urines d'un individu, soumis à l'usage du
nitrate, contenaient du chlorure.

2⁰ Avec *le sulfate de cuivre*, donné à la dose de 0,12, à 0,15, tous les jours, pendant quinze jours, deux mois, il l'a trouvé dans les urines seulement les trois premiers jours, après avoir cessé son administration, et au moins huit mois après dans le foie, l'estomac, l'intestin, le fémur. La peau, la graisse n'en ont pas fourni. M. Chevallier l'a retiré des cheveux des ouvriers en cuivre.

3° Avec *l'acétate de plomb*, administré pendant un mois, à la dose de 0,50 par jour, il n'a trouvé le plomb dans les urines que trois jours après. Le foie, les intestins, le cerveau, le fémur en donnaient encore après huit mois. L'estomac, les veines, la graisse, l'épiploon, la peau n'en contenaient point à cette époque. Le foie de deux petits, allaités par une chienne, donnait du plomb 3, 4 jours après la cessation de l'acétate, et celui de la mère ainsi que l'estomac soixante-douze jours après.

4° *Le sublimé*, donné à la dose de 0,01 à 0,50, se trouve dans les urines cinq à six jours après son introduction dans l'estomac, et dans la salive, quand il y a salivation, les premiers jours de la suspension du traitement, non le cinquième. M. Orfila a retiré le mercure du foie, des intestins, des reins; il n'en a pas trouvé dans la graisse, les poumons, les os, quand les organes précédents en contenaient. Il croit que le mercure est éliminé au bout d'un mois et considère les reins comme le principal émonctoire, tandis que d'après Colson ce serait la muqueuse stomaco-pharyngienne. Nous citons quelques autres faits très-remarquables, ci-après (recherche du mercure absorbé), où le mercure a été trouvé dans le lait.

Ces expériences démontrent que, dans les cas d'empoisonnement lent, successif, les poisons envahissent successivement les organes les plus vasculaires, puis les moins essentiels à la vie; que, au fur et à mesure, ils développent des effets en rapport avec le rôle fonctionnel de l'organe envahi; que leur présence dans les organes, surtout les moins importants, même dans tous, le foie, etc., n'est pas incompatible avec l'état de santé; que leur élimination se fait d'une manière intermittente, n'est complète qu'après un certain laps de temps, qu'il est impossible de limiter et qui varie selon la nature du poison, son mode d'administration, etc.; qu'enfin l'absence du poison dans l'urine ne prouve pas qu'il soit complétement éliminé. Très-probablement avec les autres poisons de la 4e section qui, comme les sels d'antimoine, de plomb, de cuivre, de mercure, d'argent, forment des composés insolubles avec les principes immédiats du sang, de nos tissus, obtiendrait-on les mêmes résultats, s'ils étaient aussi administrés par doses successives. Au diagnostic nous ferons ressortir l'importance de ces faits sous le point de vue légal.

Quant aux poisons qui n'ont que peu ou pas d'action chimique sur le sang, les tissus, qui ne forment pas avec eux des composés insolubles, leur élimination est plus prompte, plus complète et se fait par presque toutes les voies; c'est du moins ce qui a lieu avec l'iodure de potassium qui, ingéré dans l'estomac, se trouve, en moins de dix minutes, dans les urines, et qui a été constaté aussi dans la salive, le lait, la sueur. Probablement il en serait de même avec tous les sels à base alcaline; cependant M. Bernard n'a pu constater le cyanure jaune dans la salive. Ce sel serait-il décomposé comme le cyanure de mercure en passant à travers les vaisseaux capillaires du poumon, comme l'a constaté le même physiologiste? Kramer après un traitement de cinquante jours par l'iodure de potassium, n'a pu trouver l'iode dans les urines sept jours après la cessation du médicament. Il eût été important d'expérimenter sur les chiens pour s'assurer si l'élimination était complète après ce laps de temps, puisque les poisons peuvent ne pas être constatés dans les urines et se rencontrer encore dans les organes.

Nous verrons ci-après que, même dans les empoisonnements aigus chez l'homme et les animaux, c'est-à-dire avec des doses toxiques, administrées en une seule fois, il est possible de trouver les poisons dans le tube intestinal, dans les organes où ils ont pénétré par voie d'absorption et spécialement dans le foie, même lorsque le malade n'a succombé qu'au bout de 5, 6 jours et plus. Ainsi M. Orfila a retiré tous les poisons minéraux du foie, de la rate, des reins, des urines des chiens intoxiqués. Dans plusieurs expertises légales, l'arsenic et autres poisons ont été trouvés dans ces mêmes organes. M. Stass en a obtenu la nicotine ainsi que des poumons; M. Orfila la conicine; M. Flandin la morphine. Enfin les agents anesthésiques et les huiles essentielles se rencontrent en outre dans le sang.

Les reins sont les principaux émonctoires des poisons inorganiques : tous, sauf quelques exceptions, ont été constatés dans les urines. Il en est de même pour les poisons organiques, et quoique l'analyse chimique n'ait pas encore donné des résultats aussi confirmatifs, il n'en est pas moins vrai que ce liquide contracte la saveur des alcalis végétaux, l'odeur des plantes vireuses, des huiles essentielles, même des propriétés stupéfiantes dans l'empoisonnement avec la fausse orange, les solanées; vésicantes, avec les cantharides. La surface gastro-intestinale, surtout les petits et gros intestins, servent aussi à l'élimination des poisons, puisque, quelle que soit la voie d'introduction, il se manifeste des symptômes intestinaux et que l'analyse y a démontré la présence des poisons. La muqueuse pulmonaire sert surtout à l'élimination des matières gazeuses, odorantes ou très-volatiles. La peau élimine quelques substances odorantes, les iodés, probablement aussi les préparations plombiques, argentifères, puisque l'épiderme noircit par un bain hydrosulfureux, lors même que ces préparations sont prises à l'intérieur. M. Chatin a retiré de l'arsenic de la sérosité d'un vésicatoire d'une personne empoisonnée.

M. Melsens n'a pas trouvé l'iode dans la bile, quoique le

foie en contìnt beaucoup. L'arsenic, déposé sur le tissu
cellulaire, ne se trouve pas non plus dans ce liquide (Orfila
neveu). Ces expériences, à la vérité peu nombreuses, ten-
draient à démontrer que les poisons ne sont que peu ou
pas éliminés par cette voie ; fait d'autant plus remarquable
que, de tous les organes, à toutes les périodes de l'intoxication, c'est le foie qui en contient le plus. Le fer, à l'état
de lactate, n'est pas éliminé par la salive, et l'est au contraire à l'état d'iodure (M. Bernard). Le mode de combinaison peut donc modifier la voie d'élimination des poisons.

Les poisons ne sont pas tous éliminés tels qu'ils sont administrés, plusieurs subissent des transformations qui sont
loin d'être bien connues. Nous indiquons, ci-après, celles
qu'ils éprouvent au contact de nos tissus et des matières
alimentaires, avec lesquels plusieurs, en particulier ceux
de la quatrième section, forment des composés insolubles.
Peu absorbables en cet état, ils sont probablement dissous
par les liquides organiques, les chlorures alcalins. Sans nul
doute l'émétique, le sublimé, etc., passent aussi à l'état
insoluble dans nos organes, et sont ensuite éliminés peu à
peu sans produire d'accidents, puisque ceux-ci peuvent se
déclarer, lorsqu'on donne l'iodure de potassium à haute
dose, sel qui dissout ces poisons et en accélère l'élimination. Les poisons acides sont en partie saturés par les alcalis du sang, de nos liquides, et *vice versâ*. Les poisons qui
ont pour base les alcalis minéraux sont éliminés tels quels,
si ce n'est lorsque ce sont des sels à acide organique, alors
ils passent à l'état de carbonate. L'iode, le phosphore, le
brôme, le chlore s'acidifient sous l'influence des alcalis et
de l'eau. Le nitrate d'argent, l'acide oxalique, passent
à l'état de chlorure d'argent, d'oxalate de chaux. Le
cyanure de mercure est décomposé en acide cyanhydrique dans le système capillaire des poumons, non dans
celui de la cuisse (M. Bernard). Ces transformations peuvent être partielles ou complètes, selon la quantité de

poison et autres circonstances qu'il est inutile d'indiquer.

La vascularité des tissus, la rapidité de la circulation expliquent la prompte absorption et élimination des poisons. Héring, ayant injecté dans la veine jugulaire d'un cheval du cyanure jaune, a constaté sa présence, 20, 30 secondes après, dans l'autre jugulaire, quelle que fût la fréquence du pouls, des battements du cœur, ce qui tendrait à démontrer que la circulation générale n'exerce pas une grande influence sur ces deux fonctions. M. Poiseuille, en expérimentant comme Héring, s'est assuré que certaines substances, l'alcool, etc. retardaient la circulation capillaire; que d'autres, le nitrate de potasse, l'acétate d'ammoniaque, etc., l'accéléraient au contraire. Celles-ci, en tenant compte de la nature des poisons, de leur action chimique sur le sang, les tissus, devraient, ce nous semble, être plus promptement éliminées. D'après M. Magendie, la plénitude des vaisseaux retarde l'absorption des poisons et probablement aussi leur élimination. Leur déplétion l'active au contraire, probablement aussi le jeûne, la surexcitation des organes sécréteurs.

L'absorption et l'élimination des poisons, en raison de l'activité plus grande des phénomènes organiques et fonctionnels, de la vascularité des tissus, doivent être plus actives chez l'enfant que chez la femme, chez celle-ci que chez l'homme, par conséquent moindre chez les vieillards. La nature du poison, son action sur nos liquides, nos tissus, la constitution, l'idiosyncrasie, l'état morbide, etc., doivent aussi avoir une certaine influence sur l'absorption, l'élimination des poisons, leur séjour dans nos organes. Ayant déjà apprécié quelques-unes de ces circonstances, nous compléterons cette appréciation à l'étude des effets. Malgré les travaux importants sur ce sujet, pour une personne qui serait dans une position à pouvoir expérimenter, il y aurait encore beaucoup à glaner sous le rapport de la physiologie, de la thérapeutique, de la toxicologie, etc.

CHAPITRE II.

Étiologie ou recherche des Poisons.

Les cas où on est appelé à reconnaître les poisons, à les déceler dans les matières suspectes, sont très-variés, cependant ils peuvent être réduits aux suivants : 1° recherche ou caractères des poisons tels qu'on les distribue dans les arts, le commerce, la pharmacie ; 2° recherche des poisons dans les matières alimentaires solides ou liquides, celles des vomissements, le tube intestinal ; 3° recherche des poisons absorbés, dans le foie, les urines et autres organes ou liquides ; 4° recherche des poisons dans la terre des cimetières. Afin de représenter, autant que possible, ces diverses circonstances, d'initier aux recherches toxicologiques, souvent si ardues, si difficiles, les personnes peu versées dans ce genre d'études, nous entrerons dans des détails chimiques qu'on doit supposer être connus du toxicologiste, et traiterons successivement, sous les divers points de vue, ci-dessus indiqués, des poisons : 1° inorganiques ; 2° organiques ; 3° gazeux ; 4° des poisons précédents mélangés entre eux, ou des empoisonnements complexes.

1re Section. — Poisons inorganiques.

Les poisons minéraux se distinguent des poisons organiques par leur densité relativement plus grande, leur forme cristalline ou amorphe, non globuleuse, non celluleuse ou fibreuse, leur saveur acide, caustique, salée ou métallique, et surtout parce que, chauffés soit dans un tube, soit sur les charbons ardents ou au chalumeau, ils ne noircissent pas, ne donnent pas de produits empyreumatiques, ne laissent pas un résidu charbonneux. Quoique très-nombreux, de forme et d'aspect très-variés, il est facile de les distinguer génériquement et même spécifiquement, à l'aide d'un petit nombre de réactifs organoleptiques, physiques et chimiques, tels que l'état, la forme, la couleur, l'odeur, les réactions par le tournesol, par la chaleur seule ou aidée du charbon, par l'acide sulfhydrique, la potasse, le cyanure jaune, etc. Toutes les fois qu'on veut reconnaître un poison, il faut d'abord constater les caractères physiques et organoleptiques, puis l'examiner par la voie sèche et humide, c'est-à-dire à l'état solide et après l'avoir dissous dans l'eau distillée ou tout autre véhicule.

I. — Poisons minéraux à l'état solide.

1° ÉTAT, FORME, ASPECT. — Il n'est qu'un petit nombre de poisons qui soient naturellement liquides (voyez ci-après). Sont amorphes les poisons insolubles, les oxydes, les carbonates, les sous-sels, les sulfures, les iodures non alcalins ou formés par les métaux qui ne décomposent pas l'eau; en poudre, s'ils ont été obtenus par précipitation; en masses cristallines ou vitreuses, si c'est par sublimation (oxyde et sulfures d'arsenic, chlorures et sulfures de mercure). Les poisons solubles sont ordinairement cristallisés (voyez poisons à l'état liquide).

2° COULEUR. — On ne peut établir des données certaines pour la couleur des poisons, et, assez souvent, le même corps, selon qu'il est anhydre ou hydraté, à tel ou tel degré d'oxydation, offre une couleur différente (oxydes de plomb, de cuivre, etc.). En général, les sels résultant d'un acide, et surtout d'une base non colorés, sont incolores. Sont colorés en *gris bleuâtre*, l'iode; en *jaune*, le trisulfure d'arsenic, le protoxyde, l'iodure, le chromate de plomb, les sous-nitrate, sous-sulfate et bioxyde de mercure hydratés, le chlorure et oxyde d'or; *en bleu*, *blanc bleuâtre* ou *en vert*,

les préparations cuivreuses, l'arsénite de cuivre, le sulfate
de fer, le proto-iodure de mercure ; *en brun rougeâtre* ou
en rouge, le bisulfure et oxyde anhydre de mercure, le bisulfure d'arsenic, les oxysulfures d'antimoine hydratés ;
en noir, l'arsenic cobaltique et l'oxyde noir d'arsenic, de
mercure, le bioxyde de cuivre anhydre. La plupart des
autres poisons sont incolores, blancs, grisâtres ou jaunâtres, n'ont pas enfin de couleur bien tranchée. Ceux qui
offrent la même couleur pourraient être confondus entre
eux, mais il est rare qu'ils aient la même nuance, le même
aspect ; ensuite nous verrons ci-après que, sur les charbons ardents, ils ne donnent pas le même résultat.

3° SAVEUR. — En général, les poisons insolubles ou peu
solubles sont insipides, à moins qu'ils ne soient solubles
dans les chlorures alcalins ; les solubles ont une saveur
très-marquée et quelquefois caractéristique, tels que les
acides, les alcalis. Les préparations cuivreuses ont une
saveur cuivreuse ; les plombiques, une saveur styptique,
sucrée ; les mercurielles, une saveur âcre, métallique ; les
sels de fer, une saveur d'encre, etc.

4° ODEUR. — Plusieurs poisons, en particulier ceux qui
sont volatils ou décomposables sur les charbons ardents,
laissent dégager, soit à froid, soit à chaud, des vapeurs,
des gaz ayant une odeur, une couleur particulières (voyez
le paragraphe suivant). Le chlore, les hypochlorites répandent l'odeur de ce gaz ; les vapeurs acides, ammoniaca-
cales irritent fortement la muqueuse nasale ; l'acide acétique a l'odeur du vinaigre ; les polysulfures, celle d'œufs
couvis ; les sels d'étain imprègnent les doigts de l'odeur de
poisson pourri ; les sels de cuivre, de l'odeur de ce métal.

5° CALORIQUE, CHARBON. — Le calorique, surtout aidé du
charbon, qui agit comme corps réductible, fournit des caractères physiques, organoleptiques ou chimiques très-im-
portants ; et, pour peu qu'on ait l'habitude de ces expé-

riences, il sera facile de reconnaître la plupart des poisons solides, soit génériquement, soit spécifiquement, de distinguer ainsi les poisons inorganiques des organiques. Les réactions, les modifications consistent en des phénomènes de fusion, de déflagration, de décrépitation, de coloration, de vaporisation, de dégagement de gaz, de vapeurs colorées ou incolores, avec ou sans odeur; et si ce sont des poisons facilement réductibles, tels que ceux de la quatrième section, on obtiendra le métal.

Sur les *charbons ardents* ou *chauffés avec du charbon*, les métalloïdes se vaporisent complétement en vapeurs violacées, bleuissant le papier amidonné, l'*iode*; rutilantes, le *brôme*; blanches, avec odeur alliacée et flamme, le *phosphore*; *jaune verdâtre*, détruisant le tournesol et colorant en bleu le papier amidonné, imprégné d'iodure de potassium, le *chlore*. Les acides dégagent : l'*acétique*, l'odeur de vinaigre radical; le *nitrique*, des vapeurs nitreuses, rougissant la morphine; le *sulfurique*, un gaz ayant l'odeur du soufre qui brûle; l'*hydrochlorique*, des vapeurs blanches, précipitant en blanc quelques gouttes d'un soluté d'azotate d'argent, déposé sur une plaque de verre; le *phosphorique*, des vapeurs blanches, alliacées et acides; l'*oxalique*, des vapeurs blanches, piquantes, qui troublent l'eau de chaux et se condensent en aiguilles soyeuses. Enfin les *acides tartrique* et *citrique* noircissent, se carbonisent et donnent des produits acides. Les poisons alcalins à base fixe de *potasse*, de *soude*, de *chaux*, de *baryte*, de *strontiane*, fondent ou non sans se vaporiser, ne donnent des produits volatils que lorsqu'ils sont combinés à des acides peu stables, facilement décomposables sur les charbons, tels que les *hypochlorites*, qui dégagent du chlore, les *nitrates*, qui déflagrent et donnent des vapeurs rutilantes. Ajoutons que ces bases ou leurs sels communiquent quelquefois à la flamme une couleur particulière. Les *ammoniacaux* répandent leur odeur spéciale, si ce n'est le chlorure qui est complétement volatil en vapeurs blanches. *Les préparations d'arsenic, d'an-timoine, d'étain, de mercure, de cuivre, de plomb, de bismuth. d'argent, d'or,* etc., chauffées seules, entre deux charbons ardents, ou mieux encore dans un tube avec du flux noir, donnent le métal, qui reste sur le charbon, au fond du tube ou sur ses parois, s'il est volatil (mercure, arsenic).

Pendant ces réactions, il se passe quelquefois des phéno-mènes particuliers qui peuvent faire soupçonner l'acide, le métalloïde combinés avec la base ou le métal. Ainsi les sulfures d'arsenic donnent à la fois l'odeur d'acide sulfu-reux et alliacée ; cette dernière est propre à tous les *arse-nicaux. Les préparations mercurielles* se vaporisent complé-tement, les chlorures en vapeurs blanches ; les sulfates, avec des vapeurs sulfureuses ; les nitrates avec des vapeurs nitreuses et déflagration. *Les chlorures d'étain* sont aussi complétement volatils en vapeurs blanches. *Les préparations de plomb* dégagent des vapeurs acé-tiques ou nitreuses selon que c'est un acétate , un ni-trate, puis se colorent en rouge (minium), ensuite en jaune (massicot), et laissent des globules métalliques. Ainsi que *les préparations antimoniales, de bismuth, les sels d'argent* sont réduits , donnent une couche d'un blanc mat , à la-quelle on peut donner le reflet métallique par le grattage. *Les sels de cuivre* communiquent à la flamme une couleur verte et laissent une couche cuivreuse. On pourrait d'ail-leurs dégager l'acide ou le métalloïde par un acide fort, le sulfurique, qui sépare de leurs combinaisons basiques les acides chlorhydrique, nitrique, acétique, sulfhydri-que, carbonique, l'iode, etc.

Pour constater ces diverses réactions, opérer ces réduc-tions, si le poison est solide on le dépose dans la cavité d'un charbon ardent, et on observe ce qui se passe ; on le couvre ensuite d'un autre charbon, et l'on souffle à l'aide de la bouche ou d'un chalumeau, jusqu'à ce qu'il ne dégage plus de vapeurs. Si le poison se vaporise complétement,

il est probable que c'est une préparation mercurielle, arsenicale ou d'étain; alors, après l'avoir mélangé avec du flux
noir, on l'introduit dans un tube de verre et l'on chauffe;
l'arsenic ou le mercure se volatilisent sur les parois du
tube, le premier en incrustation d'un gris d'acier, le second
en petits globules mobiles, brillants; l'étain reste au fond
du tube en petites pellicules grisâtres. Les autres métaux
non volatils restent aussi à la partie inférieure du tube.
Après avoir constaté les caractères physiques du métal
obtenu, on le dissout dans l'acide azotique ou l'eau-régale;
on évapore à siccité; on traite le résidu, qui est un nitrate
ou un chlorure, par un peu d'eau et l'on constate les réactions par la voie liquide, comme il est dit ci-après aux poisons liquides. Si le poison, soumis à l'analyse, était un
chlorure, iodure, bromure, cyanure, sulfure métallique,
on obtiendrait, en outre du métal, un chlorure, iodure, etc.
de potassium, qui serait dissous dans l'eau pour constater
la présence de ces métalloïdes. Dans une seule expérience
on caractériserait ainsi le poison spécifiquement et génériquement. Enfin une autre portion du poison serait dissoute dans l'eau et essayée par la voie liquide, car, en
toxicologie, on ne saurait trop multiplier les preuves; c'est
ce qui va être le sujet de l'article suivant.

II. — Poisons minéraux à l'état liquide.

Plusieurs poisons sont ordinairement liquides, le chlore,
le brôme, les acides azotique, hypo-azotique, chlorhydrique, chloro-nitrique, sulfurique, phosphorique, l'acétique,
le sulfate d'indigo, les hypochlorites de potasse, de soude,
l'ammoniaque, etc. Les poisons à base de potasse, de soude,
d'ammoniaque, les sels avec excès d'acide, les nitrates, les
acétates, la plupart des sulfates, les iodures des métaux qui
décomposent l'eau, les bromures, les chlorures, excepté
ceux de plomb, d'argent, le proto-chlorure de mercure,

sout solubles dans l'eau. L'iode, le phosphore, les oxydes , sulfures , oxysulfures et carbonates non alcalins
sont insolubles.

Pour reconnaitre un poison par la voie liquide il faut,
s'il est soluble, le dissoudre dans une suffisante quantité
d'eau distillée, s'il est insoluble, le traiter à froid ou à chaud
par l'acide azotique ou l'eau régale, évaporer à siccité, pour
chasser l'excès d'acide, et dissoudre le résidu, c'est-à-dire
le nitrate, le chlorure dans l'eau distillée. Pendant cette
réaction, il se dégage quelquefois des gaz, des vapeurs, etc.,
qui servent à caractériser le genre, si c'est un sel ; de l'acide
carbonique avec les carbonates ; de l'acide sulfhydrique,
avec les sulfures et oxysulfures, etc. Après ces opérations
préliminaires, on cherche à reconnaître ou plutôt à soupçonner la nature du poison , à l'aide d'un certain nombre de
réactifs généraux, le papier de tournesol, la potasse, l'acide
sulfhydrique, le sulfhydrate d'ammoniaque, etc. Les métalloïdes, le phosphore, l'iode, le brôme, le chlore, les
polysulfures, les hypochlorites offrent des caractères si
tranchés, qu'il nous paraît inutile de les soumettre à cet
examen.

A.—*Si le liquide a une réaction fortement acide au papier
bleu de tournesol, ne précipite ni par la potasse, ni par l'acide
sulfhydrique, après avoir été saturé par cet alcali,* c'est un
poison acide ou un sel acide à base de potasse, de soude,
d'ammoniaque. Les acides se reconnaissent : *l'acétique,* à
son odeur de sel de vinaigre ; *l'hydrochlorique,* à ses vapeurs
blanches et au précipité caractéristique qu'il donne avec
le nitrate d'argent ; *le nitrique,* à ses vapeurs nitreuses par
la limaille de cuivre ; *le sulfurique,* à sa consistance huileuse,
sa densité, et au gaz acide sulfureux qu'il dégage à chaud
par le cuivre ; *l'oxalique,* au précipité blanc, insoluble dans
un excès d'acide, qu'il donne avec l'eau de chaux ; *l'eau
régale,* à ce qu'elle est colorée en jaune rougeâtre, attaque
l'or, et offre les caractères mixtes des acides nitrique et

hydrochlorique ; enfin *le phosphorique* dégage, à chaud, par
le charbon, du phosphore qui s'enflamme à l'air. Voici du
reste les principaux caractères de ces acides.

ACIDE AZOTIQUE (AzO^5,HO). Liquide incolore ou jaunâtre ; densité de 1,510 ; bout et se vaporise entre $+80°$
et 120° ; donne des vapeurs blanches , légères ; colore les
matières organiques en jaune; dégage des vapeurs nitreuses
avec la limaille de cuivre ; rougit la morphine, la brucine.

ACIDE HYPO-AZOTIQUE (AzO^4). Liquide jaune rougeâtre,
cristallisable à —9° en prismes ; donne des vapeurs nitreuses à l'air ; colore l'eau en brun, jaune et vert, et offre les
réactions de l'acide azotique.

ACIDE SULFURIQUE (SO^3,HO). Liquide incolore ou brunâtre, de consistance sirupeuse ; densité de 1,85 ; bout et
se vaporise à $+310°$; noircit les matières organiques ;
donne, à chaud, par la limaille de cuivre, du gaz sulfureux,
et, avec la baryte, un précipité blanc, insoluble dans l'eau,
l'acide azotique.

ACIDE CHLORHYDRIQUE ($HCl,12HO$). Liquide incolore
ou jaune verdâtre, fumant à l'air ; densité de 1,128 ; bout
à $+106°$; donne, par le nitrate d'argent, un précipité
blanc (chlorure d'argent), insoluble dans l'eau, l'acide azotique à froid et à chaud, soluble dans l'ammoniaque, indécomposable par la chaleur. Avec le sesqui-oxyde de manganèse, à chaud, il dégage du chlore.

ACIDES PHOSPHORIQUES. Tous sont décomposés à chaud
par le charbon, et donnent du phosphore qui s'enflamme
à l'air. Le *phosphorique* ($PhO^5,3HO$) coagule l'albumine,
précipite en jaune les sels d'argent. Le *pyrophosphorique*
($PhO^5,2HO$) ne précipite pas l'albumine ; saturé par la
potasse, il précipite en blanc les sels d'argent.

ACIDE ACÉTIQUE ($C^4H^3O^3,HO$). Liquide , incolore ; den-

sité de 1,065; bout à 120; cristallise en lames blanches
à + 10°; à odeur caractéristique de sel de vinaigre; ne
précipite pas l'albumine, les sels de baryte, d'argent. Il
dissout la fibrine, et donne, avec la potasse, un acétate
déliquescent.

ACIDE OXALIQUE (C^2O^3,HO). Solide, blanc, cristallisé
en prismes quadrilatères, d'une saveur acide, piquante; se
volatilise, à chaud, en vapeurs blanches. Soluble dans 8 p.
d'eau et dans l'alcool; le soluté donne, avec l'eau de chaux,
un précipité blanc, insoluble dans un excès d'acide; avec le
sulfate de cuivre un précipité blanc bleuâtre; avec le nitrate d'argent, un oxalate blanc, qui, chauffé sur un frag-
ment de verre, se décompose avec légère explosion. Il
réduit à chaud les sels d'or.

Enfin *les acides tartrique et citrique* sont cristallisés en
prismes hexaédriques ou rhomboïdaux, décomposables,
par la chaleur, en produits charbonneux et empyreumatiques. Solubles dans l'eau, le premier donne, par l'eau de
chaux, un précipité blanc, soluble dans un excès d'acide et
l'acide azotique; il ne précipite pas le sulfate neutre de chaux
comme l'acide oxalique. *L'acide fluorhydrique* est fumant à
l'air et corrode le verre.

L'oxalate et le tartrate acides de potasse, offrant la réaction
acide, peuvent être confondus avec les acides oxalique et
tartrique. Par l'évaporation on les obtient cristallisés;
décomposés ensuite à chaud ils donnent du carbonate de
potasse (voyez cette base). Le tartrate noircit préalablement.

B.—*Si la liqueur ramène au bleu le papier rouge de tournesol, ou est sans action sur le papier bleu et rouge, ne précipite pas par la potasse, et surtout par l'acide sulfhydrique,*
c'est un poison à base de potasse, de soude, d'ammoniaque,
de chaux, de strontiane, de baryte. Si la réaction est alcaline, c'est une de ces bases ou de leurs carbonates. *Les trois*

premières ne précipitent pas par un courant d'acide carbonique ou d'air expiré ; *l'ammoniaque* a une odeur caractéristique ; *la potasse* précipite en jaune par le chlorure de platine, non *la soude ;* celle-ci est précipitée en blanc par l'antimoniate de potasse. Les *trois dernières* précipitent par l'acide carbonique. *La baryte et la strontiane* donnent, par l'acide sulfurique, un sulfate blanc, insoluble dans l'eau avec la première, soluble dans une grande quantité de ce liquide avec la seconde. Enfin *la chaux* ne précipite pas par l'acide sulfurique et donne, avec l'acide oxalique, un oxalate blanc, insoluble dans un excès d'acide. Voici du reste les caractères essentiels de ces bases.

Ammoniaque ($AzH^3,12HO$). Liquide, incolore ; densité de 0,85 ; odeur ammoniacale, urineuse, âcre, suffocante ; il donne des vapeurs très-épaisses avec le gaz chlorhydrique, précipite en jaune le chlorure de platine. Le *sesquicarbonate*, qui offre les mêmes caractères, si ce n'est qu'il fait effervescence avec les acides, est en petits pains blancs, fibreux, à odeur fortement ammoniacale. Le *chlorhydrate* (AzH^3,HCl) cristallisé en longues aiguilles, est blanc, inodore, donne de l'ammoniaque par la potasse, et un chlorure d'argent caractéristique par le nitrate de ce métal.

Potasse (KO,HO) en plaques blanches, dures, très-hygrométriques. Son soluté, savonneux au toucher, donne, par *l'acide tartrique* en excès, un tartrate acide, blanc, grenu ; par *l'acide perchlorique*, un perchlorate, blanc, cristallin ; par *le chlorure de platine*, un chlorure double, jaune, grenu, insoluble dans l'alcool. Le *carbonate* (KO,CO^2) est en poudre blanche, cristalline, déliquescent ; il dégage de l'acide carbonique par les autres acides ; le *nitrate* (KO,AzO^5), qui est en cristaux blancs, prismatiques, fuse sur les charbons ardents, donne des vapeurs nitreuses par l'acide sulfurique et la limaille de cuivre ; *l'hypochlorite ou eau de Javelle*, est liquide, incolore ou rose, détruit le papier rouge de tournesol après l'avoir ramené au bleu, et dégage du chlore par l'acide sulfurique ; le *polysulfure, foie de soufre*, est solide ou liquide, jaune verdâtre ou brunâtre ; il noircit les métaux, dégage du gaz hydrogène sulfuré et dépose du soufre blanc par l'acide chlorhydrique. Les sels de potasse colorent la flamme du chalumeau en violet.

Soude (NaO,HO). Elle offre les mêmes caractères physiques que la potasse, dont elle se distingue en ce qu'elle ne précipite pas par les réactifs indiqués, et donne, par *l'hyperiodate de potasse* concentré, un précipité blanc ; par *l'antimoniate de cette base*, un antimoniate de soude, blanc, grenu. Les sels de soude colorent la flamme du chalumeau en jaune ; *l'hypochlorite de soude* ou liqueur de Labarraque est liquide et se reconnait aux mêmes caractères que celui de potasse.

Baryte (BaO,HO). En masses grisâtres, et en poudre blanche, à l'état d'hydrate ; le soluté donne, par *l'acide sulfurique, les sulfates*, un précipité blanc, insoluble dans l'eau, l'acide azotique et non colorable en noir par l'acide sulfhydrique ; par le *chromate de potasse*, un précipité jaune ; elle colore en rouge la flamme d'une lampe à alcool. Le *carbonate* (BaO,CO^2) est en masses ou rognons, ou en poudre blanche, insoluble ; le *chlorure* (BaCl,2HO), en lames carrées, blanches, soluble dans l'eau et insoluble dans l'alcool.

Strontiane (StO,HO), solide, en poudre blanche à l'état d'hydrate ; son soluté donne, avec *l'acide sulfurique, les sulfates*, un précipité blanc, soluble dans une grande quantité d'eau ; avec le *chromate de potasse*, pas de précipité ; elle colore en rouge pourpre la flamme alcool ; son *chlorure* est blanc, cristallisé en longues aiguilles.

Chaux (CaO,HO). En masses grisâtres ou en poudre blanche ; son soluté donne, *par l'acide oxalique*, un précipité blanc, insoluble dans un excès d'acide, et réduc-

tible en chaux par la calcination ; *par l'acide sulfurique*, pas
de précipité ; elle communique un éclat éblouissant à la
flamme du chalumeau ; *l'hypochlorite de chaux* est solide,
en poudre blanche ou liquide, et offre les mêmes réactions
que celui de potasse.

NOTA. *Le nitrate de potasse, les chlorures de baryte, de
strontiane, d'ammoniaque*, sont neutres au papier de tournesol, ne précipitent ni par la potasse, ni par l'acide sulfhydrique ; le premier fuse sur les charbons ardents ; le dernier est
volatil à chaud et dégage de l'ammoniaque par une base
fixe ; les deux autres se distinguent par les mêmes réactifs
que leurs bases.

C.—*Que les liqueurs soient neutres, acides ou alcalines, si
elles précipitent par la potasse et surtout par l'acide sulfhydrique, le sulfhydrate d'ammoniaque,* c'est une préparation
de zinc, d'arsenic, d'antimoine, d'étain, de mercure, de
cuivre, de plomb, de bismuth, d'argent, d'or, de fer, de
chrôme. Par l'acide sulfhydrique, le sulfhydrate d'ammoniaque, le précipité est : 1° *blanc*, avec les sels *de zinc* ; 2° *jaune*,
avec les sels *d'arsenic, d'antimoine, les deuto-sels d'étain;* le
sulfure d'arsenic est jaune-citron, complétement soluble dans
l'ammoniaque sans la colorer ; celui d'antimoine est jaune
rougeâtre, incomplétement soluble dans l'ammoniaque, à laquelle il donne sa couleur ; le sulfure d'étain est d'un jaune
plus clair et insoluble dans l'ammoniaque. 3° Les autres préparations donnent un *sulfure noir* par l'acide sulfhydrique,
le sulfhydrate d'ammoniaque. On les distingue par la potasse, qui précipite en *blanc bleuâtre*, les sels de cuivre ; *en
noir*, les proto-sels de mercure ; en *jaune rougeâtre*, les deuto-
sels ; en *brun-olive*, les sels d'argent ; en *brun jaunâtre*, les
sels d'or ; en *blanc verdâtre*, les proto-sels de fer ; en *brun
rougeâtre*, les sesqui-sels ; *en blanc*, les proto-sels d'étain, de
plomb, de bismuth ; avec les deux premiers, le précipité est
soluble dans un excès de réactif. Les proto-sels d'étain don-

nent le pourpre de Cassius avec les sels d'or, et ceux de plomb
un précipité jaune avec l'iodure de potassium. Enfin les sels
de chróme sont colorés en jaune, vert ou rouge. Voici
d'ailleurs les caractères physiques et chimiques de ces
diverses préparations.

PRÉPARATIONS ARSENICALES. Toutes, à l'état solide, donnent,
sur les charbons ardents, l'odeur alliacée, et, chauffées avec
du flux noir, dans un tube de verre, de l'arsenic métal, qui se
condense sur les parois en petites incrustations d'un gris d'a-
cier, solubles dans l'acide azotique; le soluté, évaporé à
siccité, laisse un résidu blanc d'acide arsénique, qui passe
au rouge-brique par l'azotate d'argent. Sont solubles l'acide
arsenieux et arsénique, les arsénites et arséniates de potasse, de soude et d'ammoniaque. Les insolubles sont
ramenées à l'état d'acide arsénique par l'acide azotique.

Les solutions arsenicales sont à l'état d'acide arsenieux
et arsénique. Elles donnent :

1° *A l'appareil de Marsh*, des taches arsenicales, un
anneau arsenical (voyez page 77);

2° *Par l'acide sulfhydrique et quelques gouttes d'acide chlorhydrique*, un précipité jaune-citron (sulfure d'arsenic),
soluble dans l'ammoniaque sans la colorer. Avec les dissolutions d'acide arsénique le dépôt ne se forme qu'au bout
de 6,24 heures, ou après ébullition ;

3° *Par le nitrate d'argent*, un précipité jaune clair, avec
les arsénites; rouge-brique, avec les arséniates (arsénite ou
arséniate d'argent);

4° *Par le sulfate de cuivre ammoniacal*, un précipité vert-
pré (arsénite de cuivre), avec les dissolutions d'acide arsenieux; blanc bleuâtre (arséniate de cuivre), avec les solutés
d'acide arsénique ;

5° *Par l'eau de chaux, de baryte*, toutes forment un précipité blanc (arsénite ou arséniate de chaux, etc.).

L'acide arsenieux (AsO^3) est en masses blanches, opaques, ou en poudre granuleuse ; *l'acide arsénique* (AsO^5), en gros cristaux incolores ; *l'oxyde noir et l'arsenic cobaltique* (mélange d'acide arsenieux et d'arsenic) sont noirs ; *le réalgar ou sulfure rouge* (AsS^2) et *l'orpiment ou sulfure jaune* (AsS^3), en masses compactes et à cassure vitreuse. *Les arséniates de potasse, de soude, d'ammoniaque* sont cristallisés en prismes blancs ; *l'arsénite de potasse* est en masses blanches; *les poudres arsenicales de Rousselot*, etc., en poudre rouge.

PRÉPARATIONS ANTIMONIALES. Toutes sont réductibles par le flux noir en un globule métallique brillant, d'un gris blanchâtre, cassant, soluble dans l'eau régale; le soluté, qui précipite en blanc par l'eau , se colore en jaune-orange rougeâtre par l'acide sulfhydrique. L'émétique et le chlorure sont solubles ; les oxydes, sulfures et oxysulfures se dissolvent dans l'acide chlorhydrique ; il y a dégagement d'hydrogène sulfuré avec les derniers.

Les solutés antimoniaux donnent :

1° *A l'appareil de Marsh*, des taches antimoniales (voyez page 75).

2° *Par l'acide sulfhydrique*, un précipité jaune-orange rougâtre (sulfure d'antim.), incomplétement soluble dans l'ammoniaque, qu'il colore en orangé rougeàtre ;

3° *Par la potasse*, un précipité blanc, soluble dans un grand excès de réactif;

4° *Par l'ammoniaque*, *son carbonate*, un précipité blanc, insoluble dans un excès de réactif ;

5° *Par la teinture de noix de galle*, un dépôt jaune sale, (tannate d'antimoine) ;

6° *Par le cyano-ferreux de potassium*, un précipité blanc, si les liqueurs sont concentrées ;

7° *Une lame de zinc* en dépose l'antimoine sous forme de poudre noire . fusible au chalumeau en globules métalliques ;

L'oxyde d'antimoine ou fleurs argentines ($bS2O^3$) est en poudre blanche cristalline ; *l'acide antimonique* (SbO^5), en poudre blanche ou jaunâtre, de même que *l'antimoniate de potasse ; le chlorure* (Sb^2Cl^3) ou *beurre d'antimoine*, en masses blanches, cristallisées, fusibles et volatiles; *le tartrate de potasse et d'antimoine, émétique* ($KO,bS2O^3,C^8H^4O^{10},HO$), en cristaux blancs octaédriques. *Les sulfures et oxysulfures anhydres* sont brunâtres ; *le khermès et soufre doré d'antimoine* (oxysulfures hydratés sulfurés), en poudre floconneuse jaunâtre ou rougeâtre.

PRÉPARATIONS D'ÉTAIN. *Le protoxyde* (SnO) est blanc ou grisâtre; *le bioxyde ou acide stannique* (SnO^2), en poudre blanche; *le proto-chlorure* ($SnCl,2HO$), en cristaux blancs ; *le perchlorure liquide, liqueur fumante de Libavius* ($SnCl^2$) absorbe 5 équiv. d'eau et se réduit en masses blanches cristallines; toutes se réduisent au flux noir en petites lamelles grisâtres d'étain. Les chlorures sont volatils, solubles dans l'eau ; les oxydes le sont dans l'acide hydrochlorique.

Les solutés ont une saveur styptique, imprègnent les doigts de l'odeur de poisson pourri. Ils précipitent : 1° *par l'acide sulfhydrique*, les proto-sels, en brun noir ; les deuto, en jaune ; 2° *par la potasse*, en blanc, soluble dans un excès d'alcali; 3° *par le cyanure jaune*, en blanc gélatineux; 4° *par la teinture de noix de galle*, en blanc sale ; 5° *une lame de fer, de zinc* précipite l'étain sous forme de paillettes cristallines, grises, qui, sous le brunissoir, prennent l'aspect et l'éclat de l'étain. *Les proto-sels* sont précipités en blanc par l'eau, en pourpre de Cassius par les sels d'or, en gris noirâtre par le bichlorure de mercure.

PRÉPARATIONS MERCURIELLES. Toutes, chauffées dans un tube de verre, avec du flux noir, donnent du mercure sous forme de petits globules, brillants, mobiles, miroitants, et, si c'est un chlorure, iodure, bromure, sulfure, cyanure elles laissent, au fond du tube, un chlorure, iodure, etc. de potassium, qu'on dissout dans l'eau pour reconnaître le métalloïde. Les sulfates et nitrates sont solubles dans l'eau et transformés eu sous-sels et sur-sels. Les deuto-chlorure, bromure et le cyanure sont solubles ; les oxydes, les sulfures, les proto-chlorure, bromure et iodure sont insolubles et transformés en bichlorure par l'eau régale.

Les solutés sont acides, d'une saveur métallique, à l'état de proto ou de bi-sels. Ils précipitent :

1° *Par l'acide sulfhydrique* en noir (sulfure de mercure) ;

2° *Par la potasse*, les proto-sels en noir, les deuto-sels en jaune rougeâtre ;

3° *Par l'iodure de potassium*, les proto, en jaune verdâtre ou grisâtre ; les deuto en rouge carmin, soluble et décolorable dans un excès de réactif (proto et deuto-iodures de mercure) ;

4° *Les proto et deuto-sels* déposent, sur une lame de cuivre décapée, une couche grisâtre, qui s'argente par le frottement et donne des globules de mercure quand on la chauffe dans un tube de verre ;

5° *Les proto-sels* donnent un précipité blanc (proto-chlorure) par l'acide hydrochlorique, non les deuto–sels.

L'oxyde noir de mercure est en poudre ; *le bioxyde* (HgO) en petites écailles rougeâtres ; *le proto-chlorure* (Hg^2Cl) *et le bichlorure* ($HgCl$), en morceaux cristallins ou en poudre blanche ; le premier est peu sapide, insoluble dans l'eau, l'autre d'une saveur âcre, et soluble dans ce liquide ; *le proto-iodure* (Hg^2Io) est en poudre jaune verdâtre ; *le deuto* ($HgIo$), rouge -carmin ; *le sulfure noir*, en poudre ; *le bisulfure*, en aiguilles rouge violacé ou vermillon. Les sulfates et nitrates sont incolores, et *les sous-sulfates et nitrates* colorés en jaune ; *le cyanure* ($HgCy$) est en aiguilles prismatiques, incolore, soluble dans l'eau.

PRÉPARATIONS CUIVREUSES. Colorées en bleu ou en vert, si

ce n'est le bioxyde anhydre, le sulfure qui sont noirs ; elles
se réduisent en petites parcelles cuivreuses par le flux noir,
ou en une couche cuivreuse brillante, qui tapisse le tube,
sous l'influence d'un acide végétal, tel que les acétates. Les
sulfates, acétates, nitrates, etc., sont solubles; les oxydes,
carbonates, phosphates le deviennent dans les acides acétique, azotique.

Les solutés des deuto-sels de cuivre, les seuls employés,
sont colorés en vert ou en bleu, ont une saveur styptique,
cuivreuse. Ils précipitent :

1° *Par l'acide sulfhydrique*, en noir (sulfure de cuivre) ;

2° *Par la potasse, la soude, l'ammoniaque*, en bleu (bioxyde de cuivre hydraté), précipité soluble dans un excès
du dernier réactif en un liquide d'une belle couleur bleue
(sel de cuivre ammoniacal) ;

3° *Par le cyanure jaune de potassium et de fer*, en brun
marron (cyanure de fer et de cuivre).

4° *Une aiguille, une lame de fer* bien décapées, plongées
dans une dissolution acide, se couvrent d'une couche de
cuivre, laquelle colore l'ammoniaque en bleu et communique une belle couleur verte à la flamme.

Le protoxyde de cuivre (Cu^2O) est couleur rougeâtre; *le
deuto* (CuO), en poudre noire, s'il est anhydre, et bleu, s'il est
hydraté; *le sulfate* ($CuO,SO^3,5HO$) en beaux cristaux bleus,
rhomboïdaux ; *le carbonate*, en poudre bleu verdâtre; *l'arsénite*, en poudre vert-pré ; *l'acétate neutre* ($CuO,C^4H^3O^3,HO$),
en prismes rhomboïdaux, vert émeraude ; *le sous-acétate*
ou *verdet*, en poudre blanc bleuâtre. *Les sels de cuivre ammoniacaux* sont liquides et d'un très-beau bleu.

PRÉPARATIONS DE PLOMB. Incolores ou colorées en jaune ou
rouge, elles se réduisent sur les charbons ardents en globules métalliques, d'un gris bleuâtre, sécables, solubles à
chaud dans l'acide azotique. Le soluté, évaporé à siccité,
laisse un nitrate blanc, qui se colore en jaune par l'iodure

de potassium, le chromate de potasse, et en noir par l'acide sulfhydrique. Sont solubles les acétates, le nitrate; les oxydes, les carbonates, les iodures, et autres préparations insolubles sont transformés en nitrate par l'acide azotique.

Les solutés de proto-sels de plomb ont une saveur styptique, sucrée, donnent une couleur laiteuse à l'eau ordinaire, non à l'eau distillée. Ils précipitent :

1° *Par l'acide sulfhydrique*, en noir (sulfure de plomb);

2° *Par la potasse*, en blanc (hydrate de protoxyde), soluble dans un excès de réactif;

3° *Par le chromate de potasse*, en jaune (chromate de plomb) ;

4° *Par l'iodure de potassium*, en jaune (iodure de plomb);

5° *Par le sulfate de soude*, en blanc (sulfate de plomb), qui se colore en noir par l'acide sulfhydrique;

6° *Une lame de zinc* en dépose le plomb, sous forme de lamelles brillantes.

Le protoxyde de plomb anhydre (PbO) ou *massicot* est en poudre jaune; *la litharge* ou protoxyde de plomb fondu, en écailles rougeâtres; *le minium*, en poudre rouge ; *le sesqui-oxyde* (PbO^2) de couleur puce; *le nitrate* (PbO,AzO^5), en cristaux octaédriques blancs; *le carbonate* (PbO, CO^2) en petits pains ou en poudre blanche; *l'acétate neutre* (PbO,C^{4}H^{3}O^3,5HO), en prismes rhomboïdaux blancs. Le sous-acétate ou extrait de Saturne est liquide, incolore, ou rougeâtre ; *l'iodure de plomb* (PbIo) est en petites paillettes jaunes.

PRÉPARATION DE BISMUTH. — *L'oxyde* (BiO), le *sous-nitrate* (BiO^2,AzO^5) sont en poudre blanche ou jaunâtre; le *nitrate* (BiO,AzO^5), en gros cristaux incolores Ils se réduisent, sur les charbons ardents, en un globule métallique d'un gris d'acier, à reflet verdâtre, cassant, soluble, à chaud, dans l'acide azotique, ainsi que l'oxyde et le sous-nitrate. Les solutés de bismuth précipitent :

1° en blanc, *par l'eau ordinaire et distillée*, qui les transforme en sous-sels insolubles et sur-sels; 2° *par l'acide sulfhydrique*, en noir; 3° *par là potasse*, en blanc, insoluble dans un excès de réactif; 4° *par le chromate de potasse*, en jaune, 5° *par l'iodure de potassium*, en brun foncé, soluble dans un excès de réactif, avec coloration jaune; 6° *une lame de zinc* en dépose de bismuth sous forme de poudre noire.

PRÉPARATIONS DE ZINC. Incolores, d'une saveur styptique, amère, nauséabonde, réductibles au chalumeau ou sur les charbons, sous l'influence du carbonate de soude, en un petit grain métallique, qui se réduit en fumée blanche, à l'air. Le protoxyde (ZnO) est en poudre blanche très-légère; *le chlorure* ($ZnCl$), en poudre blanche très-caustique; *le sulfate* ($ZnO,SO^3,7HO$), en cristaux blancs prismatiques.

Les solutés de zinc précipitent : 1° *par le sulfhydrate d'ammoniaque*, en blanc ; 2° *par la potasse, l'ammoniaque, son carbonate,* en blanc (hydrate d'oxyde), soluble dans un excès de réactif; 3° par *le cyano-ferride de potassium*, en jaune sale; 4° par *le cyanure de potassium et de manganèse*, en rose (cyanure de zinc et de manganèse).

PRÉPARATIONS FERRUGINEUSES. Le proto — sulfate (FeO,SO^3,HO), qui est en prismes rhomboïdaux verdâtres, laisse sur les charbons ardents un résidu blanc. *Le proto* ($FeCl$) *et sesqui* (Fe^2Cl^3) *chlorures* sont jaunes verdâtres ou brunâtres, solides ou liquides et volatils. Les solutés, qui ont une saveur styptique, précipitent : 1° *par le sulfhydrate d'ammoniaque*, en noir; 2° *par le cyano-ferrure de potassium*, les sesqui-sels en bleu (bleu de Prusse), les proto-sels en blanc, qui bleuit peu à peu à l'air; 3° *par la teinture de noix de galle*, les sesqui-sels en noir bleuâtre (tannate de fer) ; les proto se colorent en violet clair, puis en noir bleuâtre à l'air; 4° *par la potasse*, le proto-sels, en blanc verdâtre, les sesqui-sels en brun (sesqui-oxyde fer hydraté); 5° *par le cyano-ferride de potassium*, les proto-sels, en bleu; les sesqui-sels se colorent légèrement en brun verdâtre sans donner de précipité.

PRÉPARATIONS DE CHRÔME. Colorées en jaune, vert ou rouge. Fondues avec le borax, elles donnent un verre vert. *L'acide chromique* (CrO^3) est en cristaux octaédriques d'un rouge foncé à l'état d'hydrate; *le chromate de potasse* (KO,CrO^3) en prismes droits, rhomboïdaux, d'un jaune-citron; *le bichromate* ($KO,2CrO^3$), en tables rectangulaires d'un rouge foncé. Solubles dans l'eau, à laquelle ils communiquent leur couleur; leur *soluté* précipité, en vert foncé (sesqui-oxyde de chrôme) *par l'acide sulfhydrique* ou *le sulfhydrate d'ammoniaque ;* en rouge plus ou moins foncé, *par les sels de mercure, d'argent* (chromate d'argent); en jaune, *par les sels de plomb , de bismuth. Le chromate de plomb* (PbO,CrO^3), d'un très-beau jaune, insoluble dans l'eau, est transformé, par le sous-carbonate de potasse, en chromate de potasse et carbonate de plomb.

PRÉPARATIONS D'ARGENT. *L'azotate d'argent* (AgO,AzO^5) est en lames carrées, incolores, transparentes; *l'azotate fondu* ou *pierre infernale,* en petits cylindres incolores ou bruns, à cassure cristalline. Déposés sur un charbon ardent, ils fusent, dégagent des vapeurs nitreuses, et laissent un petit disque d'un blanc mat, prenant l'aspect argentin par le grattage. Ils sont solubles dans l'eau. Le *soluté* brunit l'épiderme. Il précipite : 1° *par l'acide sulfhydrique,* en noir; 2° *par la potasse,* en brun-olive; 3° *par l'acide chlorhydrique, les chlorures* il donne un chlorure d'argent, blanc, caillebotté, insoluble dans l'eau, l'acide azotique à froid et à chaud, soluble dans l'ammoniaque, indécomposable par la chaleur, se colorant en brun à la lumière, et réductible par l'hydrogène naissant. 4° *Le zinc* en précipite l'argent à l'état métallique.

PRÉPARATIONS D'OR. *Le perchlorure d'or* (Au^2Cl^3) est d'un rouge brun, déliquescent ; *le chlorhydrate de chlorure d'or*, en prismes allongés, d'un jaune doré ; *le chloro-aurate de sodium* ($NaCl,Au^2Cl^3,4HO$), en prismes jaunes, quadrangulaires, de même que celui de potassium. Ils sont réductibles en or métallique sur les charbons ardents, solubles dans l'eau. *Les solutés* sont jaunes, colorent la peau en pourpre et précipitent : 1° *par l'hydrogène sulfuré*, en noir ; 2° *par l'ammoniaque*, en jaune (or fulminant) ; 3° *par le proto-sulfate de fer*, en brun pourpre, qui prend l'aspect aurifère au brunissoir ; 4° *par le proto-chlorure d'étain*, *moyennement étendu*, ils donnent le pourpre de Cassius ; 5° chauffés avec de *l'acide oxalique*, la capsule se tapisse d'une couche d'or.

III.—Recherche des Poisons inorganiques dans les aliments, le tube intestinal, les vêtements, etc.

Il est peu de poisons minéraux qui ne modifient les matières organiques solides ou liquides, ne soient modifiés par elles, par l'eau, les sels qu'elles contiennent, par les produits résultant de leur altération spontanée. *Les métalloïdes* (phosphore, chlore, iode, brôme) colorent d'abord ces matières, du moins les trois derniers, détruisent les couleurs végétales et s'acidifient. L'iode bleuit les matières amilacées. *Les acides* rougissent les couleurs bleues, violettes, vertes, plusieurs vêtements, coagulent les liquides albumineux, caséeux, se combinent avec les organes, les tissus, les scarifient, les colorent en jaune (acides azotique, hypo-azotique, chloro-nitrique), en noir (acides sulfurique, chlorhydrique, phosphorique, acétique), les gélatinisent (l'oxalique). *Les poisons alcalins* verdissent les couleurs végétales, rendent les liquides albumineux, caséeux, fibrineux incoagulables. *Les sels neutres alcalins* n'ont que peu d'action sur les matières organiques. *Les préparations* arsénicales, mercurielles, cuivreuses, antimoniales, plombiques, d'étain, de bismuth, de fer, de zinc, d'or, d'argent, etc.,

forment, avec les liquides glutineux, albumineux, caséeux,
les tissus, la plupart de matières organiques solides ou
liquides, des composés insolubles, même avec plusieurs
d'entre eux, par un contact peu prolongé, la réaction peut
être si complète, qu'il ne reste plus de traces de poison dans
la partie liquide.

Quelques-uns de ces poisons sont décomposés par l'eau
en sous-sels insolubles et sels acides solubles (proto-chlorure d'étain, d'antimoine, sels de bismuth, nitrates et sulfates de mercure). D'autres sont précipités, décomposés par
les sels de l'eau (sels de baryte, de plomb, d'argent, etc.).
Presque tous donnent lieu, avec leurs contre-poisons, à
des composés insolubles. Les liquides organiques acides
saturent les poisons alcalins, dégagent le chlore des hypochlorites, le gaz sulfhydrique des polysulfures. Les liquides
organiques alcalins saturent les poisons acides, décomposent les sels formés par les oxydes insolubles. L'ammoniaque, l'acide sulfhydrique, résultant de l'altération spontanée des matières organiques, peuvent aussi réagir sur
certains poisons ; le premier à la manière des alcalis ; le
second en transformant les poisons salins métalliques, arsénicaux, mercuriaux, etc. en sulfures insolubles.

De cet exposé général, il suit que les poisons minéraux
peuvent ne pas se trouver dans les matières organiques
tels qu'ils y ont été mélangés, tels qu'ils sont ingérés dans
l'estomac ou tout autre organe. Quel que soit leur genre
d'altération, ils s'y trouveront : 1° soit à l'état solide ou de
mélange ; 2° soit en dissolution dans la partie liquide ;
3° soit en combinaison avec les parties solides. Il est donc
nécessaire de soumettre les matières suspectes à trois opérations principales, pour y déceler le poison dans ces trois
états. Avant, il importe de constater avec soin les caractères
physiques et organoleptiques de ces matières, tels que l'état,
la couleur, la saveur, etc., caractères qui, dans quelques
cas, servent à faire soupçonner le genre, l'espèce toxiques.

A.—**Première opération.** Examiner avec soin soit à la vue simple, soit à la loupe, à la lumière diffuse, solaire ou à l'obscurité, si, dans ces matières, étendues par petites couches, à leur surface, sur les parois ou au fond des vases n'existent pas de traces de poudres blanche, noire, jaune, rouge, verte, etc., qu'on isolerait soit à l'aide de pinces, d'une carte, si elles étaient en fragments assez gros, soit par des lavages. A cet effet, on délaye ces matières dans suffisante quantité d'eau pour faire une bouillie claire, et, après avoir divisé ou séparé les parties les plus grosses, on laisse reposer quelques instants, puis on décante pendant que les matières organiques sont encore en suspension dans l'eau. Le dépôt est délayé dans un peu de ce liquide et décanté de nouveau. Après deux ou trois lavages, en opérant dans un vase conique, les poisons minéraux étant plus pesants que les matières organiques, se trouvent au fond du vase. Lorsqu'ils sont bien dépouillés de ces matières, on les analyse par la voie sèche et humide (p. 23 et 29). Les poisons insolubles ou peu solubles, décomposables en sous-sels par l'eau ou formant des composés insolubles avec les contre-poisons, sont ceux qui peuvent se trouver dans ces matières à l'état solide ou de mélange, et en être isolés ainsi. Si les matières étaient renfermées dans des vases étroits (bouteilles, etc.), il faudrait les laver avec soin, les casser même, afin d'agir sur la totalité de la matière suspecte, d'autant plus que le poison, en raison de sa densité, peut se déposer dans les anfractuosités du vase.

B.—**Deuxième opération.** Laissez macérer dans l'eau des lavages, pendant un certain temps, les matières soumises à la première opération, ou bien faites-les bouillir, pendant 1/4, 1/2 heure, dans une cornue, suivie d'un récipient, entouré d'eau froide, afin de recueillir les poisons volatils (ammoniaque, acides chlorhydrique, acétique, etc.); filtrez le décocté, et, ainsi que le produit distillé, essayez-le au

papier bleu et rouge de tournesol, par l'acide sulfhydrique,
le sulfhydrate d'ammoniaque, la potasse, comme il a été
dit page 29.

1° *Si les liqueurs rougissent fortement le papier tournesol,
ne précipitent, ne se colorent, ni par la potasse ni par l'acide
sulfhydrique, le sulfhydrate d'ammoniaque*, ce peut être un
poison acide ou un sel acide à base alcaline. En traitant
une portion de la liqueur par l'eau de baryte, de chaux, le
nitrate d'argent, la morphine et l'acide sulfurique, on
pourra en soupçonner l'espèce et employer le procédé,
les réactifs que nous avons indiqués dans l'historique de
chacun d'eux. Si on n'a aucun indice, à l'aide de ces réactifs,
on concentre la liqueur jusqu'à consistance sirupeuse dans
une cornue, suivie d'un ballon entouré de linges mouillés.
Les acides acétique, chlorhydrique, azotique étant volatils,
passeront en partie dans le récipient et seront reconnus
soit à l'odeur du vinaigre, soit par le nitrate d'argent, soit
par la morphine et l'acide sulfurique : alors on continue la
distillation au bain d'huile ou de chlorure de calcium
jusqu'à presque siccité, pour obtenir autant que possible
de ces poisons et ne pas décomposer la matière organique.
Si les liqueurs du récipient ne sont pas acides ou que très-
faiblement, et qu'au contraire celles de la cornue le deviennent davantage, ce peuvent être les acides sulfurique, phosphorique, oxalique, tartrique, l'oxalate ou tartrate acides de
potasse. On traite alors le résidu par l'éther ou l'alcool, qui
enlèvent à ces matières, le premier, les acides sulfurique
et phosphorique ; le second, les acides oxalique, tartrique,
acides qu'on obtient ensuite par l'évaporation du véhicule.
Le résidu indissous, traité par l'eau, donnerait l'oxalate, le
tartrate acides de potasse. Voyez p. 51, le caractère de
ces poisons.

2° *Si les liqueurs sont fortement alcalines, ramènent au
bleu le papier rouge de tournesol, ne précipitent, ne se colorent
ni par la potasse, ni par l'acide sulfhydrique, le sulfhydrate*

d'ammoniaque, ce peut être *la potasse, la soude, l'ammoniaque, la chaux, la baryte, la strontiane,* ou *un carbonate des trois premières bases.* Concentrez-les, à vase clos, comme pour les acides, jusqu'à consistance sirupeuse. L'ammoniaque et son carbonate, étant volatils, se dégageront dans le récipient. Délayez le résidu dans parties égales d'alcool à 36°, pour précipiter la matière organique, filtrez, évaporez pour chasser l'alcool, faites passer à travers un courant d'acide carbonique ; la chaux, la baryte et la strontiane seront précipitées à l'état de carbonates (pourvu que l'acide carbonique ne soit pas en excès), lesquels, calcinés seuls ou avec du charbon dans un creuset de platine, pendant 1/4 d'heure, donneront ces bases. Quant à la potasse, la soude, qui ne sont pas précipitées par l'acide carbonique, évaporez les liqueurs à siccité, incinérez le résidu, et traitez les cendres par l'eau distillée pour dissoudre ces alcalis et les caractériser. Comme ces bases ou leurs sels existent normalement dans les matières organiques, les expériences doivent être comparatives avec une égale quantité de matières de même nature. M. Orfila, afin d'éviter cette cause d'erreur, traite à chaud, à plusieurs reprises, le résidu par l'alcool à 44°, qui dissout la potasse, la soude, non les matières organiques et les sels de ces bases, filtre, évapore le soluté alcoolique à siccité, incinère le résidu, reprend les cendres par l'eau, etc. La matière indissoute par l'alcool sera ensuite traitée par l'eau ou incinérée, afin de ne pas perdre la potasse, la soude, passées à l'état de carbonate de ces sels, etc. Comme la baryte, la strontiane, la chaux, peuvent être transformées en carbonates, sulfates insolubles, qui restent mêlés aux matières organiques, il faut incinérer celles-ci, ainsi que les dépôts, et traiter les cendres par l'eau distillée ou l'acide azotique pour dissoudre ces bases ou le nitrate.

3° Si les liqueurs ne sont ni acides, ni alcalines, ne se colorent, ne précipitent pas par la potasse, l'acide sulfhydrique, e sulfhydrate d'ammoniaque, ce peut être un poison neutre à base alcaline, *le nitrate de potasse, l'hydrochlorate de baryte, d'ammoniaque.* Évaporez les liqueurs en consistance sirupeuse, précipitez la matière organique par l'alcool, filtrez, évaporez de nouveau pour obtenir ces sels qu'il sera facile de distinguer, le premier fusant sur les charbons, le dernier étant volatil, et l'autre donnant un précipité caractéristique par les sulfates solubles (voyez ces sels).

4° *Que les liqueurs soient acides, alcalines, ou neutres, si elles précipitent ou se colorent par l'acide sulfhydrique, le sulfhydrate d'ammoniaque,* ce sera un *sel de zinc,* si le précipité est *blanc;* une préparation *arsénicale, antimoniale,* un *deuto-sel d'étain,* s'il est *jaune;* un sel de *mercure, de cuivre, de plomb, de bismuth, de fer, d'or, d'argent, un proto-sel d'étain,* s'il est *noir.* Comme le sulfure ainsi obtenu est mélangé à de la matière organique, on le chauffe avec l'acide azotique, chlorhydrique ou l'eau régale pour le transformer en nitrate, en chlorure, on évapore l'excès d'acide, on dissout le résidu dans l'eau distillée pour l'examiner par les réactifs généraux, spécifier la nature du poison (voyez page 34).

Les liqueurs ou plutôt les décoctés ainsi obtenus sont rarement dépouillés assez complétement de matières organiques pour que les précipités se forment immédiatement; souvent il y a coloration en jaune, en brun de la liqueur, et ce n'est qu'au bout de 4, 6, 12, 24 heures et même de plusieurs jours que le sulfure se dépose. M. Orfila, afin d'obtenir un résultat plus prompt, traite préalablement les décoctés par l'alcool à 36°, pour se débarrasser de la matière organique. Comme l'alcool ne précipite pas toutes les matières organiques, qu'une portion du poison peut être entraînée avec elles, il nous paraît préférable, surtout lorsque les liqueurs sont épaisses, visqueuses, albumineuses ou caséeuses, le lait, etc., de les décomposer par le chlore, ou plutôt de les évaporer jusqu'à siccité, et de soumettre le résidu aux mêmes procédés analytiques

que lorsque le poison est à l'état de composé insoluble
dans ces matières (voyez ci-après).

Lorsque les *liqueurs sont colorées*, que le poison est
dissous dans du café, du vin, etc., on peut, avant de les
traiter par l'acide sulfhydrique ou tout autre réactif, les
décolorer soit en les filtrant à travers une couche de
charbon purifié, soit par un courant de chlore. La décoloration par le *charbon* est moins usitée qu'autrefois, parce
qu'il se combine non-seulement avec la matière colorante,
mais encore avec le poison. Si cette propriété du charbon
était mieux étudiée, peut-être formerait-elle la base d'une
méthode générale pour enlever le poison aux liquides
organiques; comme le charbon est insoluble dans la plupart des réactifs, il serait facile d'en séparer le poison à
l'aide d'un véhicule ou de tout autre moyen. Ce serait un
sujet de thèse très-important. Le *chlore* décolore assez bien,
quoique moins complétement que le charbon, mais il
précipite, décompose quelques poisons, les iodés, les sels
d'argent, de plomb, les proto-sels de mercure. On fait
passer un courant de gaz chlore lavé à travers la liqueur
jusqu'à décoloration, on chauffe pour dégager l'excès de
chlore et l'on filtre. A cause de l'inconvénient que nous
venons de signaler, le charbon et même le chlore ne sont
guère plus employés comme décolorants. Il est préférable
d'évaporer les liqueurs à siccité et d'analyser le résidu par
l'un des procédés suivants.

Il faut soumettre au même genre d'investigation les
tissus, les vêtements, atteints par les acides et autres poisons. Comme plusieurs sont employés dans la teinture, il
importe, surtout quand ce sont des tissus colorés, que les
expériences soient comparatives. On procéderait aussi de
la même manière pour reconnaître le poison appliqué sur
la peau, une muqueuse, une plaie (pâtes et poudres arsénicales, mercurielles, etc.). Si c'était une pâte, on la ferait
fondre dans l'eau, la graisse surnagerait, les matières

solubles se dissoudraient dans le liquide, et les insolubles se déposeraient.

C.—Troisième opération. Si par les *deux moyens d'investigation précédents* on ne découvre aucune trace de poison à l'état solide ou dans les parties liquides, c'est qu'il a formé un composé insoluble avec les matières organiques, que, probablement, il appartient à la quatrième section (mercure, cuivre, plomb, arsenic, antimoine, bismuth, étain, fer, argent, or), puisque les poisons acides et à base alcaline, sont solubles, peuvent être retirés assez complétement de ces matières par l'eau ou l'alcool, à moins qu'ils ne soient transformés en sels insolubles par les contre-poisons, tels que l'acide oxalique, la baryte. Quel que soit d'ailleurs le résultat obtenu, comme la totalité ou une portion de poison, celle qui a formé un composé insoluble, peut échapper aux recherches précédentes, il faut soumettre les matières solides, les dépôts, ainsi que les liqueurs, à l'un des procédés que nous allons décrire dans l'article suivant.

IV. — Description des procédés toxicologiques.

Les procédés pour déceler les poisons dans les matières organiques avec lesquelles ils ont formé des composés insolubles, ainsi que dans le foie, les urines et autres organes ou liquides où ils ont pénétré par absorption, sont assez nombreux. Ils ont pour but d'enlever à ces matières le poison par l'eau acidulée, ou plutôt de les désagréger, de les décomposer, soit par l'action combinée de la chaleur et de l'oxygène de l'air ou des corps qui cèdent facilement l'oxygène, tels que les acides azotique, chloro-nitrique, le chlorate, l'azotate de potasse; soit très-avides d'eau, tels que l'acide sulfurique, ou d'hydrogène, le chlore. Ces procédés s'appliquent spécialement à la recherche des poisons de la quatrième section. Si nous les décrivons chacun en particulier, c'est plutôt sous le point de vue scientifique et afin de discuter leur valeur toxicologique, car, à la rigueur, on pourrait les réduire à deux ou trois. Comme, en définitive, le produit obtenu est soumis aux mêmes réactifs généraux pour y déceler le poison, nous indiquerons la marche à suivre, après la description de ces procédés, et résumerons leurs applications toxicologiques.

PROCÉDÉ DE REINCH. — Il est fondé sur la propriété qu'a l'acide chlorhydrique d'enlever les poisons aux matières organiques, et le cuivre de précipiter, à une légère température, plusieurs métaux de leurs dissolutions, propriété que possèdent aussi plusieurs autres métaux.

Faites bouillir, pendant une 1/2 heure, les matières suspectes, après division et macération préalables, si elles sont sèches, dans suffisante quantité d'eau acidulée de 1/15 d'acide chlorhydrique pur, en ayant soin de maintenir la liqueur constamment acide ; filtrez à travers un filtre préalablement humecté ; lavez le résidu avec de l'eau aiguisée du même acide, puis à l'eau chaude, et, dans les liqueurs encore chaudes et convenablement concentrées, immergez-y, pendant une 1/2 heure, de petites lames ou fils de cuivre en spirale parfaitement décapés. Le métal ou radical du poison se dépose en couches plus ou moins épaisses sur le cuivre : 1° d'un gris d'acier avec *l'arsenic* ; la réaction est très-nette à 1/100,000 et même à 1/200,000, au bout de 1/4 d'heure, et l'appareil de Marsh n'y découvre ensuite aucune trace de poison ; 2° d'un gris de fer ou violettes avec *l'antimoine* ; même délicatesse que pour l'arsenic ; 3° d'un blanc d'argent à 1/1000, et grisâtre à 1/50,000 avec *le mercure*, et les globules sont évidents à la loupe ; 4° de pellicule métallique ou de poudre noire cristalline ou feuilletée avec *le bismuth*, à 1/500 ; 5° de poudre noire avec *le plomb*, *l'étain*, à 1/1000. Le fer servirait à précipiter *le cuivre*. Les réactions n'ont lieu quelquefois qu'au contact de l'air.

Les lames de cuivre lavées et traitées par l'éther, si elles sont recouvertes d'une matière grasse, desséchées à une douce chaleur, seront soumises ensuite à diverses réactions pour en séparer le métal déposé et en reconnaître la nature; ainsi si c'était de l'arsenic, du mercure, en les chauffant dans un tube de verre, ces métaux se volatiliseraient sur les parois. Les autres pourraient être dissous dans un acide (voyez ci-après).

Ce procédé, si simple, mériterait la préférence sur tous les autres, s'il était démontré, comme semblent le prouver quelques expériences, que l'acide hydrochlorique enlève ces poisons aux matières suspectes. Ainsi Christison l'a employé avec succès dans deux cas de médecine légale, sur un 1/6ᵉ environ d'estomac; dans l'un, après quelques mois d'inhumation, et où l'on avait déjà obtenu de l'arsenic du foie et de l'estomac, par la méthode de Marsh; dans l'autre, après 4 mois, et où les décoctés des matières de l'estomac n'avaient donné aucun résultat par l'acide sulfhydrique. Ce chimiste chauffe les matières dans l'acide chlorhydrique jusqu'à dissolution et filtre ensuite. Il pense que la méthode de Reinch, ainsi modifiée, pourrait remplacer la méthode de Marsh comme plus simple. Ce procédé s'appliquant aux poisons les plus importants, n'offre aucun inconvénient à être employé comme essai, sauf ensuite à recourir à des procédés plus certains. Si MM. Orfila, Audouard, etc., n'ont pas obtenu les résultats indiqués par Reinch, c'est que, comme le fait remarquer M. Gaultier de Claubry, ils n'ont pas suivi exactement le procédé tel que nous l'avons indiqué.

PROCÉDÉ PAR LE CHLORE. Les matières liquides, molles, ou en bouillie n'ont pas besoin d'opération préliminaire. Si elles sont cohérentes (tube intestinal, foie, muscles, etc.), on les divise préalablement soit en les broyant dans un mortier avec du sable, du verre pilé (Jaquelain), soit en les chauffant avec l'acide chlorhydrique (Devergie), de l'eau régale (Orfila). Dans tous les cas, délayez-les dans un 1/2 litre d'eau distillée pour 100 grammes de matière; faites passer à travers un courant de chlore lavé, jusqu'à ce qu'il ne se forme plus de flocons blancs autour des bulles de chlore, ou que les matières aient un aspect blanchâtre; bouchez le flacon, laissez digérer pendant 12-24 heures; filtrez, concentrez les liqueurs et agissez comme dans le procédé de Reinch ; ou bien soumettez-les à l'appareil de Marsh, si c'est de l'arsenic, de l'antimoine ; ou bien encore précipitez-les par l'acide sulfhydrique, etc.

MM. Orfila, oncle et neveu, Jaquelain, Lanaux emploient ce procédé pour la recherche de l'arsenic, du mercure, sauf quelques exceptions, et M. Devergie, toutes les fois qu'il s'agit de dépouiller les liqueurs des matières organiques. Lorsque les matières suspectes sont putréfiées, transformées en gras de cadavre, trop dures, trop cohérentes, en très-grande quantité, la destruction en est très-longue, très-incomplète ; aussi est-il nécessaire alors de recourir à un autre procédé, à moins qu'on ne détruise préalablement les matières par l'eau régale, ce qui, dans quelques cas, complique l'opération.

Procédé par l'eau régale. La destruction des matières organiques par l'eau régale n'est pas nouvelle. M. Gaultier de Claubry, trouvant que le procédé par le chlore, même modifié par MM. Boissenot, Devergie, était très-long et ne remplissait qu'incomplétement le but, a proposé, en 1844, l'eau régale pour la recherche des poisons de la quatrième section dans les matières organiques les plus diverses (foie, rate, matières des vomissements, des déjections, lait, urine, sang, pain renfermant du cuivre, du zinc, terre des cimetières).

Chauffez, au-dessous de 60 à 80, ces matières, préalablement divisées, dans un ballon avec de l'acide chlorhydrique fumant, et ajoutez peu à peu de l'acide azotique. Toutes, excepté les matières grasses, disparaissent assez promptement, donnent une liqueur transparente, à peine colorée. Par le refroidissement la graisse se solidifie à la surface. On la lave à plusieurs reprises en la faisant fondre dans de l'eau distillée. Dans les liqueurs filtrées, réunies et suffisamment concentrées, plongez deux lames de platine communiquant avec les deux pôles d'une pile à courant constant, celle de Bunsen par exemple, ou bien une lame de zinc au pôle négatif, et une lame de platine au pôle positif, afin d'avoir une action plus rapide. Après un certain laps de temps, qui ne dépasse pas 8 à 10 heures, la lame de platine se couvre d'une couche formée par le métal ou les métaux de la dissolution. On la lave, on dissout cette couche dans un peu d'acide azotique, pour la transformer en nitrate, qu'on évapore à siccité, on reprend par l'eau et on essaye les réactifs généraux. Quelques heures, d'après M. Gaultier de Claubry, suffisent pour démontrer le cuivre, le zinc dans un pain entier sophistiqué, et ce procédé l'emporterait sur tous les autres par la rapidité d'exécution.

Dans l'affaire Jegado (assises d'Ille-et-Vilaine), Servante qui a fait périr par l'arsenic 45 personnes, de 1833 à 1849, MM. Malaguti et Sarzeau, ayant à rechercher ce poison sur trois cadavres, inhumés depuis 9 et 11 mois et passés à l'état gras, pensant que le chlore (qu'ils préfèrent à tout autre procédé, dans les circonstances ordinaires), le nitrate de potasse, l'acide sulfurique, etc., seraient insuffisants pour détruire la matière animale ainsi modifiée, se fondant sur ce que, lorsqu'on détruit un composé organique arsenical par l'eau régale, si l'on soumet le produit à la distillation, l'arsenic se dégage complétement à l'état de chlorure, ont procédé de la manière suivante :

Si les matières ne sont pas encore putréfiées, coupez-les par petits morceaux et desséchez-les à une douce chaleur de manière à les réduire au 2/3 de leur volume. Introduisez-les avec partie égale ou moitié d'eau régale (composée de 1 p. d'acide azotique et 2 p. d'acide chlorhydrique) dans une grande cornue, dont le bec plonge dans un ballon ou une capsule d'eau distillée; mettez quelques charbons sous la cornue, retirez-les dès que la réaction commence. Il se forme une mousse abondante et des vapeurs rutilantes. Lorsque la réaction se ralentit, chauffez doucement pour l'entretenir modérément. Après la destruction de la matière, versez la masse, encore chaude, dans une capsule de porcelaine. Par le refroidissement la graisse se sépare ; décantez le liquide ; lavez la cornue avec l'eau du récipient, ainsi que la graisse par malaxation ; concentrez l'eau des lavages au 1/4 de leur volume et réunissez-les au liquide de la cornue ; distillez le tout dans une cornue, suivie d'un ballon refroidi par un filet d'eau, communiquant avec un flacon à deux tubulures , contenant un peu d'eau et terminé par un tube de Welter. Dans la première période de la distillation il se dégage des vapeurs nitreuses. Quand elles ont cessé, on change de récipient et l'on continue la distillation jusqu'à ce que le résidu représente le 20ᵉ de la liqueur totale. Réunissez l'eau du tube de Welter et du flacon à celle du ballon ; faites passer à travers un courant d'hydrogène sulfuré. Le sulfure ne se dépose quelquefois qu'au bout de quelques jours. On le jette sur un filtre, on le lave à l'eau ammoniacale pour le séparer du soufre. Par l'évaporation de l'ammoniaque le sulfure se dépose. On l'oxyde par l'acide azotique et on soumet le produit à l'appareil de Marsh.

Lorsque les matières sont putréfiées ou répandent une odeur infecte, MM. Malaguti et Sarzeau les traitent préalablement par le chlore pour en détruire l'odeur, jettent le tout sur un filtre, soumettent le marc à l'eau régale comme il vient d'être dit, réunissent les liquides provenant de l'eau chlorée aux autres, pour les soumettre ensemble à la distillation, etc.

Ayant comparé les divers procédés usités pour la recherche de l'arsenic, en opérant, avec chacun d'eux, sur 200 grammes d'un foie de veau, mêlé à 0 gr. 0,20 d'acide arsénieux, représentant 0 gr. 0,1515 d'arsenic, ces chimistes ont obtenu les quantités suivantes de ce métal :

Par le nitre . . . . 0ᵍʳ·,0060   perte apparente 3/5
Par l'acide sulfurique (à
vase ouvert) 0,00775   2/5
Par l'acide ˮ azotique
(procédé Filhol). 0,00860   —   1/2
Par l'eau régale 0,01050   1/3

La même quantité de foie d'un veau, empoisonné par 4 grammes d'acide arsenieux, appliqué sur le tissu cellulaire, et une solution aqueuse administrée à l'intérieur, et qui a succombé en 6 heures, a donné :

Par le chlore. . . . .   0^{gr},01100   d'arsenic.
Par l'eau régale. . . , ...   1,01475   —
Par le chlore et l'eau régale. . . .   0,01360   —

1 kilogramme de foie, auquel ils ont mêlé 0 gr. 0,0250 d'acide arsenieux, a fourni, par l'eau régale, un anneau et des taches très-nets.

MM. Malaguti et Sarzeau concluent de leurs expériences que, dans un empoisonnement arsenical ordinaire, ces divers procédés peuvent être employés, mais que, pour apprécier de très-petites quantités d'arsenic, comme dans les empoisonnements successifs, ou lorsque la personne a vécu un certain temps et que le poison a été en partie éliminé, on doit préférer le procédé par l'eau régale, à cause de sa délicatesse. Comme ce procédé est très-long, très-compliqué, qu'il est difficile de se débarrasser complétement des acides nitreux et nitrique, qu'ensuite les autres procédés peuvent déceler des quantités minimes d'arsenic, nous pensons qu'on leur donnera la préférence.

PROCÉDÉ PAR L'ACIDE CHLORHYDRIQUE ET LE CHLORATE DE POTASSE (M. Millon). Délayez les matières dans l'eau distillée étendue d'une certaine quantité d'acide chlorhydrique pur, et, après avoir porté à l'ébullition, projetez-y par petites portions 20 gram. de chlorate de potasse pour 100 parties de matières ; filtrez la liqueur bouillante, concentrez et soumettez à l'appareil de Marsh, si c'est l'antimoine, ou à tout autre réactif, si c'est tout autre métal (Regnault.)

Voici le procédé tel qu'il est donné dans la thèse de M. Abreu (1849) : Divisez avec les ciseaux 200 gram. de matière suspecte ; introduisez-la, avec la moitié de son poids d'acide hydrochlorique fumant, dans un ballon de 2 litres, auquel est adapté un bouchon en verre, perforé de 2 trous, l'un destiné à recevoir un tube ouvert aux deux extrémités, de 55 à 60 cent. de long et de 1 cent. intérieur, l'autre un tube recourbé, plongeant dans une éprouvette refroidie et contenant de l'eau distillée. Chauffez à une température voisine de l'ébullition, pendant 4 heures, en agitant de temps en temps. La matière se dissout peu à peu en un

liquide homogène, d'un brun plus ou moins foncé. Faites bouillir 2, 3 minutes; introduisez alors par le tube droit, et portions
par portions, 16 ou 18 grammes de chlorate de potasse pour 100
de matière, en ayant soin de remuer continuellement. Il s'opère
une réaction des plus vives avec dégagement abondant de gaz
chlorés. Le liquide s'éclaircit de plus en plus, devient jaunâtre,
est surnagé par de petits fragments charbonneux et de matières
résinoïdes. Laissez refroidir, filtrez, mêlez les liquides à l'eau des
lavages du résidu resté sur le filtre et au liquide condensé dans
l'éprouvette; faites passer à travers, pendant une heure au plus,
un courant d'hydrogène sulfuré bien lavé; bouchez le flacon
et laissez en repos pendant 24 heures. Il se forme un dépôt
dans lequel se trouve le poison à l'état de sulfure ; jetez le tout
sur un filtre ; lavez le sulfure à l'eau distillée, portez-le à l'é-
bullition avec son poids d'acide hydrochlorique fumant dans
un petit ballon ; ajoutez quelques fragments de chlorate de
potasse pour le débarrasser de la matière organique. La réaction
terminée, ajoutez un peu d'eau distillée, chauffez pour dégager
l'excès de chlore, et filtrez de nouveau. On obtient ainsi des
liqueurs très-limpides, à peine colorées en jaune, dans lesquelles
peut se trouver *l'arsenic, l'antimoine, le mercure, le cuivre, le
plomb, l'étain, le bismuth*, car ce procédé s'applique à la recherche
de tous ces poisons. *Le zinc* n'étant pas précipité des liqueurs
acides par l'acide sulfhydrique, reste seul dans le premier liquide. M. Abreu soumet les liqueurs à l'appareil de Marsh pour
séparer l'arsenic, l'antimoine, et recherche ensuite les autres
métaux dans le liquide du flacon, sur le zinc, le fil de platine
qui sert à le suspendre, comme il est dit aux recherches des poisons absorbés.

PROCÉDÉ DE CARBONISATION PAR L'ACIDE AZOTIQUE. Il s'exé-
cute soit en carbonisant directement les matières préalablement desséchées, soit en les faisant bouillir dans de
l'eau acidulée par l'acide azotique, acétique ou chlorhydrique, évaporant à siccité et carbonisant le résidu.

Les matières liquides étant évaporées à siccité, les molles desséchées, projetez-les par petites portions, et à des intervalles
de 1-2 minutes, sur un poids égal d'acide azotique à 41, chauffé
à + 60-80, dans une capsule de porcelaine. La matière se dis-

sout, le mélange se colore en jaune, jaune rougeâtre, devient visqueux, puis apparaissent çà et là des points charbonneux, et la carbonisation s'opère avec incandescence plus ou moins vive, dégagement de vapeurs épaisses , et il reste un charbon léger, spongieux. Afin d'éviter la projection de la matière hors de la capsule, il faut que celle-ci soit assez grande, et remuer constamment avec une baguette de verre. Inclinez la capsule de côté pour carboniser les portions de matières adhérentes aux parois de la capsule ; ramassez le charbon au centre, broyez-le avec un pilon de porcelaine dans la capsule même, déposée sur un support, humectez-le avec de l'eau régale et desséchez-le ensuite. Broyez de nouveau le charbon, faites-le bouillir pendant 20 à 25 minutes dans de l'eau distillée simple ou acidulée par un acide ; filtrez, chassez l'excès d'acide, reprenez par l'eau et recherchez le poison.

Ce procédé est employé par MM. Orfila pour la recherche *du plomb, du cuivre, du fer, de l'étain , du zinc, du bismuth* , combinés avec les matières organiques ou absorbés ; mais au lieu de carboniser directement ces matières, ils les font bouillir préalablement dans de l'eau acidulée par l'acide acétique, azotique (plomb, cuivre), azotique (bismuth) chlorhydrique (fer, étain, zinc), évaporent le décocté jusqu'à siccité et carbonisent le résidu comme il est dit ci-dessus. Ils se débarrassent ainsi d'une grande quantité de matière organique, et ensuite, par cette modification, ils n'enlèvent aux matières que le plomb, le cuivre, le fer poisons, sans toucher au plomb , au cuivre, au fer normaux ou accidentels.

M. Filhol (thèse de la Faculté des sciences, 1848), afin d'éviter la déflagration, la projection, par conséquent la perte des matières, propose d'ajouter 15 à 20 gouttes d'acide sulfurique pour 100 grammes d'acide azotique ; qu'ainsi la carbonisation est simple, facile, a lieu sans déflagration, le charbon étant imprégné d'acide sulfurique, et la destruction de matière organique très-complète : il préfère ce procédé à tous les autres, même pour la recherche de l'arsenic. M. Orfila, ayant essayé ce procédé sur des matières arsenicales grasses, pourries, etc., a obtenu les résultats les plus avantageux : le charbon était friable et les décoctés ou liqueurs presque incolores et non mousseuses à l'appareil de Marsh. Cette modification est en effet très-heureuse.

Proportion d'acide et de matière.

Matières desséchées.			Acide azotique.
Sang.	90 gram.	—	200 grammes.
Cerveau, cervelet.	180 gram.	—	1100 grammes.
Cœur..	51 gram.	—	150 grammes.
Foie.	360 gram.	—	1060 grammes.
Rate.	40 gram.	—	100 grammes.
Estomac, intestins.	90 gram.	—	270 grammes.
Reins.	60 gram.	—	180 grammes.
Chair musculaire.	660 gram.	—	2060 grammes.

PROCÉDÉ PAR L'ACIDE AZOTIQUE ET LE CHLORATE DE POTASSE. On opère comme avec l'acide azotique, dans les mêmes proportions, si ce n'est qu'on ajoute, après la dissolution des matières, 1/10 à 1/15 de chlorate de potasse de la quantité de matière organique. La déflagration se fait quelquefois avec une incandescence assez vive et projection de matière, surtout si on n'a pas le soin de bien remuer pour faciliter le dégagement des gaz, résultant de la réaction de l'oxygène de l'acide azotique et du chlorate de potasse sur ces matières ; on opère ensuite sur le charbon comme il a été dit. En laissant la capsule à l'air jusqu'à refroidissement, le charbon en attire l'humidité, et il est bien plus facile alors de le détacher des parois et de le ramener au centre.

Ce procédé pourrait servir à la recherche des mêmes poisons que le précédent, excepté pour les préparations mercurielles, arsenicales ; cependant il est peu usité parce qu'il est difficile d'éviter la projection, la perte des matières, qu'ensuite, le résidu contient beaucoup de carbonate de potasse, de chlorure de potassium, ce qui exige beaucoup d'acide pour dissoudre le poison.

Procédé par l'acide sulfurique (MM. Flandin et Danger). Les parties liquides étant évaporées jusqu'à consistance molle et non jusqu'à siccité, comme le disent quelques auteurs (la carbonisation en ce cas se faisant moins bien), les matières solides préalablement coupées par petits morceaux, on les introduit dans une capsule de porcelaine avec le 1/3 d'acide sulfurique de la quantité supposée de matière organique. Chauffez progressivement, en remuant constamment avec une baguette de verre. La matière se dissout, le mélange noircit, s'épaissit, se boursoufle, se carbonise ensuite avec dégagement de vapeurs aqueuses et sulfureuses. Détachez le charbon des parois de la capsule, ramenez-le au centre, achevez la carbonisation, broyez-le ensuite dans la capsule même avec un pilon de porcelaine; humectez-le avec de l'acide azotique ou de l'eau régale pour transformer l'acide sulfureux en acide sulfurique et détruire aussi complétement que possible la matière organique; desséchez de nouveau le charbon; broyez-le, et faites-le bouillir dans suffisante quantité d'eau distillée simple ou acidulée par l'acide chlorhydrique, azotique; filtrez, concentrez les liqueurs pour y démontrer le poison. L'acide sulfurique carbonise les matières organiques en transformant successivement en eau l'oxygène et l'hydrogène de ces matières.

Avec des métaux volatils, l'arsenic, le mercure, il est mieux d'opérer à vase clos, comme le recommande l'Institut. M. le professeur Bérard, de Montpellier, dissout préalablement les matières dans l'acide sulfurique, les introduit, à l'aide d'un long tube, dans une cornue en verre dont la moitié de la panse est couverte d'un lut, suivie d'un ballon constamment refroidi, et opère la carbonisation en ménageant l'action de la chaleur. Il porte ensuite la cornue au rouge obscur, afin d'opérer la carbonisation aussi complétement que possible, retranche après la portion de cornue recouverte de lut, et opère sur le charbon, dans la cornue même, comme à l'ordinaire. En procédant ainsi à la recherche de l'arsenic dans les cas légaux, M. Bérard a toujours obtenu des liqueurs parfaitement limpides, non mousseuses, des taches, un anneau parfaitement purs, et, chose bien singulière, il ne retirait pas ou à peine d'arsenic du

produit distillé, au point qu'on pourrait, à la rigueur, le négliger dans les cas d'expertise. (Communication verbale.)

Pour la recherche des mercuriaux, on agirait de même. On
ferait bouillir le charbon dans l'eau régale, de l'eau acidulée
par l'acide hydrochlorique ; les décoctés filtrés, mêlés au produit distillé, seraient ensuite concentrés pour y déceler le mercure par les lames de cuivre (voyez Mercuriaux). On évite le
boursouflement des matières, leur ascension sur les parois de la
cornue, ce qui en rend ensuite la carbonisation difficile, en
ménageant convenablement la chaleur, ou plutôt en appliquant
les charbons sur les côtés de la cornue. Si les produits distillés
contenaient des matières empyreumatiques, on y ferait passer
un courant de chlore.

La carbonisation par l'acide sulfurique est un très-bon
procédé, qui, d'exécution prompte, facile, s'applique aux
matières organiques les plus diverses, à la recherche des
poisons les plus importants, l'arsenic, l'antimoine, le mercure, même à tous ceux de la quatrième section, soit en
carbonisant directement les matières, soit le produit des
décoctés obtenu par l'eau acidulée, pour ne pas entraîner les poisons dits normaux (fer, cuivre, plomb).

PROCÉDÉ PAR L'ACIDE SULFURIQUE ET LE CHLORURE DE SODIUM.
M. Schneider (*Journ. de pharmacie*, 1853) se fondant sur la
volatilisation du chlorure d'arsenic, introduit les matières
suspectes, mélangées à partie égale de chlorure de sodium,
dans une cornue bitubulée, suivie d'un récipient tubulé, et
d'un flacon à moitié rempli d'eau ; il verse dans la cornue,
par un tube de sûreté, de l'acide sulfurique concentré,
laisse réagir d'abord à froid, chauffe ensuite légèrement.
L'acide hydrochlorique naissant transforme l'acide arsenieux en chlorure d'arsenic, qui se condense surtout dans
le ballon, sous la forme d'un liquide dense; une autre portion est entraînée dans le flacon par le gaz chlorhydrique.
Il traite les produits distillés réunis par l'acide sulfhydrique
ou les soumet à l'appareil de Marsh. Dans les cas d'exper-

tise légale M. Schroff recommande de détruire la matière de la cornue, déjà divisée par l'acide sulfurique, par quelques fragments de chlorate de potasse fondu, de filtrer les liqueurs, de les concentrer et de les soumettre à l'appareil de Marsh. Par ce procédé on retire facilement l'arsenic d'un mélange de 6 onces de sang et de 0 gr. 05 d'acide arsenieux (Lintner).

Ce procédé ne nous paraît pas mériter la préférence sur le précédent, puisque tout l'arsenic n'est pas volatilisé à l'état de chlorure et qu'il est nécessaire d'agir sur le charbon, d'après M. Schroff. Fondé sur le même principe que le procédé de MM. Malaguti et Sarzeau, la volatilisation du chlorure d'arsenic, il lui serait probablement préférable si, en élevant assez la température, on pouvait séparer tout l'arsenic du charbon. Le produit, étant privé des acides azotique ou hypo-azotique, pourrait être soumis directement à l'appareil de Marsh.

PROCÉDÉ DE L'INCINÉRATION PAR L'AZOTATE DE POTASSE. L'oxygène de l'acide sert à brûler les éléments de la matière organique et la base à fixer les poisons volatils. Rapp, qui en est l'inventeur, l'exécutait en projetant les matières, préalablement desséchées, sur du nitre en fusion ignée dans un matras. Comme en opérant ainsi, l'incinération en est lente, incomplète, le procédé a été modifié par plusieurs auteurs. M. Thénard dissout les matières dans l'acide azotique, évapore à siccité et procède ensuite comme Rapp. M. Orfila dissout l'azotate dans les matières liquides, évapore ensuite à siccité. Si elles sont molles ou solides telles que les organes, il les broie, encore humides, avec de la potasse pure, le double de nitrate de potasse, et 400 à 700 gram. d'eau distillée, chauffe jusqu'à dissolution et évapore ensuite à siccité. MM. Fordos et Gélis, d'après M. Chevallier, font bouillir les matières dans l'eau, en ajoutant peu à peu de la potasse à l'alcool (environ 10 à 15 pour 100 de matières molles), jusqu'à ce qu'elles soient dissoutes, saturent le décocté par l'acide azotique étendu d'eau, lequel précipite beaucoup de matière animale, filtrent et évaporent à siccité.

Les matières ayant subi les opérations préliminaires que nous venons d'indiquer, qui toutes ont pour but de les mêler intimement avec l'azotate de potasse, afin que l'incinération soit plus prompte, plus complète, on les projette par portion de 1 à 2 gram. dans un creuset de hesse neuf ou de porcelaine, préalablement chauffé au rouge obscur ou sombre, en attendant que l'incinération de chaque portion soit terminée. La déflagration est des plus vives, il se dégage beaucoup de gaz, de vapeurs nitreuses, aqueuses, etc., et, en définitive, il reste, dans le creuset, une matière saline, composée d'azotate, d'hyponitrite, de carbonate, d'arséniate de potasse (en admettant que ce soit l'arsenic) et des sels de la matière organique ; versez la matière, encore en fusion, dans une capsule de porcelaine, préalablement chauffée, lavez bien le creuset avec de l'eau chaude, réunissez les produits et délayez-les dans suffisante quantité d'eau.

Si c'est pour la recherche d'une préparation arsenicale, et qu'on veuille soumettre le produit à l'appareil de Marsh, il faut le traiter d'abord à froid, puis à chaud par l'acide sulfurique, afin de dégager complétement les acides carbonique, nitrique et hyponitrique, lesquels s'opposeraient au dégagement du gaz hydrogène arsenié, ensuite on concentre les liqueurs et on les soumet à l'appareil de Marsh, après avoir laissé cristalliser le sulfate de potasse, s'il est en trop grande quantité, et l'avoir bien lavé à l'eau et à l'alcool pour ne pas perdre d'arsenic. Pour la recherche des autres poisons, on dissout le produit salin dans l'acide azotique, on sature par la potasse, et on précipite, par un courant d'acide sulfhydrique, le poison à l'état de sulfure, qui est ensuite transformé en chlorure par l'acide chlorhydrique, etc.

Par ce procédé on détruit complétement la matière organique, mais les difficultés de l'opération pour les personnes peu habituées à ces sortes de recherches, la déflagration avec projection de matières, quoiqu'on l'évite en suivant la méthode de MM. Fordos et Gelis, le grand nombre, la grande quantité de réactifs à employer, la masse de sulfate de potasse dont il est difficile de séparer complétement le poison, s'opposeront à son emploi dans les expertises légales. Cependant MM. Fordos et Gelis le préfèrent à la carbonisation par l'acide sulfurique dans la recherche de l'arsénic, parce qu'il donne des taches, un anneau plus purs. M. Orfila l'adopte aussi, lorsque les matières sont en grande putréfaction, ayant reconnu alors que le chlore était insuffisant pour détruire la matière organique.

PROCÉDÉ DE L'INCINÉRATION PAR L'AZOTATE DE CHAUX. Desséchez modérément les matières et notez-en le poids. Délayez-les ensuite dans un peu d'eau, portez-les à l'ébullition, ajoutez, portions par portions, des fragments de potasse à l'alcool jusqu'à ce qu'elles soient dissoutes, et mélangez-y exactement un poids égal d'azotate de chaux et 1/4 de chaux vive de celui des matières. Évaporez en remuant continuellement jusqu'à ce que le tout soit réduit en une matière pulvérulente ou grumeleuse. En élevant alors la température elle brunit, et si l'on place au-dessus et sur les côtés un charbon en ignition, elle prend feu, la combustion se communique de proche en proche spontanément, et on obtient un produit calcaire, mélangé à des fragments de charbon. Délayez-le dans un peu d'eau et ajoutez, à une douce chaleur, de l'acide chlorhydrique, goutte à goutte, jusqu'à ce qu'il n'y ait plus d'effervescence; étendez le mélange d'eau distillée; filtrez pour séparer le charbon, et soumettez les liqueurs, qui sont incolores ou ambrées, à l'appareil de Marsh.

M. Devergie, auteur de ce procédé, et M. Gaultier de Claubry le préfèrent à l'azotate de potasse, parce que les matières étant mieux divisées par la chaux, exigent moins de nitrate, ne déflagrent pas ; ensuite le produit se dissout complétement dans l'acide hydrochlorique , et on n'a pas à se débarrasser de l'acide azotique, du sulfate de potasse ; enfin l'opération s'exécutant dans la même capsule et à une température moindre, on a moins de perte. M. Devergie préfère ce procédé à celui du chlore pour la recherche de l'arsenic, lorsque les matières sont putréfiées. Il cite l'affaire Goekler, de Strasbourg, où, par ce dernier, on n'a pas obtenu d'arsenic.

PROCÉDÉ DE L'INCINÉRATION SIMPLE. Il consiste à détruire les matières organiques par l'action combinée de la chaleur et de l'oxygène de l'air. Après avoir évaporé les liquides à siccité et desséché les matières solides, introduisez-les, portions par portions, dans un creuset de hesse ou de porcelaine, préalablement chauffé, jusqu'à ce qu'elles soient carbonisées, en ayant le soin de les tasser de temps en temps avec une baguette. Portez alors le creuset au rouge obscur, et continuez jusqu'à ce qu'elles soient complétement incinérées. Souvent on n'arrive à ce résultat qu'après avoir lavé, à plusieurs reprises, les matières en calcination ou avoir bien divisé le charbon, et même, avec les matières grasses, phosphorées, telles que le cerveau, les lavages sont quelquefois insuffisants, et il est nécessaire d'humecter le charbon avec de l'acide azotique, à plusieurs reprises, afin que l'incinération soit complète.

Les cendres offrent quelquefois une couleur spéciale avec le cuivre, le plomb, ou renferment des parcelles du métal ou radical du poison qu'on sépare par des lavages. Celui-ci peut s'y trouver à l'état d'oxyde ou de sel qu'on dissout en les chauffant avec de l'acide azotique ou l'eau régale ; on évapore à siccité pour chasser l'excès d'acide, on dissout le nitrate ou le chlorure dans l'eau distillée, on filtre et on essaye les réactifs.

Ce procédé ne s'applique guère qu'à la recherche des poisons facilement réductibles, or, argent, etc. Autrefois il l'était pour le cuivre, le plomb ; mais comme on obtient aussi le plomb, le cuivre normaux, M. Orfila y a renoncé. Il ne convient pas pour les métaux volatils, l'arsenic, le mercure, etc.

Réflexions sur ces procédés.

Nous venons d'exposer les divers procédés en usage pour découvrir les poisons inorganiques de la quatrième section, combinés avec les matières alimentaires, celles du tube intestinal, etc., procédés qui s'appliquent aussi à la recherche des poisons absorbés ou passés dans le foie, les urines et autres organes ou liquides. Quoique très-nombreux, ils peuvent, à la rigueur, se réduire à 2 ou 3, la carbonisation par l'acide sulfurique pour la recherche de l'arsenic, de l'antimoine, du mercure ; l'incinération ou la carbonisation par l'acide azotique, soit directe pour la recherche de l'argent, de l'or, soit du résidu de l'évaporation après avoir fait bouillir les matières dans l'eau acidulée par l'acide azotique, acétique, pour la recherche du plomb, du cuivre, du bismuth, par l'acide chlorhydrique, pour celle du fer, du zinc, de l'étain.

Quand il n'existe aucun indice sur la nature du poison, les experts carbonisent les matières par l'acide sulfurique, font bouillir le charbon dans de l'eau seule ou acidulée, pour la recherche des poisons volatils, procèdent ensuite à celle des métaux fixes, après avoir incinéré le résidu charbonneux. Les procédés par l'eau régale, par l'acide chlorhydrique et le chlorate de potasse, par le chlore, etc., sont rarement usités. Dans ces tâtonnements, surtout pour les matières alimentaires, le procédé de Reinch n'est pas à dédaigner, non-seulement à cause de sa simplicité, mais encore parce qu'il s'applique aux poisons les plus importants ; qu'ensuite les matières n'étant pas dénaturées, on a la faculté d'agir secondairement et sur elles et sur les liqueurs par tout autre procédé.

Pour la recherche du poison, ou plutôt de son radical, ou du métal, comme dans les procédés de Reinch, par le chlore, par l'eau régale, par l'acide chlorhydrique et le chlorate de potasse, le produit est liquide, on peut employer directement les réactifs. Dans les procédés de carbonisation par l'acide sulfurique, azotique, l'acide azotique et le chlorate de potasse, d'incinération simple, ou par l'azotate de potasse ou de chaux, on fait bouillir le charbon, ou le produit dans de l'eau distillée, acidulée par l'acide chlorhydrique, azotique ou l'eau régale, on filtre, on évapore à siccité, pour dégager l'excès d'acide, et on reprend le résidu par l'eau distillée. Lorsque la liqueur ainsi obtenue contient trop de matière organique, est trop colorée pour donner de bonnes réactions, on la précipite par un courant de gaz sulfhydrique, et le sulfure est transformé en chlorure ou nitrate soluble par les acides indiqués.

Les liqueurs sont distribuées, par petites portions, dans de petits tubes de verre, sur des verres à montre, de fragments de fiole, et, si l'on n'a aucun soupçon sur la nature du poison on les essaye par quelques réactifs généraux, le gaz sulfhydrique, le sulfhydrate d'ammoniaque, etc. qui, comme nous l'avons dit (page 34), précipitent : 1° *en blanc*, le zinc; 2° *en jaune*, l'arsenic, l'antimoine, les deutosels d'étain, lesquels seront faciles à distinguer par l'ammoniaque ou l'appareil de Marsh; 3° *en noir*, tous les autres. Quoique ces derniers soient très-nombreux, on peut cependant les distinguer par la potasse, qui donne des précipités de couleur différente ; d'ailleurs *le cuivre* précipite le mercure, et *le fer*, le cuivre ; *l'iodure de potassium* précipite en jaune, le plomb; en brun, le bismuth; *le chlorure de sodium*, en blanc, l'argent ; *le cyanure jaune*, en bleu, le fer; *le protochlorure d'étain*, en pourpre, le chlorure d'or et réciproquement. Le fer qui existe dans les matières organiques s'oppose quelquefois à ce que les réactions soient bien nettes. Aux recherches du cuivre, du zinc, nous donnons les moyens de l'isoler.

Quand on a ainsi acquis quelque indice sur la nature du poison, on emploie les réactifs les plus caractéristiques. Comme dans les cas d'expertise légale il importe d'obtenir le métal, les divers précipités seront mélangés à du flux noir, desséchez, et chauffez, soit dans un tube de verre infusible, fermé à l'un des bouts, soit au chalumeau pour en opérer la réduction.

Plusieurs poisons peuvent se trouver dans les matières organiques, comme dans un empoisonnement multiple, ou bien lorsque, dans l'intoxication par l'acide arsenieux, ou tout autre, l'émétique a été donné comme vomitif. En ces cas, il faut se diriger d'après la nature des métaux, des

sulfures, des oxydes, etc.: ainsi le mercure, l'arsenic, étant
volatils, seraient facilement séparés des métaux fixes.
Il en serait de même de l'antimoine et de l'arsenic obtenus
sous forme de taches, d'anneaux, en raison de l'inégale
volatilité de ces métaux, de leurs oxydes (voyez ci-après).
Le sulfure d'arsenic est soluble dans l'ammoniaque, et la
plupart des autres y sont insolubles ou incomplétement.
Lorsqu'on chauffe les sulfures avec l'acide azotique, ceux
d'étain, d'antimoine, de fer donnent lieu à des oxydes
insolubles; les autres, l'or excepté, forment des nitrates, etc., d'où la potasse précipite les oxydes, dont les uns,
ceux d'argent, de cuivre, de zinc, se dissolvent dans
l'ammoniaque; l'oxyde de plomb est soluble dans un
excès de potasse, tandis que celui de bismuth y est insoluble.

V. — Recherche des Poisons absorbés.

L'acide oxalique, le nitrate de potasse, les iodés, les
sels de fer, les cyanures, les carbonates alcalins, etc.,
avaient été constatés dans le sang, les urines; l'argent, dans
le pancréas; le plomb, dans les organes des personnes
atteintes de maladie saturnine; mais ces recherches étaient
instituées plutôt sous le point de vue de la physiologie, de
la thérapeutique que de la toxicologie légale. Quelques
essais cependant avaient déjà été tentés dans ce dernier
but, soit chez l'homme, soit chez les animaux, pour déceler l'arsenic, le mercure absorbés, mais avec bien peu de
succès. Ce n'est guère que depuis la découverte de l'appareil de Marsh (1836) que cette partie de la toxicologie a
reçu une grande impulsion, qu'on est arrivé à bien préciser les organes dans lesquels les poisons se condensent
spécialement, les voies surtout par lesquelles ils sont éliminés. Depuis, la science a fait tellement de progrès
qu'elle possède des procédés assez délicats pour déceler
les poisons minéraux absorbés en quantités très-minimes,

et même plusieurs poisons organiques, les huiles essentielles, les agents anesthésiques, l'alcool, l'acide cyanhydrique, la nicotine, la conicine et plusieurs autres alcalis végétaux.

La recherche des poisons absorbés doit porter spécialement sur *le foie*, puisque, de tous les organes, c'est celui qui en contient le plus, quelles que soient la période de l'intoxication et la voie par laquelle ils aient pénétré dans l'économie. Viennent ensuite *la rate, les reins, les muscles, les poumons, le cœur, le cerveau, le tissu graisseux. Les os* sont rarement soumis à ces recherches, surtout dans les empoisonnements aigus, car ce n'est guère que dans les empoisonnements lents ou successifs que ces organes s'imprègnent du poison, d'après les expériences de MM. Millon et Laveran, et Orfila neveu.

Parmi les liquides, *le sang* devient rarement le sujet de ces investigations, si ce n'est cependant pour les poisons volatils, tels que l'alcool, l'acide cyanhydrique, l'éther, le chloroforme et autres agents anesthésiques, etc. Toutefois, il ne faut pas négliger le foie, la rate, les poumons, l'expérience ayant démontré que dans les cas où l'on retirait de l'arsenic, de l'antimoine, etc., de ces organes, on n'en trouvait que peu ou pas dans le sang.

L'urine étant la voie par laquelle les poisons, surtout les poisons minéraux, sont éliminés, est celui de tous les liquides sur lequel portent spécialement les recherches ; ce n'est que dans les cas exceptionnels, particuliers, qu'on y soumet *le lait, la salive, la bile.*

Si la personne intoxiquée vivait encore, les recherches pourraient porter sur le sang d'une saignée, sur la sérosité d'un vésicatoire, comme l'ont fait MM. Orfila, Chatin, dans deux cas d'empoisonnement par l'arsenic ; sur le lait, si c'était une nourrice ; sur *les urines*, et même sur *la salive* surtout dans les cas d'intoxication iodée, mercurielle, lorsqu'il y a salivation ; sur l'air expiré dans l'intoxication par les poisons volatils ou gazeux; enfin sur les matières des vomissements et des selles, mais en ce cas, si le poison avait été administré par le tube intestinal, on ne saurait si c'est celui d'ingestion ou d'élimination.

Pour déceler le poison dans *le foie*, *la rate*, *les reins*, *les muscles*, *les poumons*, *etc.*, comme il a pénétré dans ces organes par voie d'absorption, il ne s'y trouvera qu'à l'état de dissolution ou de combinaison. Après avoir constaté les caractères physiques de ces organes, on les coupe par petits morceaux, on les délaye dans suffisante quantité d'eau distillée, et on les chauffe, d'abord au bain-marie, puis au bain d'huile ou de chlorure de calcium, dans une cornue suivie d'un ballon constamment refroidi par un filet d'eau, et d'une éprouvette ou cloche à mercure. Cet appareil peut servir à la fois à la recherche des poisons inorganiques, organiques et gazeux. Après 1/2 à 2 heures d'ébullition, suspendez l'opération et analysez séparément les *gaz* de l'éprouvette à mercure (voyez *Empoisonnement par les matières gazeuses*), le produit du ballon, en n'y recherchant, bien entendu, que les poisons volatils à cette température (ammoniaque, acides gazeux, alcool, agents anesthésiques, huiles essentielles, etc.). Enfin, après avoir filtré le liquide de la cornue, essayez-le par les réactifs généraux, comme nous l'avons indiqué page 45. 100 à 500 grammes de ces organes suffisent pour ces sortes de recherches.

Si par ce moyen d'investigation on n'avait aucun indice du poison, la matière animale en dissolution dans les liqueurs pouvant s'opposer à l'action de réactifs, ou bien encore le poison pouvant se trouver à l'état insoluble dans les matières solides, tels que ceux de la quatrième section, il faudrait évaporer les liqueurs jusqu'à siccité, et soumettre le résidu, ainsi que les matières solides à l'un des procédés indiqués dans l'article IV.

Comme ce pourrait être un poison minéral mélangé à

un poison organique, un alcali végétal, etc., avant de soumettre les matières à l'un de ces procédés, on agirait sur une portion par l'alcool ou tout autre réactif propre à y déceler le poison organique (voyez ces poisons).

Pour la recherche des poisons dans *les autres organes mous*, c'est encore le même procédé analytique. Quant aux os, il faut les traiter par l'acide chlorhydrique pour séparer les matières salines de la partie organique, et agir sur celle-ci et la liqueur comme il sera dit aux mercuriaux.

Pour déceler les poisons dans *le sang*, *le lait*, *les urines et autres liquides*, on les chauffe dans le même appareil distillatoire que le foie et autres organes. On sépare le coagulum des parties liquides, et on soumet l'un et l'autre aux réactions, aux procédés indiqués. S'il s'était formé des dépôts dans les urines, comme dans l'empoisonnement par les mercuriaux, l'acide oxalique, les sels d'argent, etc., il faudrait les séparer et les analyser par la voie sèche et humide (voyez ces poisons).

Ces idées générales, très-incomplètes sans doute, peuvent cependant recevoir leur application, être de quelque utilité, quand il n'existe aucune donnée sur le cas soumis à l'examen; mais il est rare que, dans ces sortes de recherches, on n'ait pas, par les circonstances concomitantes, quelques soupçons sur l'espèce toxique; d'ailleurs, dans beaucoup de cas, la question est posée directement, savoir si M. X. a succombé à un empoisonnement par tel poison, si les matières suspectes ne renferment pas telle ou telle substance. C'est ce qui nous engage à consacrer un paragraphe à la recherche des poisons en particulier.

A.—Recherche des poisons métalloïdes.

Le phosphore absorbé n'a pu être retiré en nature des organes. On a constaté seulement que l'air expiré, le sang, les urines des personnes, des animaux intoxiqués étaient phosphorescents à l'obscurité. Les matières des vomissements ou des selles, étendues par petites couches, offrent quelquefois des fragments de phosphore qu'on peut isoler par les lavages; chauffées, ainsi que les pâtes, les allumettes phosphorées, elles s'enflamment çà et là, donnent une fumée blanche, alliacée, phosphorescente, et noircissent par l'azotate d'argent. Traitées à chaud par de l'acide azotique étendu, les liqueurs filtrées, évaporées en consistance sirupeuse, laissent un résidu d'acide phosphorique, lequel, chauffé avec du charbon, dégage du phosphore qui s'enflamme à l'air. On pourrait d'ailleurs séparer l'acide phosphorique par l'éther.

Les iodés se décèlent facilement dans le sang, le lait, la salive, les urines, le foie, la rate, les matières solides ou liquides, le tube intestinal, etc. Celles qui contiennent l'iode en nature bleuissent immédiatement l'eau amidonnée. Faites bouillir les matières solides dans de l'eau distillée seule ou légèrement alcaline; coagulez les liquides albumineux ou caséeux par la chaleur et quelques gouttes d'acide acétique, filtrez. Le décocté et autres liquides, suffisamment concentrés, traités, après refroidissement, par l'eau amidonnée et l'acide sulfurique ou azotique se colorent en bleu. Si le résultat est négatif, évaporez, incinérez, traitez les cendres par l'eau, filtrez et employez les réactifs.

B.—Recherche des poisons alcalins.

Peu d'alcalis minéraux ont été le sujet de recherches légales. M. Orfila les a décelés dans le foie, la rate, les urines des chiens. Il fait bouillir les organes dans suffisante quantité d'eau distillée, filtre et soumet le décocté aux recherches indiquées page 46. Les urines concentrées dans des vases fermés sont traitées par un courant d'acide carbonique pour précipiter la chaux, la baryte, la strontiane à l'état de carbonates, lesquels chauffés avec du charbon dans un creuset en platine donnent la base. Quant à la potasse, à la soude, évaporez à siccité, épuisez le résidu à plusieurs reprises par l'alcool à 44°, évaporez les solutés alcooliques à siccité, incinérez et traitez les cendres par l'eau. Le nitrate de potasse, le chlorhydrate d'ammoniaque de baryte seraient aussi séparés par l'alcool, comme il vient d'être dit. Le macéré des organes des chiens empoisonnés par les polysulfures, les hypochlorites, distillé avec quelques gouttes d'acide acétique, donne de l'acide sulfhydrique, ou du chlore (Orfila). Ces recherches laissent beaucoup à désirer sous le point de vue légal.

Pour *le chlore*, voyez *Eau de Javelle*, page 52.

C.—Recherche des poisons acides.

Quoiqu'on ait démontré l'acide sulfurique, oxalique dans le sang des animaux empoisonnés, ce liquide, ainsi que le foie, la rate et autres organes sont rarement le sujet de recherches médico-légales. M. Orfila, dans les expériences sur les animaux, n'a obtenu que des résultats douteux. Il a constaté seulement que les urines des chiens empoisonnés par les acides sulfurique, chlorhydrique, oxalique, donnaient des précipités plus abondants par l'eau de baryte, de chaux, le nitrate d'argent, que les urines normales. En distillant, avec un peu d'acide sulfurique, les urines des chiens empoisonnés par les acides azotique et acétique, il en a retiré ces deux acides. Les urines des personnes soumises à l'usage du chlorure de sodium, du sulfate de soude, du nitrate de potasse, du sel d'oseille, donneraient les mêmes résultats.

D.—Recherche des poisons salins métalliques.

Plusieurs de ces poisons, l'arsenic, l'antimoine, le mercure, le cuivre, le plomb, le fer, etc. ont été le sujet d'expertises légales, et, dans les expériences sur les animaux, on les a tous décelés dans le foie, la rate, les reins, les urines et autres organes ou liquides. Nous indiqueron seulement les procédés applicables à la recherche de chacun de ces poisons dans ces divers organes ou liquides, ainsi que dans les matières des vomissements, du tube intestinal, etc.

RECHERCHE DE L'ARSENIC. Comme essai préliminaire, faites bouillir les matières suspectes, celles du tube intestinal, des vomissements, le tube intestinal, etc. dans de l'eau distillée, acidulée de 1/15ᵉ d'acide chlorhydrique, pendant une 1/2 heure ; filtrez, concentrez les liqueurs, faites passer à travers un courant de gaz sulfhydrique. Le sulfure obtenu est chauffé avec de l'acide azotique pour le transformer en acide arsénique, le soluté évaporé à siccité, et le résidu soumis à l'appareil de Marsh. Ou bien plongez dans les décoctés, encore chauds, des lames de cuivre (procédé de Reinch), lesquelles se couvrent d'une couche gris d'acier. Lavez-les à l'eau distillée, et chauffez-les dans un tube de verre pour en séparer l'arsenic ou l'acide arsenieux, comme il sera dit à l'anneau arsenical.

La carbonisation par l'acide sulfurique, pour déceler l'arsenic dans le foie, la rate, les reins, les urines, etc., ainsi que dans les matières du tube intestinal solides ou liquides, essayées comme il vient d'être dit, est le procédé habituellement employé dans les expertises. On lui reproche : 1° la déperdition de l'arsenic, quand on opère à vase ouvert ; 2° l'imprégnation du charbon par l'acide sulfureux qui, enlevé par l'eau, donne, avec le gaz hydrogène arsenié, des taches jaunes de sulfure ; 3° l'impossibilité d'enlever au charbon la totalité d'acide arsénique. Ces reproches et d'autres encore sont plus ou moins fondés, mais ils peuvent être évités en opérant dans des vases fermés, surtout comme le fait M. le professeur Bérard, de Montpellier. Malgré ces reproches, en raison de sa simplicité, de sa délicatesse et pouvant s'appliquer aux matières de diverses natures, putréfiées ou non, etc. ce procédé nous paraît

mériter la préférence sur tous les autres. Il est adopté par
MM. Flandin et Danger, Devergie, Bérard, par beaucoup
d'autres toxicologistes, et d'ailleurs sanctionné par la
commission de l'Institut.

M. Orfila donne la préférence au procédé par le chlore,
si ce n'est lorsque les matières sont putréfiées; alors il
préfère l'incinération par l'azotate de potasse. Nous avons
dit que MM. Malaguti et Sarzeau conseillaient d'adopter
le procédé par l'eau régale dans les cas où les matières
sont transformées en gras de cadavre, ou renferment peu
d'arsenic. Enfin la carbonisation par l'acide azotique additionné d'acide sulfurique, donne aussi d'assez bons résultats d'après M. Filhol.

Quel que soit le procédé, il importe d'obtenir des liqueurs dépouillées autant que possible de matières organiques, afin d'avoir des taches, un anneau parfaitement
purs. Comme l'arsenic est un poison très-important, nous
dirons quelques mots de l'appareil de Marsh, puisque c'est
celui adopté, ainsi que des taches, de l'anneau arsénicaux.

Appareil de Marsh. Le plus habituellement employé
est celui qui a été modifié par l'Institut. Il se compose
d'un flacon d'environ 1/2 litre de capacité, à 2 tubulures; à l'une d'elles s'adapte un tube de 1 centim. de diamètre, à entonnoir et plongeant jusqu'au fond du flacon;
l'autre est pourvu d'un tube à dégagement, coudé, dont
la branche verticale, terminée en bec de flûte, offre un
renflement en boule; la branche horizontale communique
avec un tube plus grand, de 3 décim. de longueur,
rempli d'amiante, suivi d'un autre tube en verre infusible, de 2 millim. de diamètre, de plusieurs décimètres
de long, effilé à son extrémité, enveloppé, à sa partie
moyenne, d'une feuille de clinquant, dans une étendue
d'environ 1 décim. Cette partie du tube est placée dans
une petite caisse en tôle, un fourneau ou sur une grille

de manière à pouvoir l'entourer de charbons incandescents.

L'appareil étant ainsi disposé, introduisez dans le flacon de petites lames de zinc laminé et dépolies, de l'eau additionnée de $1/20^e$ d'acide sulfurique, jusqu'à ce que le flacon soit rempli aux 2/3. Quand l'air de l'appareil est complétement chassé par l'hydrogène, entourez de charbons ardents la portion du tube à clinquant, afin de la porter au rouge brun; enflammez le gaz, et, de temps en temps, déprimez la flamme avec des soucoupes de porcelaine dure. Si en 1/4 ou 1/2 heure, il ne se forme ni anneau, ni taches, c'est que les réactifs ne contiennent pas d'arsenic. Alors versez peu à peu les liqueurs arsénicales de manière que le dégagement du gaz soit constant mais modéré, que la flamme ne dépasse pas 3 à 6 millim. d'étendue. Les portions de liqueur, entraînées par le gaz hydrogène arsénié, se condensent dans la boule du tube à dégagement, retombent dans le flacon, et, en passant à travers l'amiante, ce gaz s'en dépouille complétement. Il se décompose ensuite, dans la partie chauffée du tube, en arsenic qui se dépose au delà sous forme d'anneau, et en gaz hydrogène qui se dégage par l'extrémité effilée. Si le dégagement de gaz est lent, il est complétement décomposé dans le tube, et on n'obtient pas de taches arsénicales. Si on veut agir à la fois par le système des taches et de l'anneau, quand celui-ci paraît assez marqué on retire le charbon, alors la flamme prend une teinte livide. On la déprime avec la capsule jusqu'à ce qu'elle perde cette couleur, ou plutôt de manière à ne brûler que l'hydrogène, et les taches se déposent. Enfin si on opérait sur de faibles quantités, que l'anneau ou les taches fussent peu marqués, on pourrait adapter à la partie effilée du tube l'appareil laveur de Liebig, contenant un soluté de chlorure d'or ou de nitrate d'argent, sels qui transforment l'hydrogène arsenié en eau et en acide arsénique. On décompose l'excès de dissolutions salines par le chlorure de sodium, pour le nitrate d'argent, par l'acide sulfureux pour le chlorure d'or, on filtre et on soumet les liqueurs concentrées à un très-petit appareil de Marsh. Ces précautions sont ordinairement inutiles. M. Orfila emploie seulement un tube à dégagement de 5 à 6 centim. de long, au milieu duquel est placé l'amiante, qu'il chauffe à l'aide d'une lampe à alcool. Le gaz étant ainsi divisé par l'amiante, la décomposition n'en serait que plus complète, d'après cet auteur.

1° *Taches arsénicales.* 1° D'un gris d'acier, miroitantes ou d'un brun fauve ou jaunâtre, si elles contiennent du sulfure d'arsenic. 2° Si on chauffe la capsule, elles disparaissent promptement, complétement, avec odeur alliacée, et la capsule reste nette. Afin de ne pas les perdre, on pourrait recevoir la vapeur dans un petit tube effilé. 3° Si l'on fait tomber dessus quelques gouttes d'acide azotique, elles s'enlèvent par petites parcelles, se dissolvent à une légère chaleur, laissent pour résidu une couche blanche, concentrique d'acide arsénique, lequel, dissout dans un peu d'eau distillée, donne, après refroidissement, par l'azotate neutre d'argent, un dépôt rouge-brique (arséniate d'argent). 4° Elles se dissolvent promptement dans l'hypochlorite de soude, de potasse, le chlore.

Ces caractères suffisent pour reconnaître les taches arsénicales, les distinguer des *taches antimoniales,* ainsi que des taches dites *de crasse, de fer, de zinc, de phosphore, d'iode, de soufre, de plomb,* etc.; car aucune d'elles ne présentent ces caractères réunis, et ce sont les seuls ordinairement qu'on cherche à constater dans les cas d'expertise légale ; en voici quelques autres : 1° La vapeur d'iode colore peu à peu les taches arsénicales en jaune citron foncé, d'iodure d'arsenic, lequel est volatil et se décolore à l'air, en passant à l'état d'acides arsénique et iodhydrique (Lassaigne). 2° Si à l'aide d'un petit tube, adapté à deux flacons, l'un de chlore, l'autre d'acide sulfhydrique, récemment préparés, on expose les taches aux vapeurs de chlore, elles disparaissent (chlorure d'arsenic), puis au gaz sulfhydrique, elles réapparaissent jaunes, brillantes (sulfure d'arsenic), et disparaissent de nouveau dans l'ammoniaque : ce liquide, évaporé, laisse du sulfure d'arsenic qu'on peut réduire au flux noir, ou constater la réaction par l'azotate d'argent, après l'avoir fait passer à l'état d'acide arsénique par l'acide azotique. Ces réactions peuvent s'opérer seulement sur une tache (M. Devergie). 3° L'acide iodhydrique ioduré les dissout et laisse, après évaporation spontanée, des taches jaunes (Lassaigne). 4° Exposées aux vapeurs de phosphore, elles disparaissent au bout de quelques heures et réapparaissent jaunes par l'acide sulfhydrique (M. Cottereau). 5° Le sulfhydrate d'ammoniaque ne les change pas sensiblement de couleur, et le pourtour prend tout au plus une teinte jaune serin (M. Leroy). 6° M. Boutigny circonscrit une tache avec une baguette, imprégnée d'eau acidulée de 1 millième d'acide azotique, dépose au centre une goutte du même liquide ; la tache disparait, passe à l'état d'acide arsénieux et arsénique ; il laisse refroidir, fait arriver dessus du gaz sulfhydrique, obtenu du sulfure de fer par l'acide sulfurique ; il se forme du sulfure d'arsenic qu'il dissout dans 1 gramme d'ammoniaque ; le soluté versé goutte à goutte dans une capsule de platine, chauffée au rouge, prend l'état d'une sphéroïde incolore qui, touchée avec un tube imprégné d'acide sulfhydrique, devient jaune et se décolore de nouveau par l'ammoniaque. Ces réactions peuvent se produire indéfiniment. Si l'on dépose dans la sphéroïde un cristal de carbonate de soude, elle s'aplatit et le produit donne l'odeur alliacée sur les charbons ardents.

2° *Anneau arsénical.* 1° D'un gris d'acier bleuâtre, miroitant ou de couleur fauve, s'il contient du sulfure. 2° Il se déplace facilement par la chaleur sans s'oxyder.

lorsque le tube est fermé à l'une des extrémités. Si, au contraire il est ouvert et tenu obliquement, l'arsenic, en se vaporisant, s'oxyde et se condense au delà en petits cristaux brillants, anguleux, d'acide arsénieux, surtout vus à la loupe et au soleil. 3° On peut n'oxyder ainsi qu'une portion de l'anneau, couper le tube entre, constater, d'une part, les mêmes réactions sur l'anneau que sur les taches arsénicales; d'autre part faire bouillir la portion du tube où est déposé l'acide arsénieux dans un peu d'eau acidulée par l'acide chlorhydrique, et constater les réactions par l'acide sulfhydrique, le nitrate d'argent, le sulfate de cuivre ammoniacal, etc. Les divers précipités obtenus, mélangés à du flux noir ou de cyanure de potassium, et chauffés dans un tube effilé, donnent de l'arsenic; ou mieux encore, dissous dans l'acide azotique, le soluté, évaporé à siccité, repris par l'eau et soumis à l'appareil de Marsh, fournira des taches, un anneau, qui serviront de preuve à conviction.

L'arsenic, dans les cas d'expertise légale, les expériences sur les animaux, a été décelé dans le foie, le tube intestinal, la rate, les reins, les poumons, les muscles, le cerveau (M. Boucher), les os (M. Barse), les urines, le sang (Orfila), la sérosité d'un vésicatoire (M. Chatin) : on n'en trouve pas dans la bile, ou à peine des traces (Orfila neveu). Son élimination n'est complète, chez les moutons, qu'après 35 jours, et chez les chiens, qu'après 10 (MM. Flandin et Danger), 15 (M. Orfila). Dans l'affaire Lacoste, tous les experts ont admis que, chez l'homme, elle devait l'être après 14 jours. On a trouvé l'acide arsénieux, surtout le sulfure jaune, à l'état solide, dans le tube intestinal, après 5, 6 et 14 mois d'inhumation, et retiré l'arsenic des autres organes, surtout du foie, du détritus du tube intestinal, après plusieurs années; Barruel, par le procédé ordinaire, après 3 ans, d'un tube intestinal disposé par feuillets noirâtres: le cadavre était comme momifié. M. Herapath, chez deux très-jeunes enfants, inhumés depuis 8 ans, a retiré l'arsenic des os, d'une matière noire de l'intérieur du crâne et des côtés de la colonne vertébrale.

RECHERCHE DE L'ANTIMOINE. Faites bouillir les matières alimentaires solides et liquides, le tube intestinal, dans suf-fisante quantité d'eau, additionnée de 8 à 12 grammes d'acide tartrique (Turner), de 1/15ᵉ d'acide chlorhydrique (Reinch) ; filtrez, précipitez l'antimoine par des lames de cuivre (Reinch), ou par un courant de gaz sulfhydrique ; transformez le sulfure en chlorure, en le chauffant avec de l'eau régale, évaporez l'excès d'acide, et soumettez à l'appareil de Marsh.

Pour déceler l'antimoine dans les liqueurs précédentes, évaporées à siccité, ou combiné avec les matières, ainsi que dans le foie, les reins, les urines, le tube intestinal, etc., la carbonisation par l'acide sulfurique est un très-bon procédé; on fait bouillir le charbon dans de l'eau acidulée par l'acide tartrique ou chlorhydrique, et le produit filtré est soumis à l'appareil de Marsh (voyez *Arsenic*). Le procédé par l'acide hydrochlorique et le chlorate de potasse est adopté par MM. Millon, Regnault. M. Orfila évapore les urines à siccité et carbonise le résidu par l'acide azotique.

1° *Taches antimoniales.* 1° D'un gris d'acier bleuâtre, brillantes ou noirâtres et fuligineuses quand elles sont épaisses. 2° Chauffées, elles ne disparaissent que lente-ment, laissent une couche d'un blanc jaunâtre sur la cap-sule. 3° Elles se dissolvent dans quelques gouttes d'acide azotique : le soluté, évaporé à siccité, laisse un résidu blanc jaunâtre qui ne se colore pas en rouge brique par l'azotate d'argent. 4° Elles sont insolubles dans l'hypo-chlorite de soude. 5° Exposées aux vapeurs d'iode, elles donnent, en moins de 8, 10 minutes, un iodure d'anti-moine de belle couleur orangée, non volatil (Lassaigne). 6° Elles ne se dissolvent qu'au bout d'un certain temps dans l'acide iodhydrique ioduré et prennent une couleur rouge vermillon. 7° Elles se dissolvent assez promptement dans le sulfhydrate d'ammoniaque liquide, et, tout autour, il se forme une auréole d'un jaune orangé (M. Leroy). 8° Soumises aux vapeurs du phosphore, elles persistent pendant plus de 15 jours (Cottereau.) 9° Exposées à l'action successive des vapeurs de chlore et du gaz sulfhydrique, elles subissent les mêmes modifications que les taches arsénicales, si ce n'est que le sulfure est jaune orangé rougeâtre et peu soluble dans l'ammoniaque.

2° *Anneau antimonial.* De même couleur que les taches. Si on le chauffe, il est peu volatil, s'oxyde en place en une poudre blanche qui, dissoute dans l'acide chlorhydrique, précipite en jaune orangé rougeâtre par l'acide sulfhydrique ; du reste, l'anneau antimonial offre les mêmes réactions que les taches.

3° *Anneaux et taches arsénicaux et antimoniaux.* Dans un empoisonnement arsénical où l'on aurait donné le tartre stibié comme vomitif, on pourrait obtenir des taches, un anneau formés d'arsenic et d'antimoine. Les caractères physiques n'ont rien de bien caractéristique. Si on chauffe la portion de tube correspondante à l'anneau, le tube étant fermé d'un côté, pour éviter l'accès de l'air, l'arsenic se vaporise, va former un anneau distinct au delà. Si le tube est ouvert aux deux extrémités et tenu obliquement, l'antimoine s'oxyde en place, tandis que l'arsenic se condense au delà en cristaux d'acide arsenieux, brillants, transparents, anguleux. On coupe le tube entre, on dissout les deux oxydes dans de l'eau acidulée par l'acide hydrochlorique ; le soluté, soumis à l'appareil de Marsh, donne des taches, un anneau arsénicaux ou antimoniaux purs. Quant aux *taches*, ou pourrait séparer les deux métaux, les deux oxydes, en les chauffant et dirigeant la vapeur arsénicale dans un tube de verre effilé. M. Orfila les dissout dans l'acide azotique, évapore à siccité ; le résidu est traité par l'eau bouillante, qui enlève seulement l'acide arsénique ; il reste de l'acide antimonique, qu'on dissout dans l'acide chlorhydrique, etc.

M. Millon (page 15) a retiré l'antimoine des divers organes des chiens soumis à un régime antimonial. M. Orfila l'a obtenu des urines des chiens, 6 jours après avoir déposé de l'émétique sur le tissu cellulaire, ainsi que du foie; de la rate, des poumons, du cœur d'un chien empoisonné par 60 cent. d'émétique. Le sang de ce chien, tué 1 heure après, n'en a donné aucune trace : cependant M. Millon a trouvé l'antimoine dans le sang. MM. Flandin et Danger ont constaté ce métal dans les organes précités, non dans ce liquide. M. Orfila ne l'a pas retiré des urines d'un malade qui, trois jours avant, avait pris l'émétique à haute dose; tandis que, chez un autre, il l'a obtenu 24 heures après, et, en 15 heures, chez une femme qui avait pris seulement 5 centig. d'émétique, quoiqu'il y ait eu des vomissements, des selles. M. Marchal (de Calvi), par le procédé de M. Millon, chez un homme qui prenait l'émétique à haute dose, et qui a succombé en 15 jours, a trouvé de l'antimoine, 8 jours après la cessation du médicament, beaucoup dans le foie, moins dans les reins, moins dans le sang et moins encore dans le cerveau. Pour la recherche de l'antimoine dans les urines, il faut se rappeler que l'élimination en est intermittente (M. Millon).

Recherche du mercure. Les parties liquides, si elles ne contiennent pas beaucoup de matière organique, sont concentrées, filtrées, acidulées et essayées par le cuivre, comme il est dit ci-après. Si le résultat est négatif, ou bien si elles sont chargées de beaucoup de matière organique (lait, sang, etc.), on les soumet à l'un des procédés suivants. Pour déceler le mercure en combinaison dans les matières alimentaires, le tube intestinal, dans le foie, la rate, les reins, etc., deux procédés sont surtout usités : 1º la carbonisation par l'acide sulfurique dans des vaisseaux fermés; 2° le procédé par le chlore. Le premier s'applique à tous les cas; il convient surtout, lorsque les matières sont cohérentes, se divisent difficilement, telles que le tube intestinal, ou sont putréfiées (Orfila neveu). D'après M. Orfila, en dissolvant préalablement les matières dans l'eau régale, il n'est pas nécessaire de prolonger autant le courant de chlore pour les détruire. Mais on a ainsi des liqueurs fortement acides, dont on ne se débarrasse que par de longues évaporations, qui attaquent les lames de cuivre et par conséquent donnent des résultats moins nets. M. Devergie les divise, les dissout préalablement dans l'acide chlorhydrique, lequel présente moins d'inconvénient que l'eau régale. En employant le chlore à la manière de Jacquelain, c'est-à-dire en divisant les matières, en les broyant seules ou avec du sable, du verre, quand cela est possible, et prolongeant le contact du chlore pendant 12-24 heures, on obtient de très-bons résultats.

Quel que soit le procédé, les liqueurs étant suffisamment concentrées, légèrement acidulées, on y laisse immergés, pendant 6-12 heures, des fils de cuivre en spirale, bien décapés, bien dégraissés. Ils perdent peu à peu leur éclat, se couvrent d'une couche grisâtre, masquée quelquefois par de l'oxyde de cuivre et une matière grasse, qu'on enlève, le premier en les plongeant dans de l'eau légèrement ammoniacale, la seconde à l'aide de l'éther. Les fils sont ensuite lavés à l'eau distillée, coupés par petits morceaux, desséchés dans un tube de verre à une légère chaleur, en absorbant l'humidité à l'aide du papier joseph; puis on effile le tube et l'on chauffe pour dégager le mercure, qui se condense en petits globules mobiles, miroitants. Ils se transforment en une poudre blanche, cristalline, qui noircit par l'acide sulfhydrique, si on les chauffe avec une goutte d'acide azotique.

La pile de Smithson, composée d'une petite lame d'or et

d'étain, appliquées l'une contre l'autre et contournées en spirale, de manière que la lame d'or soit placée au dehors, pourrait remplacer les fils en cuivre; la lame d'or, formant le pôle électro-négatif, est blanchie par le mercure, qu'on sépare en chauffant la petite pile dans un petit tube, comme il est dit ci-dessus. Cet appareil n'offre pas plus d'avantages que la spirale en cuivre; ensuite la lame d'or peut blanchir dans des liqueurs acidulées par l'acide hydrochlorique ou acides et renfermant du sel commun, quoiqu'elles ne contiennent pas du mercure; l'étain est alors dissous et se dépose sur l'or.

MM. Flandin et Danger font tomber goutte à goutte la liqueur dans un entonnoir, dont le bec est coudé à angle droit et effilé. La partie évasée reçoit le pôle positif d'un élément de la pile de Bunsen, et la partie effilée le pôle négatif, tous deux terminés par un fil d'or très-rapprochés. Aussitôt que la pile est en activité, le mercure se dépose sur le fil électro-négatif, et le liquide ne s'écoulant que peu à peu, la décomposition du sel mercuriel n'en est que plus complète, plus prompte. Ils décèlent ainsi 1/100,000ᵉ de mercure. Malgré la sensibilité de cet appareil, les fils de cuivre seront préférés dans les cas ordinaires, en raison de la simplicité de l'opération.

Ces chimistes dissolvent, à + 80°, les matières dans moitié leur poids d'acide sulfurique à 66°, laissent refroidir, ajoutent, par petits fragments, de l'hypochlorite de chaux jusqu'à décoloration; délayent le tout dans l'eau, filtrent, lavent le résidu à l'alcool, réduisent les liqueurs, à + 80°, à environ 60 cent. cubes, et y constatent le mercure.

Par le procédé du chlore, M. Audouard de Béziers a retiré le mercure de la salive, des urines des personnes soumises à l'usage du sublimé; M. Vernes, du lait d'une vache atteinte de salivation par suite de frictions mercurielles, lait qui avait déterminé la salivation chez une famille entière. M. Personne l'a obtenu aussi, par ce procédé, du lait de deux femmes et d'une chèvre qui prenaient 0,05 de proto-iodure de mercure par jour. M. Orfila neveu, par l'un des deux procédés, l'a retiré du tube intestinal, du foie, de la rate, des reins, des os des chiens, auxquels il donnait 0,05 à 0,50 de sublimé par jour, ainsi que des urines, de la salive des personnes soumises à l'usage du sublimé. Il laisse ces liquides en repos pendant 1 à 2 mois, décante, traite le dépôt par le chlore. Pour les os, après les avoir séparés des parties molles, il les met à macérer dans de l'acide hydrochlorique, pendant plusieurs jours, évapore le liquide à siccité, traite le résidu par l'eau distillée à chaud, filtre et essaye par les lames de cuivre. Quant à la partie gélatineuse, il la décompose dans une cornue en porcelaine, traite le résidu par l'eau régale, le produit par l'eau distillée, filtre, réunit les deux liqueurs, qu'il évapore à siccité, dissout le résidu dans l'eau distillée, et essaye les lames de cuivre. M. Boucher, de Strasbourg, a retiré le mercure du cerveau de trois chiens, empoisonnés par le sublimé.

RECHERCHE DU CUIVRE. L'incinération simple, pour déceler le cuivre dans les matières alimentaires, le pain, le tube intestinal, etc., était le procédé habituellement employé. Il est rejeté par M. Orfila, parce qu'on peut, en outre, déceler le cuivre normal. Par la même raison, il rejette les divers procédés de carbonisation directe, et ceux qui consistent à attaquer les matières organiques par les acides concentrés. Il conseille, afin d'éviter cette cause d'erreur, de faire bouillir ces matières, le foie, la rate, etc., dans de l'eau acidulée par l'acide azotique, d'évaporer les décoctés à siccité, et de carboniser le résidu par l'acide sulfurique. M. Devergie, pensant que, par ce procédé, on n'entraîne pas tout le poison, dissout ces organes dans l'acide chlorhydrique fumant, fait passer un courant de chlore, plonge dans les liqueurs, suffisamment acidulées par l'acide sulfurique ou chlorhydrique pour dégager de l'hydrogène, une lame de zinc décapée : en 1/4 d'heure elle se couvre d'une couche brunâtre, qu'on dissout dans quelques gouttes d'acide azotique étendu de deux fois dans son poids d'eau. Le nitrate de cuivre, évaporé, est traité par les réactifs ordinaires. Par ce procédé on ne touche pas, d'après M. Devergie, au cuivre normal. Si les résultats sont négatifs, il conseille l'incinération simple ; mais alors on se trouve en présence de la cause d'erreur qu'il cherche tant, ainsi que M. Orfila, à éviter ; fort heureusement le cuivre normal est en quantité très-minime : 1/40000. MM. Flandin et Danger emploient la carbonisation par l'acide sulfurique, et M. Gaultier de Claubry le procédé par l'eau régale, surtout pour l'analyse du pain cuivreux.

M. Orfila neveu, ayant comparé la carbonisation par l'acide sulfurique, par l'acide azotique et le chlorate de potasse, et par l'acide azotique, donne la préférence à ce dernier comme étant plus délicat. Le foie d'un chien, intoxiqué par 30 grammes de sulfate de cuivre, divisé en 3 parties de 45 grammes chaque, a donné, par l'acide sulfurique, 0,01 de sulfure de cuivre ; par l'acide azotique et le chlorate de potasse, 0,02 ; par l'acide azotique, 0,04. Il fait bouillir les organes, les matières suspectes, dans de l'eau acidulée de quelques gouttes d'acide azotique, filtre, évapore à siccité, carbonise le résidu par l'acide azotique, fait bouillir le charbon dans l'eau acidulée par le même acide ; filtre de nouveau, évapore pour chasser l'excès d'acide, fait passer un courant de gaz sulfhydrique, laisse en repos jusqu'à ce que le sulfure soit déposé, ce qui exige quelquefois 2-3 jours, le lave, le transforme en sulfate, en le chauffant avec deux fois son poids d'acide azotique, évapore l'excès d'acide, reprend par l'eau et constate les réactions par le cyanure jaune, l'ammoniaque, la lame de fer. Si le fer contenu dans nos organes masquait ces réactions, on précipiterait le sulfate par un excès d'ammoniaque, qui déposerait l'oxyde de fer, et l'on chasserait ensuite l'ammoniaque par la chaleur.

Pour les organes où le cuivre a été décelé, voyez page 18. Les auteurs s'accordent à dire qu'on en trouve à peine des traces dans les urines; il serait surtout éliminé par la salive, le tube intestinal (MM. Flandin et Danger). M. Boucher, de Strasbourg, la retire, cinq fois sur six, du cerveau des chiens empoisonnés par le sulfate de cuivre. La quantité a varié entre 5 à 10 millièmes. Le cerveau des chiens non empoisonnés n'en a pas fourni en quantité appréciable.

RECHERCHES DU PLOMB. Pour la recherche du plomb dans les matières suspectes, dans les organes où il a pénétré par voie d'absorption, l'incinération simple, la carbonisation directe par les acides sulfurique, azotique, etc., sont rejetées par MM. Orfila par les mêmes raisons que pour le cuivre, c'est-à-dire pour ne pas confondre le plomb poison et normal. M. Orfila neveu, ayant comparé la carbonisation par l'acide sulfurique, par l'acide azotique et le chlorate de potasse, et par l'acide azotique, donne la préférence à ce dernier comme plus délicat. Ainsi le foie d'un chien, empoisonné par 30 gram. d'acétate de plomb (œsophage lié), divisé en trois portions de 75 gram. chaque, donne, par le premier procédé, 0,006 de sulfure de plomb, par le second 0,008, par le troisième 0,01. Il opère de même que pour la recherche du cuivre, si ce n'est qu'il transforme le sulfure de plomb en nitrate par l'acide azotique, et constate les réactions par l'iodure de potassium, le chromate de potasse. Pour les urines elles sont évaporées à siccité, et le résidu est carbonisé par l'acide azotique.

MM. Orfila ont trouvé le plomb dans le foie, la rate, les reins, les urines des chiens empoisonnés, et, 25 heures après, dans l'urine d'une personne qui avait pris 30 gram. d'acétate de plomb. Gmelin l'a retiré du sang des veines mésaraïques et spléniques des chevaux, et M. Dausset du sang veineux, ainsi que des urines des mêmes animaux empoisonnés. Plusieurs auteurs, MM. Devergie, Guibourt, Chevallier, Lassaigne, Chatin, etc., par des procédés divers ont retiré aussi le plomb du cerveau, de la moelle épinière, des muscles et autres organes des personnes qui avaient succombé à l'affection saturnine. M. Boucher, sur un chien empoisonné en 3 jours par 3 gram. d'acétate de plomb , la retiré du cerveau dans les proportions de 8 à 10 millièmes.

RECHERCHE DU BISMUTH. Sur les chiens empoisonnés par le nitrate de bismuth, M. Orfila a décelé le poison dans le foie, la rate, les reins, les urines par le même procédé que pour le plomb, c'est-à-dire, en faisant bouillir ces organes dans l'acide azotique, évaporant à siccité et carbonisant le résidu par l'acide azotique. Comme en ce cas on n'a pas à redouter la même erreur, nos organes ne contenant pas de bismuth, on peut carboniser directement les matières par l'acite azotique, l'acide azotique et le chlorate de potasse, l'acide sulfurique.

M. Devergie employe le procédé par le chlore, précipite le bismuth par l'acide sulfhydrique, transforme le sulfure en nitrate par l'acide azotique.

RECHERCHE DU FER. Depuis quelques années il s'est produit plusieurs homicides par le sulfate, le chlorure de fer. Christison, dans un cas, a employé l'incinération simple. Les divers procédés de carbonisation et en particulier ceux par l'acide sulfurique, azotique peuvent être mis en usage. M. Orfila, afin de ne pas confondre le fer poison avec le fer normal, fait bouillir les matières alimentaires, le tube intestinal et autres organes, soit dans de l'eau distillée, soit dans l'eau acidulée par l'acide chlorhydrique, filtre, essaye les liqueurs par le cyanure jaune, la noix de galle. Si les résultats sont négatifs, il les évapore à siccité, carbonise le résidu par l'acide azotique. Le charbon, traité par de l'eau aiguisée d'acide chlorhydrique, donne un liquide qui offre les réactions des sesqui-sels de fer. Les urines évaporées à siccité et le résidu carbonisé comme il vient d'être dit, donnent les mêmes résultats. Il a ainsi découvert le fer dans l'estomac, le foie, la rate, les poumons, le cœur, les urines des chiens empoisonnés par le sulfate de fer. Les mêmes organes des chiens non empoisonnés, soumis aux mêmes réactions, n'en ont pas donné.

RECHERCHE DU ZINC. M. Orfila emploie le même procédé que pour le fer. Il fait ensuite bouillir le charbon, pendant 20 minutes, dans l'acide chlorhydrique, filtre, sature les liqueurs par la potasse, fait passer à travers un courant de gaz sulfhydrique. Le dépôt jaunâtre, formé de sulfure de zinc et de fer, est chauffé avec de l'acide azotique concentré et pur, le résidu, traité par l'eau aiguisée de quelques gouttes d'acide azotique, filtré, et ensuite par l'ammoniaque en excès, qui précipite le sesquioxyde de fer. Le liquide ammoniacal, évaporé, laisse un résidu qui, dissous dans l'acide hydrochlorique étendu d'eau, offre les réactions des sels de zinc. M. Devergie emploie son procédé par le chlore, et M. Gaultier de Claubry l'eau régale. La carbonisation par l'acide sulfurique peut aussi être appliquée à la recherche du zinc.

RECHERCHE DE L'ÉTAIN. Mêmes procédés que pour le fer, le zinc. Après avoir fait bouillir le charbon, pendant 20 minutes, dans un mélange de 20 parties d'acide chlorhydrique et 1 partie d'acide azotique, filtrez, évaporez à siccité ; reprenez le résidu par l'acide chlorhydrique étendu de 2 fois son volume d'eau, précipitez par l'acide sulfhydrique, transformez le sulfure en chlorure par l'acide chlorhydrique, et constatez les caractères des sels d'étain. Une lame de zinc, immergée dans la liqueur, le précipite.

RECHERCHE DE L'ARGENT. Séparez les liquides des matières solides par filtration ; précipitez les premiers par le chlorure de sodium; incinérez les derniers dans une capsule de porcelaine. Les cendres sont lavées à l'eau aiguisée d'acide chlorhydrique, qui dissout les matières salines et laisse de l'argent et du chlorure de ce métal. Ce chlorure, ainsi que celui obtenu des liquides, est dissous dans l'ammoniaque, précipité de nouveau par l'acide azotique, lavé, desséché et réduit soit en les chauffant avec du flux noir, soit par l'hydrogène naissant. On le suspend, à cet effet, dans l'eau acidulée par l'acide sulfurique, en présence d'une lame de zinc, ou mieux encore on le dépose dans un tube de 3, 4 lignes de diamet., chauffé au rouge, et l'on fait passer à travers un courant d'hydrogène ; le chlorure passe au jaune serin, fond ensuite, devient rougeâtre et laisse une couche d'argent. M. Devergie mêle du chlorure de sodium aux matières, les dissout dans l'acide chlorhydrique fumant, délaye le tout dans l'eau et le chlorure se dépose. Il le réduit par l'hydrogène.

M. Orfila a démontré l'argent dans le foie, la rate, les reins, les urines. M. Landerel, qui prenait du nitrate d'argent contre l'épilepsie, a retiré du chlorure d'argent de son dépôt urinaire par l'ammoniaque. M. Orfila neveu et Kramer n'en ont pas trouvé quand ils donnaient aux chiens du nitrate : c'est tout le contraire avec le chlorure.

RECHERCHES DE L'OR. Desséchez les matières liquides et solides, et incinérez-les dans une capsule de porcelaine. Les cendres, lavées avec de l'eau aiguisée d'acide azotique, laissent de petites paillettes d'or, qu'on dissout dans l'eau régale pour caractériser ce métal. M. Orfila a retiré l'or du foie, de la rate, des urines des chiens empoisonnés par le chlorure.

RECHERCHE DES CHROMATES. Faites bouillir les matières dans l'eau, filtrez, essayez-les par les sels de plomb, etc. Evaporez-les à siccité, détruisez le résidu ainsi que les matières solides par l'azotate de potasse, dissolvez le produit dans l'eau, filtrez et essayez les réactifs caractéristiques.

2ᵉ Section. — Poisons organiques.

Les poisons organiques étant formés d'éléments peu stables dans leurs combinaisons, de produits qui ne s'obtiennent à l'état pur que par des procédés assez complexes, faisant d'ailleurs partie de plusieurs préparations pharmaceutiques, sont bien moins faciles à caractériser que les poisons inorganiques. Il n'y a guère que les alcaloïdes, les acides ou leurs sels qui soient cristallisés; les autres produits immédiats sont amorphes, et les organes ont une structure celluleuse, fibreuse. Les poisons organiques sont inodores ou doués ordinairement d'une odeur vireuse; leur saveur est amère, âcre, nauséeuse, caustique, mais non métallique; leur densité est relativement moindre que celle des poisons inorganiques. Tous, et c'est ce qui les distingue de ces derniers, *sont décomposés à une température plus ou moins élevée en produits empyreumatiques et charbonneux.* Un composé à la fois organique et inorganique, l'émétique, etc., laisse, en outre, pour résidu, la base ou le métal.

Les végétaux, les animaux, leurs organes entiers ou grossièrement divisés, se distinguent par leurs caractères botaniques, zoologiques, pharmacologiques. Lorsqu'ils sont en poudre on peut, à priori, les reconnaître par l'odeur, la saveur, la couleur, l'aspect, surtout à l'aide du microscope et des réactifs, l'eau, l'alcool, l'éther, la potasse, les acides, l'iode, comme nous l'avons fait pour chacun d'eux. La poudre des feuilles, en raison de la chromule, ne peut être confondue avec celle des autres parties. Certains organes ont une structure fibreuse (racines, tiges, etc.), celluleuse (graines, fruits, tubercules); d'autres contiennent des matières féculentes, huileuses, résineuses, oléo-résineuses, des produits qui, soumis à cet examen, donnent lieu à des réactions spéciales, prennent une odeur, un aspect particuliers. Pour les préparations pharmaceutiques (extraits, teintures, vins, sirops, potions, pilules, etc.), ce mode analytique étant le plus souvent insuffisant, il sera nécessaire de recourir aux procédés indiqués ci-après, pour obtenir les produits dans lesquels résident les propriétés toxiques. Ces produits sont solides ou liquides, alcalins, acides, huileux, résineux, oléo-résineux. Nous donnerons seulement les caractères généraux des alcaloïdes, en raison de leur importance toxicologique.

I.—Caractères comparatifs des alcaloïdes.

Naturels ou artificiels, à réaction alcaline, ils forment, avec les acides, des sels d'où ils sont précipités par *les alcalis minéraux, leurs carbonates, le tannin, le bi-iodure de potassium*, et donnent lieu à des sels doubles avec *les chlorures aurique, platinique, mercurique*. Leur découverte date de 1816.

I. ÉTAT. — A. — *Solides :* 1° *en prismes*, la morphine, narcotine, codéine, solanine, brucine, strychnine, cinchonine; 2° *en aiguilles soyeuses*, l'atropine, daturine, hyoscyamine, colchicine; 3° *en écailles nacrées*, la digitaline; 4° *amorphes*, l'aconitine, vératrine, delphine, émétine, quinine.

B. — *Liquides :* la nicotine, conéine, aniline, pétinine, picoline, benzine, éthylamine, amylamine.

II.—COULEUR.—*Ordinairement incolores.*

III.—SAVEUR: 1° *amère*, la morphine, codéine, brucine, strychnine, quinine, cinchonine; 2° *amère et plus ou moins âcre* tous les autres.

IV.—ODEUR.—*Inodores*, si ce n'est la nicotine, la conéine qui ont l'odeur du tabac, de la ciguë; celle de l'hyoscyamine humectée est étourdissante.—La vératrine, la digitaline provoquent de violents éternuements —L'aniline, pétinine, picoline, benzine, éthylamine, amylamine ont une odeur forte, caractéristique ou ammoniacale.

V. — EAU. — *Insolubles ou peu solubles*, exceptés la conéine, la nicotine, l'hyoscyamine, etc.

VI.—ALCOOL.—*Solubles dans l'alcool* plus ou moins concentré.

VII.—ETHER.—A. — *Solubles*, la codéine, narcotine, atropine, daturine, hyoscyamine, nicotine, conéine, quinine, vératrine, aconitine, colchicine.

B.—*Insolubles ou peu solubles*, la morphine, solanine, strychnine, brucine, cinchonine, digitaline, émétine, conéine.

VIII.—CALORIQUE. — *Fusibles* : 1^0 *au-dessous de* 100^0, la solanine, atropine, hyoscyamine, daturine, vératrine, aconitine, brucine, quinine, émétine; 2^0 *au-dessus de* 100^0, la narcotine, digitaline, codéine, morphine, cinchonine, delphine.

La brucine, vératrine, solanine, narcotine, se prennent en masse après refroidissement.

La nicotine, conéine et autres alcaloïdes liquides, la digitaline, cinchonine, se volatilisent en totalité; la daturine, atropine, hyoscyamine, en partie : les autres sont fixes et infusibles.

IX. ACIDE AZOTIQUE.—A.— *Colore* : 1^0 *en rouge*, à froid, la morphine, vératrine, brucine; à chaud, la nicotine, conéine; 2^0 *en jaune*, la digitaline, solanine, émétine; 3^0 *en jaune verdâtre*, la strychnine; 4^0 *en jaune orangé*, l'atropine; 5^0 *en violet bleuâtre*, la colchicine.

B.—Il ne colore pas la codéine, aconitine, cinchonine, quinine, daturine.

X. ACIDE SULFURIQUE. — *Colore :* 1° *en jaune, puis en rouge*, par *l'addition de l'acide azotique*, la narcotine ; 2° *en rouge vineux*, la nicotine ; 3° *en brun verdâtre, puis en rouge*, à chaud, la conéine ; 4° *en rouge foncé*, la digitaline, vératrine, gratioline ; 5° *en rouge brun*, la colchicine ; 6° *en rouge violet*, l'aconitine ; 7° *en rouge orangé*, la solanine.

XI. ACIDE CHLORHYDRIQUE. — *Colore :* 1° *en violet*, la nicotine ; 2° *en rouge pourpre*, la conéine ; 3° *en vert*, la digitaline.

XII. CHLORURE D'OR. — *Précipite* de leur dissolution : 1° *en jaune bleu et violet*, la morphine ; 2° *en jaune rougeâtre*, la conéine, nicotine ; 3° *en jaune*, la strychnine, atropine, hyoscyamine, aconitine ; 4° *en blanc*, la daturine.

De ces alcaloïdes les plus importants à connaître sont : *la morphine, la codéine, la strychnine, la brucine, la vératrine, la digitaline, la conéine, la nicotine* et autres alcalis des solanées, parce qu'ils sont employés en médecine ou ont été le sujet de recherches toxicologiques. (Voyez rapports).

La cantharidine, principe actif des cantharides, est en lamelles blanches, nacrées, fusible à 210, volatile, âcre, vésicante, insoluble dans l'eau, peu dans l'aclool à froid ; très-soluble dans l'alcool bouillant, l'éther, l'essence de térébenthine, les solutés alcalins.

L'acide cyanhydrique est liquide, incolore, volatil, répand *l'odeur caractéristique* d'amandes amères. Saturé par la potasse, il précipite : 1° *en bleu*, par un mélange de proto et de sesquisels de fer ; 2° *en vert*, par le sulfate de cuivre, et si l'on ajoute quelques gouttes d'acide chlorhydrique, le liquide prend un aspect laiteux ; 3° avec l'azotate d'argent, il donne un *précipité blanc*, insoluble dans l'eau, l'acide azotique, à froid, soluble dans cet acide bouillant, dans l'ammoniaque, et décomposable par la chaleur en argent et cyanogène.

II.—Recherche des poisons organiques

Dans les matières alimentaires, le tube intestinal, son contenu, faisant partie des préparations pharmaceutiques, ou absorbés, etc.

Les empoisonnements ayant lieu souvent soit avec les fruits, les graines, les feuilles, les racines, etc., des plantes toxiques, parties prises pour les mêmes organes des plantes alimentaires; soit avec les médicaments distribués dans l'officine du pharmacien, de l'herboriste, il faut s'informer du lieu où ces substances ont été cueillies, distribuées, les comparer et les caractériser botaniquement, zoologiquement, pharmacologiquement. Dans les empoisonnements par les solanées, les ombellifères, les champignons, etc., nous citons des cas où l'expert, en se transportant sur les lieux, a pu ainsi reconnaitre la plante toxique.

Les poisons organiques formant des composés insolubles avec les substances astringentes, étant insolubles ou solubles dans l'eau acidulée, les alcooliques, etc., peuvent, de même que les poisons inorganiques, se trouver à l'état solide, liquide, ou de combinaison dans les matières suspectes. Quoique composés des mêmes éléments que les matières alimentaires, ils ne paraissent pas cependant très-altérables. MM. Laroque et Thibierge ont décelé la morphine, la strychnine, la brucine ou leurs sels, à la dose de 5 à 10 centigram., dans des aliments, des liquides fermentescibles, le sang, le lait, la bière, etc., après 6 mois et plus de contact. M. Stass a retiré la morphine d'un cadavre, inhumé depuis 15 mois, et M. Orfila, la conéine, 25 jours après l'avoir mêlée à des matières organiques. Il en serait probablement de même avec les autres alcaloïdes, les poisons résineux, oléo-résineux, huileux, etc.

La première recherche à faire c'est de s'assurer si les matières alimentaires ne contiennent pas des traces, des débris de la substance toxique, n'offrent pas les caractères physiques, organoleptiques propres à certains poisons.

l'odeur, la saveur, la couleur, l'aspect, etc. Les alcaloïdes communiquent à ces matières une saveur fortement amère ou âcre ; l'opium, une couleur jaune brunâtre, une odeur vireuse ; l'acide cyanhydrique, l'odeur d'amandes amères ; les huiles essentielles, leur odeur spéciale, etc. Dans l'empoisonnement par les feuilles de ciguë fraîche, Christison en a constaté les débris dans les matières des vomissements : c'est ce qui a lieu aussi avec les autres plantes vireuses, les fruits de belladone, de datura, les champignons, la noix vomique, les cantharides, etc. Un enfant, atteint de diarrhée, évacuait de très-petits corps : soupçonnant que ce pouvait être des graines, nous les mîmes dans un peu de terre humide et sur un poéle ; en quelques jours la germination se manifesta. Si ces investigations étaient insuffisantes pour déceler le toxique, il faudrait disposer les matières par petites couches sur des plaques de verre, les examiner soit à la lumière diffuse, solaire ou réfractée par le globe dont se servent les cordonniers ; soit au microscope, aidé de quelques réactifs. Barruel parvint à reconnaître les débris des cantharides, à leur reflet verdâtre, brillant, dans du chocolat, en l'examinant au soleil, caractère qu'il n'avait pu constater à la lumière diffuse. Le même genre de recherches s'applique aussi non-seulement aux matières des vomissements, à celles renfermées dans le tube intestinal, mais encore à cet organe. Après l'avoir vidé, on l'insuffle, on le fait dessécher dans cet état, puis on le coupe par petits carrés, qu'on examine à une bonne lumière, pour s'assurer si, dans les replis de la muqueuse, il n'y a pas des traces de poison (voyez *Cantharides*).

Après ces opérations préliminaires, comme les produits dans lesquels réside l'effet toxique des substances organiques sont fixes ou volatils, peu ou pas solubles dans l'eau, surtout solubles dans les acides faibles, l'alcool, l'éther, il faut les délayer dans suffisante quantité d'eau distillée pour faire une bouillie claire, les introduire, à l'aide d'un entonnoir, dans une cornue bitubulée, suivie d'un ballon constamment refroidi, communiquant avec une éprouvette pleine d'eau ou de mercure. On distille d'abord au bain-marie, à la température de 60° à 80°, puis au bain d'huile ou saturé de chlorure de sodium jusqu'à presque siccité, en ayant soin, à chaque élévation de température, de changer de récipient, afin de recueillir séparément les produits inégalement volatils, l'acide cyanhydrique, les alcooliques, les éthers et autres agents anesthésiques, les huiles essentielles, le principe vireux des plantes narcotiques, etc. Les produits immédiats fixes, les résines, les extracto-résines, les matières grasses, les alcaloïdes restent dans la cornue. Pour les isoler les uns des autres il y a divers procédés, qui cependant s'appliquent plutôt à la recherche des alcaloïdes.

A. — Mettez à digérer le résidu de la cornue, à la température de 35° à 40°, pendant 1/2 à 1 heure, soit dans de l'alcool concentré, seul ou acidulé par les acides acétique, chlorhydrique ; soit dans de l'eau acidulée par ces mêmes acides ; décantez après refroidissement ; traitez le résidu par de nouvelles quantités de véhicule ; filtrez ; évaporez les liqueurs réunies à siccité ; soumettez le résidu à l'action de l'eau acidulée, qui dissout les alcaloïdes, non les matières grasses, résineuses, oléo-résineuses, qu'aurait pu entraîner l'alcool ; filtrez ; évaporez en consistance sirupeuse et précipitez l'acaloïde par la potasse, la soude, la chaux, la magnésie ou leurs carbonates, l'ammoniaque. Cette dernière base est ordinairement employée par gouttes, jusqu'à ce qu'il ne se forme plus de précipité. Celui ci est dissous dans l'acool, qui, après filtration, par une évaporation lente, laisse l'alcaloïde. Ces manipulations ne le donnant pas assez pur pour bien le caractériser, les auteurs conseillent de le redissoudre dans l'alcool ou l'eau acidulée, et de séparer les matières organiques ou colorantes, en les précipitant *par le sous-acétate plombique* (Christison), *par le nitrate d'argent* (Devergie). Dans ces deux derniers cas, soumettez les liqueurs filtrées à un courant de gaz sulfhydrique pour décomposer et précipiter l'excès de sous-acétate de plomb, de nitrate d'argent ; filtrez de nouveau ; concentrez les liqueurs ; précipitez l'alcaloïde par les bases indiquées ; dissolvez-le dans l'alcool ; évaporez lentement.

Quant aux matières grasses, résineuses, oléo-résineuses, indissoutes par l'eau acidulée, on les traite par l'alcool ou l'éther, selon leur nature présumée, et on évapore ces liquides. Comme ces produits, ainsi que les alcaloïdes sont altérables par la chaleur, il faut opérer les évaporations à une douce chaleur, au bain-marie, à la vapeur, mieux encore dans le vide, au-dessus d'une capsule d'acide sulfurique, comme nous l'indiquons ci-après.

Cette méthode analytique est générale, puisqu'elle s'applique à la recherche des poisons volatils et fixes, à celle des alcaloïdes, des matières grasses, résineuses, oléo-résineuses, etc. C'est celle qui a été employée jusqu'à ces derniers temps par *MM. Christison, Lassaigne, Orfila, Devergie, Chevallier*, etc., du moins pour découvrir les alcaloïdes dans les cas d'expertise légale. Dans presque tous, on a obtenu un produit impur, qu'il a été impossible de caractériser physiquement, même chimiquement, et l'on s'est contenté seulement de quelques réactions très-incomplètes. Voyez à cet effet la morphine, la strychnine, la brucine, car c'est presque exclusivement sur ces trois alcalis qu'ont porté les recherches.

B.—MÉTHODE DE M. STASS. Par une méthode analytique générale, ce chimiste a retiré des matières suspectes, des organes, des préparations pharmaceutiques, etc., les alcaloïdes bien définis, dans un état de pureté assez complète pour les caractériser physiquement, chimiquement et même toxiquement. Ses recherches ont porté sur les suivants : *nicotine, conéine, morphine, codéine, narcotine, strychnine, brucine, vératrine, colchicine, émétine, solanine,*

atropine, hyoscyamine, aconitine, delphine, aniline, pétinine.
Cette méthode est fondée sur les données suivantes :
1° l'alcool, associé aux acides tartrique ou oxalique en
excès, enlève ces alcaloïdes aux matières organiques ; 2° les
bicarbonates de soude, de potasse, ou leurs bases, employées aussi en excès, les séparent de ces acides et les tiennent en dissolution ; 3° enfin l'éther enlève ces alcaloïdes
à la potasse, à la soude.

PROCÉDÉ OPÉRATOIRE. Les liquides de l'estomac, de l'intestin, etc., sont mélés avec le double d'alcool pur et concentré, les organes (foie, rate, poumons, cœur, estomac, intestins, etc.), coupés par petits morceaux soumis, à plusieurs
reprises, à l'action de l'alcool aussi très-concentré, seul ou
acidulé par les acides suivants, jusqu'à ce qu'ils ne cèdent
plus rien à ce liquide. Les organes parenchymateux (foie,
rate, poumons) pourraient être fortement exprimés, à
chaque fois, à travers un linge neuf (voyez Rapports).
Introduisez les liqueurs alcooliques dans un ballon avec
1/2 à 2 gramm. d'acide oxalique ou tartrique cristallisés ;
évaporez en consistance sirupeuse, sans faire bouillir, à
la température de + 60 à 70 ; après refroidissement complet, filtrez au papier Berzélius ; lavez les matières restées
sur le filtre avec de l'alcool concentré ; évaporez les
liqueurs réunies dans le vide ou dans un fort courant
d'air, à une température qui ne dépasse pas + 35. Le
résidu, après l'évaporation de l'alcool, renferme des corps
gras, des matières insolubles ; filtrez de nouveau sur un
filtre humecté d'eau distillée ; évaporez les liqueurs jusqu'à
presque siccité dans le vide, ou sous une cloche au-dessus
d'une capsule d'acide sulfurique ; traitez le résidu par l'alcool anhydre et froid, à plusieurs reprises ; filtrez ; évaporez
à l'air libre, à la température ordinaire, ou mieux encore
dans le vide ; dissolvez le résidu dans la plus petite quantité d'eau ; introduisez le soluté dans un petit flacon à
éprouvette de 35 cent. cubes de capacité ; ajoutez peu à peu

du bicarbonate de potasse ou de soude pulvérisés, jusqu'à ce qu'il n'y ait plus d'effervescence, puis 1 à 2 centim. cube d'un soluté concentré de potasse caustique, et ensuite quatre, cinq fois son volume d'éther ; agitez le tout ; décantez l'éther, lorsqu'il est séparé et éclairci ; répétez trois, quatre fois le lavage à l'éther ; réunissez les liquides éthérés dans une petite capsule déposée dans un lieu sec.

1°—Si c'est une alcaloïde liquide, *la nicotine, la conéine*, etc., après l'évaporation de l'éther, il se dépose sur les parois de la capsule sous forme d'anneau huileux, lequel se divise en petites stries qui gagnent le fond. Par la chaleur seule de la main, le résidu dégage une odeur plus ou moins désagréable, piquante, suffocante, rappelant celle de l'alcaloïde, masquée par une odeur de matière animale: dissolvez-le dans 1 à 2 centim. cubes d'eau faiblement acidulée par 1 millième d'acide sulfurique ; lavez exactement la capsule avec le même liquide ; décantez les liqueurs dans le petit flacon à éprouvette ; traitez-les par un soluté concentré de potasse ou de soude caustiques ; agitez et épuisez le mélange, à plusieurs reprises, comme il est dit ci-dessus, avec de l'éther pur, qui dissout l'alcaloïde; faites évaporer spontanément l'éther à la plus basse température ; puis pour priver complétement l'alcaloïde de l'ammoniaque qui se forme dans ces opérations, exposez un instant le vase dans le vide au-dessus de l'acide sulfurique ; l'alcaloïde reste au fond sous forme d'une gouttelette huileuse. Pour le détail de ces manipulations, recueillir et caractériser l'alcaloïde, l'avoir complétement pur. (Voyez l'extraction de la nicotine, aux Rapports.)

2°—Si c'est un alcaloïde fixe (morphine, strychnine, brucine, etc.), après l'évaporation de l'éther, il reste, sur les parois de la capsule, un produit solide, le plus souvent une liqueur incolore, laiteuse, tenant un corps en suspension, ayant l'odeur de matière animale, désagréable, mais non piquante, qui bleuit d'une manière permanente le papier rouge tournesol. On traite ce résidu par quelques gouttes d'alcool, qui dissout l'alcaloïde, et, après évaporation spontanée on le débarrasse des matières étrangères, en promenant dans la capsule quelques gouttes d'eau très-faiblement acidulée par l'acide sulfurique. Séparez le soluté de la matière grasse qui adhère aux parois de la capsule, lavez celle-ci à l'eau acidulée ; évaporez aux 3/4 les liqueurs réunies dans le vide ou au-dessus de l'acide sulfurique sous une cloche ; traitez le résidu par une soluté concentré de carbonate de potasse ; reprenez le tout par l'alcool anhydre, qui dissout l'alcaloïde, non les sulfate et carbonate de potasse. Par l'évaporation spontanée de l'alcool, on obtient l'alcaloïde.

Par ce procédé, M. Stass a retiré de la nicotine 1° du sang d'un chien empoisonné par 2 centig. de cet alcali ; 2° des liquides de l'estomac, du foie, de la rate, des poumons, du cœur, etc., de Fougnies, empoisonné par ce poison (affaire Bocarmé), et cela dans un état de pureté assez complète pour en constater les caractères physiques, chimiques et toxiques, comparativement avec de la nicotine pure ; 3° il a aussi retiré *la morphine* des organes d'une personne inhumée depuis treize mois, à laquelle on avait en outre administré de l'arsenic, et *la conéine* d'un liquide très-altéré (1847). M. Stass ajoute qu'ayant beaucoup expérimenté, il livre avec confiance cette méthode analytique à l'examen des toxicologistes.

Si l'on opérait sur des matières qui renferment plusieurs alcaloïdes , l'opium, les strychnées, les quinquinas, etc., on les séparerait soit par l'éther qui dissout la narcotine, non la morphine, soit en les dissolvant dans l'acide tartrique, et ajoutant ensuite de la potasse, qui précipite *la strychnine, la narcotine, la cinchonine,* et ne précipite pas *la brucine, la morphine, la quinine.*

C.—PROCÉDÉ DE M. FLANDIN. Il mêle les matières suspectes

à 12 pour 0/0 de leur poids de chaux anhydre, dessèche le mélange à 100°, dans le but de coaguler les matières protéiques, de décomposer les matières colorantes, le pulvérise, l'épuise, à trois reprises différentes, par l'alcool absolu et bouillant, filtre après refroidissement. Les liqueurs, à peine colorées, ne contiennent que l'alcaloïde et des matières grasses, résineuses. Faites-les évaporer lentement; traitez le résidu par l'éther, qui dissout la matière grasse, et laisse l'alcaloïde, s'il n'est pas soluble dans ce liquide, tels que la morphine, la brucine, la strychnine, qu'on sépare par décantation ou filtration. Si l'alcaloïde est soluble dans l'éther, on reprend soit le résidu alcoolique, soit le résidu éthéré par un dissolvant spécial des bases organiques, l'acide acétique à 10° par exemple, et l'on précipite la base de l'acétate avec un peu d'ammoniaque. L'alcaloïde dissout dans l'alcool pur et bouillant, cristallise ou se dépose par l'évaporation spontanée de ce liquide.

Par ce procédé, M. Flandin a décelé *la morphine, la strychnine, la brucine* dans 100 gram. de sang, de matières organiques mélangées à 5 centigr. de ces alcaloïdes, ainsi que des matières intestinales des animaux empoisonnés par 5, 10 centigr. de ces poisons. Il a retiré aussi la morphine des urines d'un singe, auquel il avait donné, dans l'espace d'un mois, 60 gram. d'acétate, sans autre accident qu'une certaine agitation et de longues heures de sommeil.

D.—M. RABOURDIN propose le chloroforme pour l'extraction des alcalis végétaux, réactif qui pourrait aussi s'appliquer à la recherche de ces poisons dans les matières suspectes, et de la cantharidine dans les cas d'empoisonnement par les cantharides. Pour *l'atropine* il obtient le suc des feuilles de belladone, le coagule à chaud, filtre, le mêle à 4 gram. de potasse caustique, et à 30 gram. de chloroforme par litre de suc, agite le tout pendant une minute. Le chloroforme, chargé d'atropine et de matière colorante, se dépose au bout d'une heure au fond du vase. Décantez le liquide surnageant ; lavez le chloroforme à l'eau distillée jusqu'à ce qu'il soit limpide ; distillez au bain-marie dans une cornue bitubulée ; reprenez le résidu par l'eau acidulée par l'acide sulfurique, qui dissout l'atropine et laisse la matière verte ; filtrez, ajoutez un léger excès de carbonate de potasse; traitez le précipité par l'alcool. Le soluté, par évaporation spontanée, donne *l'atropine* en beaux cristaux, groupés en aiguilles.—M. Rabourdin a obtenu, par ce procédé, *l'atropine* de l'extrait de belladone, *la quinine*, *la cinchonine* des macérés acides du quinquina. Il croit qu'on pourrait ainsi obtenir les autres alcalis végétaux.

E.—M. Procter, en traitant 30 gram. de cantharides, pendant 48 heures, dans l'appareil à déplacement, par 60 gram. de chloroforme, déplaçant ensuite celui-ci par l'alcool, à 0,885 et faisant évaporer, obtient *la cantharidine*, mêlée à de la matière grasse. Il absorbe celle-ci à l'aide du papier joseph, dissout ensuite la cantharidine dans le chloroforme mêlé à un peu d'alcool ; par l'évaporation elle se dépose pure et cristallisée. Peut-être pourrait-on la retirer ainsi des matières suspectes, après les avoir desséchées.

F.—M. Rabourdin propose aussi le charbon, purifié par l'acide chlorhydrique pour l'extraction des alcalis végétaux. Pour *la digitaline* il précipite le soluté d'extrait alcoolique de digitale par le sous-acétate de plomb, filtre, agite le liquide avec le charbon et le laisse reposer. La liqueur se décolore, perd sa saveur amère; le charbon est lavé, séché à l'étuve, traité ensuite par l'alcool bouillant; celui-ci, évaporé au bain-marie, laisse, après refroidissement, déposer une matière pulvérulente qui, dissoute dans l'alcool, donne, par évaporation spontanée, *la digitaline*.

M. Rabourdin a obtenu, par le même procédé, *l'ilicine* du décocté des feuilles de houx, *la scillitine* de celui de scille, *l'aricine*, *la colocynthine*, *la strychnine*, *l'hyoscyamine*, *la ni-*

cotine, la morphine, la narcotine, la quinine, des infusés des organes qui renferment ces alcalis.

G.—M. Morin, pour la recherche de *la morphine et autres alcaloïdes,* épuise les matières par l'eau aiguisée d'acide acétique, évapore à siccité, traite le résidu par l'alcool bouillant à 56°, filtre, précipite les liqueurs alcooliques par le tannin, ou le macéré aqueux de noix de galles. Le tannate d'alcaloïde reste en dissolution, et les matières organiques se déposent; filtrez, étendez les liqueurs d'un peu d'eau, et traitez-les par un soluté de gélatine, qui forme, avec le tannin, un tannate insoluble. L'alcaloïde, resté en dissolution, s'obtient par évaporation.

Par ce procédé, qui est celui de MM. Dublanc et Henry, M. Allan a retiré la daturine de l'urine d'un homme empoisonné par le datura (*Journ. de chim. méd.,* 1851). MM. Quevesne et Homolle emploient aussi le soluté de tannin à 1/10, pour retirer la digitaline des matières suspectes.

RÉFLEXIONS SUR CES PROCÉDÉS. Si ce n'est la méthode analytique de M. Stass, qui a été appliquée avec un plein succès dans un des cas les plus difficiles de toxicologie légale, les autres procédés ont été seulement proposés, ou n'ont donné, dans la plupart des empoisonnements où ils ont été employés (opiacés, strychnées), que des réactions très-incertaines celles par l'acide azotique, les sesqui-sels de fer, etc. Ces réactions, surtout avec des produits impurs, sont insuffisantes, et bien certainement plusieurs oléorésines, etc., donneraient des résultats semblables; c'est ce qui est arrivé à Metz dans un cas d'empoisonnement par les feuilles du laurier-rose. Sérullas n'avait-il pas donné l'acide iodique et l'amidon comme le réactif le plus certain de la morphine. Quelle funeste conséquence s'il eût été appliqué dans un cas d'expertise légale, puisque plus tard il a été démontré que l'urée, les décoctés de matière animale donnaient la même réaction. En toxicologie organique.

comme du reste l'ont très-bien établi MM. Dulong et Chevreuil, il faut obtenir les produits assez purs pour les caractériser physiquement et chimiquement. Par toutes ces raisons, le procédé de M. Stass doit être préféré à tous les autres. Il est d'ailleurs plus général, a déjà reçu la sanction de l'expérience, n'introduit pas dans les matières suspectes un élément étranger, le plomb, l'argent, la chaux qui pourrait nuire aux recherches ultérieures. C'est à l'expérience à démontrer si le chloroforme, proposé par M. Rabourdin, doit-être préféré à l'éther.

3ᵉ Section.—Poisons gazeux.

L'empoisonnement, l'asphyxie par les matières gazeuses, acquièrent chaque jour une si grande importance sous le point de vue médical et légal, que nous leur avons consacré 130 pages, tom. II. Plusieurs étant employés en médecine (agents anesthésiques), peuvent donner lieu à des accidents graves; d'autres, *les gaz de la combustion, de l'éclairage*, etc., deviennent souvent cause d'asphyxie, servent même à commettre des homicides. Nous en rapportons plusieurs exemples. Tout récemment, un ouvrier mineur, âgé de 18 ans, pour se venger de son renvoi, a cherché à asphyxier ses camarades en mettant le feu aux sous-pentes en bois : sept ont péri. Nous avons considéré *les matières gazeuses et les agents anesthésiques*, d'abord d'une manière générale sous le rapport : 1° des circonstances ou elles se produisent; 2° des effets; 3° des lésions; 4° du traitement prophylactique et curatif; 5° des recherches chimiques; 6° des questions médico-légales; 7° de leur classification ; puis nous avons décrit les gaz en particulier sous les mêmes points de vue, en insistant spécialement sur les plus importants, les *gaz de la combustion, de l'éclairage, des égouts, des fosses d'aisance, l'air non renouvelé, les agents anesthésiques*, etc.

RÉSUMÉ GÉNÉRAL DU CHAPITRE II.

La RECHERCHE des poisons dans les matières suspectes, *quand on n'a aucun indice sur leur nature,* est si importante, qu'il nous paraît utile de résumer la manière de procéder.

1° Examiner si les matières suspectes, les vases qui les renferment ne contiennent aucune trace de poison, n'en offrent pas les caractères physiques, organoleptiques ;

2° Délayer les matières dans l'eau distillée, et, de même que les parties liquides, les soumettre à la distillation, d'abord à + 60, puis au bain saturé de chlorure de sodium dans un appareil propre à recueillir les poisons volatils, liquides et gazeux, qui seront analysés séparément ;

3° Après refroidissement, filtrer les liquides de la cornue, les essayer par les réactifs généraux, le papier tournesol, l'acide sulfhydrique, etc., pour s'assurer s'ils ne contiennent pas un poison minéral, acide, alcalin, de la quatrième section, ou salin, en les évaporant à siccité ;

4° Continuer la distillation jusqu'à siccité ou en consistance de sirop épais, épuiser le résidu, ainsi qu'une portion de matières solides, par l'alcool concentré, seul ou acidulé ; évaporer les solutés alcooliques ; traiter le résidu par l'eau acidulée ; saturer les liqueurs par l'ammoniaque ou le bicarbonique de potasse, ensuite par l'alcool ou l'éther, qui, évaporés, laisseraient les *alcaloïdes,* s'il en existait ;

5° Carboniser par l'acide sulfurique les matières restées sur le filtre, le résidu de l'évaporation des liquides des recherches précédentes ; faire bouillir le charbon dans l'eau, seule ou acidulée ; essayer les liqueurs à l'appareil de Marsh, par le cuivre, le fer, le zinc, l'acide sulfhydrique, le cyanure jaune, l'iodure de potassium, etc. ; incinérer le charbon sulfurique ; traiter les cendres par l'acide azotique ; évaporer à siccité ; reprendre par l'eau ; essayer les réactifs précédents ou des poisons de la 4ᵉ section.

CHAPITRE III.

Pathologie toxicologique.

Les poisons, en outre de leur effet local, produisent la mort en modifiant les principaux organes, les principales fonctions, surtout les systèmes nerveux, respiratoire, circulatoire, et donnent lieu à un certain nombre de phénomènes propres à plusieurs d'entre eux. Afin de présenter un tableau pathologique aussi complet que possible, nous les disposerons par groupes, d'après l'analogie des effets, des lésions, c'est-à-dire des modifications évidentes, accessibles à nos sens. Un article spécial sera consacré au *mode d'action des poisons*, un autre au *pronostic*.

1.—Effets toxiques.

Dans l'étude de chaque poison, nous nous sommes occupés 1° des effets immédiats, c'est-à-dire des accidents locaux et généraux produits par les poisons administrés à haute dose, autrement dit *de l'empoisonnement aigu;* 2° des effets résultant des doses non immédiatement toxiques, mais répétées plusieurs fois, c'est-à-dire *de l'empoisonnement lent;* 3° enfin *des effets consécutifs*, ou bien des lésions organiques et fonctionnelles succédant a l'empoisonnement aigu et lent; c'est le même ordre que nous suivrons dans cet exposé général.

A.—Empoisonnement aigu.

I.—LES POISONS INORGANIQUES *et plusieurs poisons organiques* peuvent déterminer l'irritation, la congestion, l'inflammation, la scarification, l'ulcération, la perforation

des parties sur lesquelles ils sont appliqués, en un temps
plus ou moins long, selon la nature du poison, la durée
du contact, son degré de concentration, sa plus ou moins
grande solubilité; selon la nature du tissu, son état normal, morbide, etc. L'effet local est prompt, intense, avec
les poisons solubles et concentrés, les acides, les alcalis
minéraux, les chlorures, les nitrates de la 4me section;
lent au contraire, même nul ou peu appréciable, avec les
poisons neutres, très-étendus, peu solubles. Il est aussi
bien plus marqué sur les muqueuses, les plaies récentes, que
sur la peau, les plaies anciennes, suppurantes, calleuses.
Si le poison épuise son action sur le lieu même, il produit
la destruction du tissu ou de l'organe, des cicatrices dif
formes, rarement la mort, à moins que la réaction fébrile
symptomatique ne soit très-intense, qu'il ne survienne une
suppuration, une hémorragie consécutives, qui épuisent
les malades (voyez *Poisons acides, alcalins*). En général,
surtout avec les poisons qui n'ont pas un effet caustique
immédiat, les liquides qui affluent vers ces parties les dissolvent, affaiblissent leur action caustique, et ils pénètrent ainsi peu à peu dans les tissus circonvoisins, les
vaisseaux qui en partent, en déterminent la tuméfaction,
l'inflammation, donnent lieu à une réaction fébrile très-
intense, avec soif, chaleur, anxiété générale, et si c'est au
voisinage du cerveau, à des symptômes nerveux plus ou
moins graves (voyez *Arsenic*). Quelle que soit la voie d'introduction, le poison, une fois qu'il a pénétré dans la
grande circulation, développe les mêmes effets constitutionnels, même du côté du tube intestinal, que dans les cas
d'empoisonnement interne; fait important, capital, pour
la direction à donner au traitement.

Les poisons inorganiques, introduits dans le tube intestinal, donnent lieu à des effets locaux de même nature que
sur la peau, d'autant plus prompts, plus intenses que les
parties offrent une texture plus délicate, sont plus anfrac-

tueuses par conséquent, que le contact est plus prolongé. Mais étant dilués, affaiblis par les matières alimentaires, les liquides sécrétés, et le vomissement, le mouvement péristaltique s'opposant à ce qu'ils séjournent longtemps sur le même lieu, toutes les parties du tube intestinal ne sont pas cautérisées; aussi est-il excessivement rare qu'il ne se manifeste pas, en outre, des effets constitutionnels, dus à l'absorption du poison, et bien plus promptement que lorsque celui-ci est appliqué à l'extérieur.

Les effets locaux sur les muqueuses buccale, pharangée, œsophagienne, sont ordinairement peu intenses, même nuls ou bornés à une saveur spéciale, âcre, avec les poisons peu solubles, très-dilués, ou dont l'effet caustiqne est lent à se produire, surtout s'ils sont mélangés aux matières alimentaires. Au contraire, avec les poisons caustiques, les effets en sont presque immédiats et très-intenses. Ils consistent en une sensation de cuisson, de chaleur âcre, brûlante, caustique. Ces parties sont comme brûlées, cautérisées, elles s'enflamment, se tuméfient; l'escarre prend une couleur spéciale, grisâtre, noire ou jaune, se détache en lambeaux. Les sécrétions muqueuse et salivaire sont considérablement augmentées. L'inflammation, la tuméfaction s'étendent quelquefois jusqu'aux parties supérieures du larynx, d'où gêne plus ou moins grande de la respiration, et, dans quelques cas, menace d'asphyxie assez inquiétante pour nécessiter l'opération de la trachéotomie (poisons acides). L'effet est moins marqué sur l'œsophage, à cause de sa perpendicularité; cependant, avec les acides, les alcalis concentrés, il est quelquefois tellement cautérisé, rétréci, que la déglutition, les vomissements deviennent impossibles.

L'arrivée du poison dans l'estomac est accusée par une douleur âcre, brûlante à la région épigastrique, que la pression augmente, par des nausées, des rapports, des efforts de vomissements, la constriction du pharynx, des

vomissements d'abord de matières alimentaires, offrant
des traces du poison, puis muqueuses ou bilieuses, et
quelquefois sanguinolentes, ou mêlées à des pseudomembranes. Il est rare que l'effet des poisons inorganiques se
borne à l'estomac, à la partie supérieure du tube intestinal; le plus souvent il y a des coliques, acompagnées de
selles diarrhéiques, avec ou sans épreintes, plus rarement
de constipation. Les matières des selles, fécales d'abord,
puis aqueuses ou bilieuses, sont aussi quelquefois sanguinolentes, renferment des traces de poison, des pseudo-
membranes.

Les phénomènes gastro-intestinaux, même lorsque le
poison est appliqué à l'extérieur, sont le plus constants,
manquent rarement. Les rapports s'observent dans l'empoisonnement par les poisons qui, par réaction chimique sur les aliments, les tissus, donnent lieu à des
produits gazeux (acides azotique, hypo-azotique, chloro-
azotique), par les carbonates, les sulfures alcalins, lesquels
sont décomposés par les acides de l'estomac; enfin par
les poisons volatils ou ayant une odeur spéciale (cuivre,
étain, etc.) Les vomissements peuvent manquer ou cesser
par suite des contractions spasmodiques, du rétrécisse-
ment de l'œsophage, alors la déglutition est impossible;
par la perforation de l'estomac, des intestins, en ce cas,
les matières passent dans la cavité péritonéale, et il existe
des symptômes d'une péritonite très-intense; ou bien par
l'épuisement du malade. La douleur est d'autant plus vive,
plus aiguë, que les parties sont plus irritées, plus superficiellement enflammées. Elle manque même à la pression,
ou est très-obscure, lorsque le poison a cautérisé profondément les tissus, en a détruit la sensibilité. Ce défaut de
douleur, ce calme apparent, pourraient en imposer pour
une amélioration trompeuse, si on ne tenait compte de
l'état général. Dans l'empoisonnement par les acides concentrés, les préparations plombiques, moins souvent par

les préparations arséniales, il y a quelquefois constipation.
Les pseudomembranes, le sang dans les matières des vomissements et des selles, ne s'observent guère qne dans
l'empoisonnement par les poisons caustiques. Cependant,
la présence du sang n'est pas toujours en rapport avec
la causticité du poison ; elle peut dépendre, en outre, de
la liquéfaction de ce liquide, de sa transudation à travers
la muqueuse gastro-intestinale. Il est des cas, tout à fait
exceptionnels, où les effets gastro-intestinaux ont consisté
en un sentiment d'oppression, une douleur obtuse à la région épigastrique (arsenic). Les symptómes de péritonite
ne s'observent guère que lorsqu'il y a épanchement de matières dans la cavité abdominale.

Les effets généraux, *dynamiques ou constitutionnels*,
manquent rarement dans l'empoisonnement par les poisons inorganiques, et se développent d'autant plus promptement que le poison a été appliqué sur une surface plus
absorbante. Ils sont de deux ordres : les uns, qui constituent la première période de l'intoxication, dépendent de
l'effet local du poison, de son passage en petite quantité
dans le sang. De nature inflammatoire, ils sont caractérisés,
comme du reste toutes les réactions fébriles, par de l'anxiété,
un malaise général, de la soif, de la chaleur, la fréquence,
la dureté du pouls, l'accélération de la respiration, la concentration des urines. Ces effets, variables en intensité, en
durée, selon que la lésion locale est plus ou moins profonde, étendue, selon l'organe affecté, la quantité de poison absorbée, sont remplacés par d'autres manifestations
opposées, qui constituent la seconde période : nous l'avons
désignée, à la manière des médecins rasoriens, sous la
dénomination *d'hyposthénique*, non que nous adoptions
complétement leurs opinions, mais plutót pour exprimer
un ensemble de symptómes, consistant dans un état de
dépression vitale, due à l'excès du poison, qui jugule en

quelque sorte l'organisme, s'oppose à l'exercice régulier des fonctions. Dans cette période de l'intoxication, le pouls est petit, fréquent, serré, irrégulier, intermittent, le froid très-intense, surtout aux extrémités, quelquefois même avec chair de poule, frisson, horripilation, perceptible ou non à la main, difficile à combattre par la chaleur artificielle. Le faciés est altéré, amaigri, le nez effilé, la voix éteinte ; les yeux sont cernés, creux, les traits retirés. L'effet des poisons inorganiques sur le système nerveux se traduit par un affaissement général, plus rarement par des crampes, des symptômes nerveux, spamodiques ou convulsifs, de l'insensibilité partielle : l'intelligence reste presque toujours intacte. Les urines sont plus rares ou complétement supprimées. Il survient quelquefois des éruptions spéciales à la peau. Enfin l'affaissement s'accroît de plus en plus, les traits s'altèrent davantage, la peau se couvre d'une sueur froide, visqueuse, la respiration s'embarrasse ; il y a des hoquets : la peau, les ongles se cyanosent ; le pouls devient insensible, et les malades succombent en 24, 48 heures et plus, dans une espèce d'état asphyxique, semblable à celui des cholériques.

Si le malade vit plus longtemps, le sang devient de plus en plus diffluent, incoagulable, s'extravase à travers les muqueuses, dans les organes parenchymateux, en particulier dans les poumons, d'où hémorragies, gêne de la respiration, et il meurt dans une espèce d'état typhique en 4, 6 jours (voyez *Arsenicaux, Mercuriaux*).

Lorsque le poison a cautérisé profondément le tube intestinal, par suite de la dénudation de la muqueuse, la salivation, l'expulsion des pseudomembranes persistent pendant quelque temps ; les vomissements, la constipation ou la diarrhée, ainsi que le froid, la suspension de la sécrétion urinaire, sont opiniâtres, et le patient, ne pouvant supporter aucune boisson, aucun aliment, succombe en 15 jours, un mois, dans un état d'émaciation extrême.

Dans quelques cas, assez rares, ces symptômes paraissent s'amender , de légers aliments sont supportés ; mais la moindre imprudence ne tarde pas à détruire ce bien-être, cet espoir momentané, et il est extrêmement rare qu'après des désordres aussi graves le rétablissement soit complet.

Lorsque le poison, même donné à haute dose, est immédiatement vomi ou neutralisé par un contre-poison, les effets sont peu intenses, se dissipent assez rapidement. S'il a irrité le tube intestinal, a été absorbé en petite quantité ou promptement éliminé, les symptômes gastro-intestinaux, la réaction fébrile persistent pendant plusieurs jours ; la période hyposthénique, si elle survient, offre peu de durée, est peu intense, et le rétablissement assez prompt, assez complet. Souvent le malade conserve, pendant quelque temps, une grande irritabilité gastro-intestinale.

Enfin, lorsque le poison est administré tous les jours ou à des intervalles assez rapprochés, et avec les matières alimentaires, comme dans les empoisonnements successifs, ou s'il est promptement vomi, il peut borner son action au tube intestinal, irriter momentanément ces organes, donner lieu à un malaise passager, ou bien produire un état d'amaigrissement, de dépérissement général et progressif. Souvent ce n'est qu'après 3, 4 tentatives, ou un temps plus ou moins long, que le crime est dévoilé par suite de l'aggravation instantanée des accidents (voyez *Empoisonnement lent*).

Quelques toxicologistes ayant surtout fixé leur attention sur les effets locaux, sur ceux qui constituent la première période de l'intoxication, ont considéré les poisons inorganiques comme des poisons âcres, irritants, caustiques. Les médecins rasoriens donnant au contraire plus d'importance aux effets qui constituent la seconde période, les considèrent comme des poisons hyposthéniques. On s'écarte également de la vérité en adoptant ces opinions d'une manière exclusive, puisque c'est dans ces deux ordres d'effets que résident les caractères pathognomoniques de ce genre d'empoisonnement ; effets qui peuvent varier, se succéder, alterner, selon la quantité de poison absorbée, sa plus ou moins prompte élimination, la résistence vitale, etc. Les maladies septiques, qui ont pour cause des virus, des matières miasmatiques, etc., viennent étayer cette manière d'envisager les effets des poisons inorganiques. D'ailleurs cette succession des effets, abstraction faite de la lésion locale, est naturelle, physiologique, et l'on pourrait même établir en axiome, d'après les faits observés, que toutes les fois qu'un poison âcre, irritant, pénètre en petite quantité dans l'économie, il produit la fièvre, une surexcitation organique ; que, dans le cas contraire, il enraye le jeu des organes, déprime les fonctions, en s'opposant probablement à l'exercice régulier de l'hématose, de l'innervation.

Quoique les *poisons inorganiques* exercent le même genre d'influence, à l'intensité près, on peut, à l'aide des caractères chimiques ou organoleptiques des matières des vomissements, de quelques effets spéciaux, diagnostiquer un certain nombre de ces empoisonnements, si ce n'est spécifiquement, du moins génériquement. Dans l'intoxication par *le phosphore, l'iode, le chlore, les hypochlorites, les sulfures alcalins, l'ammoniaque,* les matières des vomissements, l'air expiré offrent les caractères organoleptiques de ces poisons. Avec *les acides, les alcalis,* les matières vomies sont fortement acides ou alcalines, et il existe, assez souvent, sur les vêtements, les organes externes, des taches caractéristiques. Avec *les préparations cuivreuses,* il y a des crachotements, des rapports cuivreux, et les matières sont vertes ou bleues. *Les sels d'argent* tachent la peau en brun, donnent un aspect caillebotté aux matières des vomissements. *Les mercuriaux* ont une saveur métallique spéciale, produisent une salivation et d'autres symptômes caractéristiques. Avec *les préparations plombiques,* les matières sont blanchâtres, laiteuses, ont une saveur styptique, sucrée, il y a constipation, et les coliques, de nature nerveuse plutôt qu'inflammatoire, ont quelque chose de spécial. *Les préparations arsénicales* n'offrent rien en quelque sorte de caractéristique, et ce n'est que par voie d'exclusion qu'on peut diagnostiquer cet empoisonnement. Il en est de même pour *les antimoniaux.* Enfin, avec *l'azotate de potasse, les sels de baryte,* la saveur est amère, non métallique, et les symptômes nerveux ou convulsifs sont plus fréquents, plus intenses qu'avec les autres poisons minéraux.

II.—LES POISONS ORGANIQUES n'offrent pas la même homogénéité dans leur mode d'action que les poisons inorganiques. Beaucoup, en particulier *les substances âcres, irritantes, vésicantes, drastiques,* donnent lieu à peu près aux mêmes effets locaux, aux mêmes modifications organiques et fonctionnelles que ces derniers, ou plutôt à un ensemble de symptômes analogues à ceux qui constituent le choléra sporadique ou épidémique peu intense ; c'est ainsi qu'agissent, sauf quelques exceptions, les *poisons* fournis par *les familles des aroïdées, narcissées, amaryllidées, asparaginées, colchicées, liliacées, iridées, aristolochiées, polygonées, daphnées, euphorbiacées* (excepté le suc de manhiot, qui contient de l'acide cyanhydrique), *curcubitacées, chénopodées, plombaginées, globulariées, primulacées, gratiolées, gentianées, convolvulacées, campanulacées, térébinthacées, rhamnées, polygalées, violariées, balsaminées, rhutacées, renonculacées,* la plupart *des champignons, les cantharides, les viandes de charcuterie,* etc. Plusieurs de ces poisons donnent lieu, en outre, à des symptômes convulsifs ou tétaniques, et, plus rarement, à des effets narcotiques. Quelques-uns exercent une action spéciale sur les organes de la génération, produisent la nymphomanie (gratiole), le priapisme (cantharides), l'avortement (rue, sabine).

III.—Il est des *poisons organiques* qui agissent sur le

système nerveux, spécialement sur le cerveau, donnent lieu à un ensemble de symptômes désigné sous le nom de *narcotisme*, caractérisé par de la pesanteur de tête, de la céphalalgie frontale, avec constriction aux tempes, étourdissements, bourdonnements, vertiges, démarche vacillante ou impossible, hallucinations, délire gai, triste ou furieux, stupeur, coma. Les pupilles sont contractées, le plus souvent dilatées avec trouble de la vue, cécité passagère ; la chaleur de la peau est ordinairement augmentée, quelquefois avec éruptions spéciales, démangeaisons. Il y a fréquence ou ralentissement et plénitude du pouls, sécheresse de la bouche, soif, gêne de la parole, de la déglutition, nausées, vomissements, constipation, plus rarement diarrhée, rareté, suppression d'urines ou difficulté dans l'excrétion, et, lorsque le coma est profond, gêne de la respiration, avec symptômes d'asphyxie, relâchement des sphincters, excrétion involontaire des matières fécales. La mort survient par l'aggravation de l'état comatique et asphyxique. Le rétablissement, s'il a lieu, est assez prompt, assez complet. De la céphalalgie avec pesanteur de tête, des troubles des sens, des paralysies partielles peuvent succéder à ces empoisonnements. Tel est le mode d'action *des opiacés, des solanées et ombellifères vireuses, des caprifoliacées, des digitales, de l'if, du hachisch, de la nielle, de plusieurs légumineuses, des alcooliques, des gaz de la combustion, de l'éclairage et oxycarbonés*, etc.

Avec les narcotiques purs, *les opiacés, les solanées, le hachisch, les gaz oxycarbonés*, les symptômes gastro-intestinaux paraissent plutôt dépendre de la modification cérébrale que de l'irritation gastro-intestinale ; tandis que, avec les autres narcotiques, ils participent de l'une et de l'autre cause ; aussi, en ce cas, ils sont bien plus intenses, et s'accompagnent, assez souvent, de symptômes convulsifs ou tétaniques ; c'est ce qui a lieu avec la ciguë vireuse et surtout l'œnanthe. La digitale ralentit d'une manière très-

marquée la circulation. Avec les opiacés les pupilles sont
plus souvent contractées que dilatées, et le délire, les hallucinations moins constantes, moins prononcées qu'avec
les solanées. Le hachisch donne lieu à un délire ravissant,
fantastique. Ces caractères, ceux des matières des vomissements, qui, dans beaucoup de cas, offrent des traces du
poison, ou du moins les caractères organoleptiques, pourront, à priori, distinguer ces divers empoisonnements, surtout si on ajoute les circonstances dans lesquelles ils se
sont effectués.

IV.—Il est *des poisons* qui paraissent exciter ou plutôt
troubler le système nerveux, la circulation, les organes
des sens un peu à la manière des narcotiques ; mais à ce
premier effet, qui n'est que passager, succède promptement l'extinction graduelle de l'intelligence, de la sensibilité, de la motilité, puis de la respiration, de la circulation et autres fonctions qui sont sous la dépendance du
système nerveux dit de la vie organique. C'est ainsi
qu'agissent *l'éther, le chloroforme et autres agents anesthésiques,* peut-être aussi les *gaz hydro et oxy-carbonés,* le
protoxyde d'azote, les gaz cyanogène et cyanhidrique respirés
par petites quantités. Les circonstances dans lesquelles
s'est effectuée l'intoxication, les caractères organoleptiques
spéciaux à ces poisons, dont s'imprègnent les matières des
vomissements, l'air expiré, etc., l'instantanéité des effets,
leur peu de durée, leur nature syncopale ou asphyxique,
permettront d'établir le diagnostic différentiel de ces divers
empoisonnements, de les distinguer de ceux produits par
les narcotiques.

V.—D'autres *poisons organiques* agissent soit directement, soit par action réflexe sur la moelle épinière, et secondairement sur les muscles des organes qu'elle a sous
sa dépendance. Les effets consistent principalement en des
accès convulsifs et tétaniques intermittents, très-rappro-

chés, affectant tout le système musculaire, caractérisés par des roideurs, des fourmillements dans les membres, des secousses convulsives, rapides, douloureuses. Pendant l'attaque les membres sont roides, les doigts, les orteils fortement contractés, ce qui rend la démarche, la station impossibles. La tête est portée en arrière, le dos voûté, comme dans l'opisthotonos. La rigidité musculaire est quelquefois telle que le corps peut être soulevé d'une seule pièce. Il y a trismus, gêne extrême de la respiration. La déglutition est impossible. Le pouls est petit, serré. L'intelligence reste ordinairement intacte. A cet accès, de la durée de quelques minutes à un quart d'heure, succède une intermittence de la même durée avec grand affaissement, bientôt suivie d'un autre accès tétanique plus violent que le premier, pendant lequel les muqueuses, les ongles se cyanosent par l'imperfection de la respiration. Cette espèce d'asphyxie est due, d'après M. Magendie, à la contraction des muscles de la respiration; d'après MM. Ségalas, Marsal-Hall, à la contraction spasmodique des muscles de la glotte. Si on n'y remédie par l'insufflation (Magendie), par la trachéotomie (Marsal-Hall), le malade peut succomber au troisième ou quatrième accès.

Tel est le mode d'action *des strychnées* (noix vomique, fève Saint-Ignace, fausse angusture, eupas tieuté, strychnine, brucine, etc.). *La coque du Levant*, plus rarement *le camphre, le redoul, les colchicacées, les aconits,* quelques *poisons narcotiques, narcotico-âcres, même irritants,* peuvent donner lieu aussi à des accès tétaniques, mais les accidents nerveux, du moins chez l'homme, sont moins constants, moins intenses, n'offrent pas une intermittence aussi tranchée, revêtent plutôt le caractère convulsif que tétanique, et s'accompagnent, en outre, d'accidents gastro-intestinaux plus inflammatoires, ou de symptômes de narcotisme.

VI.—Il est des *poisons organiques* qui participent à la

fois du mode d'action des poisons narcotiques et tétaniques, en **outre** de leur effet irritant sur le tube intestinal. C'est ainsi que paraissent agir *les aconits, les digitales, le redoul, les rhododendrum, les azalea, le sumac des corroyeurs, l'œnanthe, plusieurs champignons et apocynées,* etc.

VII.—**Enfin,** *les gaz sulfhydrique, des égouts, des fosses d'ai-sance, et autres gaz sulfhydratés, les matières animales en putréfaction, les gaz auxquels elles donnent naissance, la viande des animaux surmenés, le venin des animaux veni-meux, les poisons septiques* des auteurs, etc., paraissent agir en modifiant l'hématose, en rendant le sang diffluent, incoagulable, facilement décomposable. Ce liquide, ainsi modifié, est moins excitant, s'infiltre dans les tissus des organes, trouble leurs fonctions, et, quoique les effets de ces divers poisons ne soient pas tout à fait comparables, ils se réduisent en un état d'affaissement, d'hyposténie générale, avec syncopes, lypothymies, troubles nerveux, etc., et, dans les cas de mort, la dissociation des éléments organiques, la putréfaction sont très-promptes.

Cet exposé rapide indique les poisons inorganiques, organiques et gazeux qui ont entre eux quelque analogie quant à leurs effets. Il ne faut pas cependant accepter ces données d'une manière absolue, car plusieurs modifiant à la fois divers systèmes d'organes, de fonctions, font partie de plusieurs groupes; cependant, en s'aidant des caractères organoleptiques, de la prédominance, de la nature de tels ou tels symptômes, il sera possible, dans la plupart des cas, de les rapporter à leur groupe spécial.

Les effets se manifestent ordinairement aussitôt après l'ingestion du poison ou dans la première heure, rarement plus tard. Dans l'empoisonnement par les champignons, les aliments préparés ou conservés dans des vases en cuivre, ils se déclarent quelquefois, 4, 6, 12 heures après. Leur apparition est aussi retardée par le sommeil, par la plénitude de l'estomac, la nature des matières alimentaires, par l'exercice, les stimulants dans l'empoisonnement par les narcotiques. Une fois développés, leur marche est continue et assez constante. Il peut bien y avoir des alternatives de soulagement, d'aggravation, mais presque jamais une intermittence complète. Telle est du moins l'opinion qui a été soutenue par MM. Orfila, Devergie, dans un cas d'intoxication par le laudanum, tandis que MM. Lassaigne, Delafond, Regnault, d'après des expériences sur les animaux, ont émis une assertion contraire. Dans quelques cas d'empoisonnement par les arsenicaux, les champignons, les opiacés, le plomb, les accidents se sont tellement amendés pendant un certain temps, qu'on a pu croire à leur disparition complète; reste à savoir si toutes les fonctions ont été examinées avec soin. Ainsi, malgré l'état calme du malade, la disparition des symptômes gastro-intestinaux, M. Andral soupçonna un empoisonnement, porta même un pronostic grave, par cela seul que la peau était froide, les battements du cœur et du pouls faibles. La personne avait pris de l'arsenic. L'intermittence pourrait se concevoir dans l'intoxication par les poisons qui forment des composés insolubles avec les matières alimentaires, qui ne sont qu'incomplétement neutralisés par les contre-poisons; nous doutons cependant qu'elle fût complète. Nous ne parlons pas de celle qu'on observe avec les strychnées, parce qu'elle est de trop courte durée.

L'intoxication présente ses anomalies, comme, du reste, les autres états morbides, et les effets peuvent varier selon les circonstances individuelles, extérieures ou relatives au poison. Une femme, en croquant de *l'acide arsénieux en morceaux*, succombe en 6 heures dans un état hyposthénique sans symptômes locaux appréciables. *L'acide oxalique*, selon la dose, son degré de dilution, agit comme tétanique, narcotique, abolit la contractilité du cœur, ou détermine l'inflammation du tube intestinal. *Ce poison, l'acide arsé-nieux, le sublimé,* etc., ont produit la mort en quelques heures, en donnant lieu à des symptômes convulsifs très-intenses. Ils peuvent donner lieu aussi à un état de stupeur, à des paralysies ou insensibilités partielles. La *nicotine* détermine des convulsions tétaniques lorsqu'elle intoxique promptement. De trois personnes qui mangent une soupe contenant de *la jusquiame,* l'une est prise de narcotisme, l'autre d'accidents tétaniques, la troisième de paralysie de la moitié du corps. Dans le chapitre consacré au pronostic, nous reviendrons sur ces anomalies, et indiquerons les diverses circonstances qui peuvent modifier les effets des poisons.

B.—Empoisonnement lent.

Les empoisonnements lents, c'est-à-dire les accidents produits par les poisons qui pénètrent dans l'économie par petites doses à la fois, mais souvent répétées ou succes-sives, sont bien plus fréquents qu'on ne le pense, et bien souvent attribués à tout autre cause. Ils résultent ordinai-rement de l'usage trop prolongé soit des médicaments, soit des boissons, des aliments préparés ou conservés dans des vases métalliques, en poterie commune; soit du séjour dans un lieu ou se dégagent, se produisent les matières gazeuses. Nous citons aussi quelques exemples d'homi-cides avec les acides administrés dans une boisson, avec les arsenicaux, les opiacés, etc., donnés par doses suc-cessives.

Quoique les effets lents produits par les poisons inorga-niques soient au fond de même nature, consistent surtout en des désordres de la digestion, de l'assimilation, de l'in-nervation, aboutissent, en définitive, à un état de marasme cachectique ou scorbutique, ils offrent cependant quelques caractères spéciaux que nous croyons devoir indiquer succinctement. D'après Hufeland, l'usage prolongé du

phosphore peut occasionner de la cardialgie, des vomissements, le marasme, la fièvre hectique, etc. MM. Roussel,
Sédillot, etc., ont signalé le ramollissement, l'ulcération des
gencives avec nécrose, carie des dents, des os maxillaires,
chez les personnes qui préparent les allumettes phosphorées. L'usage trop prolongé *des iodés* produit d'abord
l'exaltation des organes génitaux, des sens, la salivation,
une inflammation spéciale de la muqueuse oculaire, des
sinus frontaux avec céphalalgie frontale, gravative, l'œ-
dème de la glotte, l'atrophie des seins, des testicules, du
tissu graisseux, des palpitations, un état cachectique, et,
d'après quelques auteurs, la surdité, la paralysie des membres inférieurs, une espèce d'aliénation mentale ; accidents
qui nous paraissent bien exagérés. *Le bromure de potassium*, à dose progressivement élevée, amène l'anesthésie
des organes des sens, de la génération, du système nerveux
et locomoteur, surtout du pharynx, de l'isthme du gosier,
de la conjonctive, organes qu'il rend insensibles aux stimulants (M. Huette). L'usage *des acides* détermine une
espèce d'émaciation due, soit à une affection chronique de
l'estomac, soit à une modification de l'assimilation, même,
d'après quelques faits, paraît prédisposer à la phthysie. *Les
alcalins, leurs carbonates* modifient l'état plastique du sang,
la nature des sécrétions, produisent un état scorbutique
avec ramollissement des gencives, tendance aux hémorragies. *Aux préparations arsenicales* nous rapportons cet
état de malaise, de dégout pour les aliments, d'amaigrissement avec chute des poils, des ongles, d'esquammation de
l'épiderme, hydropisie, etc., accidents auxquels succom-
baient les personnes qui, tous les jours, prenaient 5 à
6 gouttes *d'acqua di Napoli*, soluté d'acide arsénieux. Fowler,
qui donnait l'acide arsénieux depuis 1/2 à 3/4 de grain dans
les 24 heures, a noté, comme principaux accidents, nausées,
anorexie, tranchées, vomissements, diarrhées, bouffissure
du visage, enflure des membres, tremblements nerveux.

paralysies partielles, etc. Plusieurs de ces accidents ont été observés aussi par le professeur Fuster et autres praticiens.

Une femme de chambre, par jalousie, met chaque jour un peu d'acide arsénieux dans la soupe de sa rivale, qui servait la même maîtresse; peu de temps après le dîner le poison est vomi avec les aliments sans accidents graves; mais le manége étant répété tous les jours, pendant six semaines, l'estomac acquit une sensibilité excessive; il se manifesta des douleurs d'entrailles, des crachements de sang, un amaigrissement extrême et une susceptibilité telle, que le moindre contact déterminait des spasmes, des convulsions; son estomac ne pouvait supporter aucun aliment; elle fut à la campagne, et se rétablit assez bien. A son retour à Paris, son ennemie implacable mit une forte dose d'arsenic en poudre dans son café; il en résulta des vomissements répétés, et on acquit alors seulement la certitude de l'empoisonnement. Cette malheureuse femme tomba dans l'état le plus déplorable; cependant elle se rétablit (Renault).

M. Millon (page 15) a constaté aussi cet état d'amaigrissement, avec développement extraordinaire du foie, des désordres fonctionnels, en rapport avec l'organe affecté, chez les chiens, dans les aliments desquels il introduisait, pendant plusieurs jours, 10 à 30 centigr. *d'émétique. Les mercuriaux* peuvent donner lieu à une espèce de fièvre lente avec exacerbations, chaleurs insolites, troubles fonctionnels de l'organe particulièrement affecté, ou bien, surtout chez les personnes exposées aux émanations mercurielles, à la tuméfaction de la muqueuse buccale, de la face, avec salivation, fétidité de l'haleine, ulcérations, liquéfaction du sang, tendance aux hémorrhagies, éruptions spéciales, chute des dents, nécrose des os maxillaires, tremblements, paralysies, etc. *Les cuivreux*, donnés comme médicaments, ont déterminé un état de dépérissement cachectique, scorbutique avec hémorragie des muqueuses, des coliques diarrhéiques, du ténesme, des vomissements, des douleurs d'estomac, du mal de tête, un affaiblissement progressif; accidents qui, sans nul doute, doivent s'observer aussi avec les aliments cuivreux. Chez les ouvriers affectés de colique de cuivre, M. Corrigan donne, comme caractéristique, une *liseré rouge-pourpre avec rétraction des bords des gencives*, des dents canines et bicuspidées. Il n'y a, dit-il, ni coliques aiguës, ni constipation, ni paralysies partielles comme avec le plomb. Qu'il nous suffise d'énoncer seulement les accidents déterminés par les préparations plombiques, données ou appliquées comme médicaments, ou chez les ouvriers, tels que la colique, l'anthralgie, la paralysie, l'anesthésie, l'encéphalopathie saturnines, ordinairement précédés, comme symptômes prodromiques, de la coloration des gencives, de la saveur, de l'haleine saturnines; enfin l'ictère, l'amaigrissement, des paralysies des muscles extenseurs des mains, des pieds, etc., qui quelquefois en ont imposé pour d'autres affections.

L'abus des plantes âcres, irritantes, peut donner lieu à une affection chronique du tube intestinal, et, par suite, à un état d'amaigrissement. *Les narcotiques ou stupéfiants,* quoique l'économie paraisse s'y habituer en quelque sorte, affaiblissent la sensibilité, la motricité générales, amènent une espèce d'hébétement, d'affaissement moral, et, en ralentissant la digestion, les phénomènes d'assimilation, produisent l'amaigrissement. Nous n'avons pas besoin de signaler les accidents que détermine l'abus des *alcooliques.* Quant à ceux produits par l'usage *des viandes altérées, décomposées, enfumées,* nous les avons indiqués avec quelques détails, quoiqu'ils soient plutôt du ressort de l'hygiène (tom. II, page 657).

C.— Effets consécutifs.

Les lésions organiques et fonctionnelles qui persistent après l'élimination du poison constituent les effets consécutifs. Il est bien difficile, dans beaucoup de cas, de savoir si les effets ne dépendent pas encore de la présence du poison; nul doute que les douleurs épigastriques, les vomissements, les coliques, la diarrhée ou la constipation, l'état de maigreur, etc., qui succèdent aux effets immédiats des *poisons acides, alcalins, et autres poisons âcres, caustiques*, ne soient exclusivement consécutifs, ne dépendent surtout des lésions du tube intestinal. La dispépsie, l'épigastralgie, l'insensibilité, la paralysie, la contracture des muscles fléchisseurs des mains, des pieds, qu'on observe quelquefois dans l'empoisonnement par *les préparations arsenicales*, sont sans doute aussi sous la dépendance des lésions du tube intestinal, du système nerveux ou musculaire. En est-il de même dans les cas d'empoisonnement lent par *ces poisons, par les préparations cuivreuses, antimoniales, mercurielles, plombiques*, etc., surtout lorsque les accidents se déclarent chez des personnes qui, depuis six mois, un an et plus, ne travaillent plus ces dernières préparations? Il est difficile de se prononcer, puisque l'analyse a démontré la présence de ces poisons dans les organes longtemps après que les personnes en avaient cessé l'administration ; qu'ensuite, surtout avec le mercure, le plomb, ces accidents peuvent se développer, réapparaître sous l'influence de l'iodure de potassium, sel qui rend ces poisons solubles. Quant aux effets observés après l'empoisonnement *par les narcotiques*, les poisons qui agissent sur le système nerveux cérébro-spinal, nul doute qu'ils ne soient consécutifs. Il serait important, sous le point de vue thérapeutique, de pouvoir distinguer les effets consécutifs de ceux qui dépendent encore de la présence du poison ; comme cela n'est guère possible, du moins pour un certain nombre, nous avons réuni ces deux genres d'effets dans l'article précédent.

II. — Lésions toxicologiques.

De l'ensemble des effets, exposés dans l'article précédent, on peut déduire, à priori, les altérations pathologiques produites par les divers groupes de poisons. Les *poisons dits âcres, irritants, caustiques*, étant donnés ordinairement à doses assez élevées, il est rare qu'ils ne laissent pas de traces de leur effet local. Les organes qui en ont reçu le contact sont congestionnés, irrités, enflammés, cautérisés, ramollis, ulcérés, perforés, offrent quelquefois des colorations particulières en rapport avec la nature de certains poisons ; *en jaune* avec l'iode, les acides azotique, hypo-azotique, l'eau régale; *en noir* avec les acides sulfurique, chlorhydrique, phosphorique, acétique, etc. Ces diverses lésions, qui peuvent se rencontrer sur le même organe, et quelques-unes même s'étendre aux tissus, aux organes contigus, sont ordinairement en rapport avec le degré de causticité du poison, la nature, la quantité de matières avec lesquelles ils sont mélangés. Elles siégent surtout dans la grande et petite courbure de l'estomac, quelquefois dans le duodénum, rarement dans les petits intestins, assez souvent dans les gros, et ne s'observent à la bouche, au pharynx, à l'œsophage, qu'avec les poisons très-caustiques. Ces lésions ne sont pas toujours le résultat de l'action directe du poison; on les trouve aussi, du moins l'état congestionnel, inflammatoire, même les ulcérations, quand le poison a pénétré par toute autre voie. Le sang, si ce n'est avec les acides, est ordinairement diffluent, visqueux, peu coagulable, foncé en couleur ; ce qui explique l'état congestionnel des organes parenchymateux, de la rate, du foie, des poumons, surtout lorsque l'intoxication s'est prolongée pendant un certain temps. Les muqueuses participent alors de cet état, sont colorées en brun noirâtre, offrent des taches de même couleur, taches qui quelquefois, surtout lorsqu'elles siégent sur la muqueuse gastro-intestinale, ont été considérées comme de nature inflammatoire. Les matières des vomissements, celles du tube intestinal, offrent aussi, de même que les tissus, des colorations spéciales, renferment souvent le poison, appréciable directement à la vue, à l'odeur, etc. S'il y a perforation, on observe des traces de péritonite, à moins que le malade ait succombé avant qu'elle puisse se développer. Avec les poisons minéraux, les lésions ne sont pas toujours aussi évidentes, aussi tranchées; quelquefois, même avec le poison le plus important, l'arsenic, elles n'offrent rien de caractéristique, sont peu marquées.

Lorsque le malade a succombé dans la période des effets consécutifs, les traces de congestion, d'inflammation, peuvent manquer complétement, ou bien cette dernière peut être passée à l'état chronique; alors la muqueuse gastro-intestinale est d'un gris-ardoise, ramollie, friable. Aux ulcérations, aux escarres succèdent des cicatrices blanches ou rosées, plus ou moins étendues, intéressant quelquefois toute l'épaisseur des parois intestinales, dont les bords adhèrent intimement au foie, à la rate, etc. L'estomac, les intestins sont fortement rétrécis; le pylore dur, squirreux; l'œsophage, comme disposé par colonnes, est aussi très-étroit. Enfin, la peau est terreuse, comme collée aux os, et le cadavre dans un état d'amaigrissement extrême.

Dans *l'empoisonnement par les narcotiques purs*, les lésions de nature inflammatoire s'observent rarement du côté du tube intestinal. Elles consistent surtout dans un état congestionnel très-marqué des membranes du cerveau, du tissu sous-arachnoïdien, des sinus, de ses vaisseaux. Cet organe est piqueté. Il y a souvent épanchement séro-sanguinolent dans les ventricules. Le système veineux, les cavités droites du cœur contiennent aussi beaucoup de sang ordinairement liquide. Les poumons, quand l'intoxication se prolonge, sont aussi congestionnés. Les mêmes lésions, l'état apoplectique du tissu sous-arachnoïdien s'observent avec les alcooliques, et la lésion dominante est la congestion pulmonaire avec les gaz asphyxiants.

Les poisons anesthésiques ne laissent pas de traces de lésions appréciables; ou bien ce sont celles de l'asphyxie, de la syncope. Le cœur est ordinairement mou, flasque, le sang diffluent, liquide, mousseux, ou mêlé à des bulles d'air, et les poumons quelquefois emphysémateux.

Avec *les poisons convulsivants ou tétaniques*, la moelle épinière, ses vaisseaux, ses membranes sont fortement congestionnés : la première est quelquefois enflammée, ramollie; de la sérosité sanguinolente existe dans la séreuse. Ces lésions siégent surtout à la partie supérieure de la moelle, dans les points correspondant au plexus nerveux des membres où les convulsions ont été les plus violentes. Comme les animaux meurent asphyxiés, les poumons sont aussi fortement congestionnés. Des lésions se rencontrent rarement dans le tube intestinal, ou bien elles sont peu intenses.

Dans *l'empoisonnement par les poisons narcotico-âcres, âcres et tétaniques*, les lésions siégent à la fois sur le tube intestinal, le cerveau ou la moelle épinière.

Enfin, *dans l'intoxication par les poisons septiques*, le sang veineux et artériel est brun verdâtre ou noirâtre, incoagulé, extravasé dans les tissus parenchymateux, les muqueuses, ce qui rend ces organes mous, très-putrescibles.

III. — Mode d'action des poisons.

Peut-on, d'après les effets, les lésions, remonter au mode d'action des poisons? connaître la nature intime de ces effets, de ces lésions? savoir par quel mécanisme les

poisons produisent la mort ? Pour répondre à ces ques‑
tions, il faudrait connaître la vie dans son essence, et elle
ne nous apparaît que dans ses manifestations ; savoir si les
corps organisés sont soumis aux mêmes forces , régis
d'après les mêmes lois que les corps anorganiques, comme
le pensent les organiciens purs, ou bien si une force spé‑
ciale (force vitale, principe vital, etc.) préside à leur for‑
mation, à leur développement, à leur conservation, d'après
les vitalistes ; questions ardues, insolubles, comme, du
reste, tout ce qui tient à l'essentialité des choses, et qui ont
exercé en vain la sagacité des hommes de génie.

En nous renfermant dans notre sujet, nous ferons
remarquer que les vitalistes, comme les organiciens, ne
peuvent contester que la matière, dans l'organisme en
action, se trouve dans des conditions différentes que dans
l'organisme mort ou privé de vie, et, qu'après avoir reçu
l'impulsion vivifiante ou l'organisation, par une cause qui
probablement nous restera toujours inconnue, il se pro‑
duit, soit en elle-même, soit entre elle et les agents exté‑
rieurs, des modifications spéciales, par suite desquelles elle
s'accroît, parcourt ses diverses périodes ; que c'est même
par le concours des agents extérieurs qu'elle se maintient
à l'état vivant.

Comme les phénomènes dans les corps vivants sont de
nature chimique, physique, dynamique ou vitale, tout corps,
tout agent qui enrayera un ou plusieurs de ces phénomènes
amènera la maladie ou la mort, plus ou moins prompte‑
ment, selon leur importance. Chez les êtres les plus sim‑
ples en organisation, le phénomène vital fondamental con‑
sistant dans l'assimilation immédiate des matériaux que
l'animal trouve dans le milieu ambiant, l'action du poison
sera simple, comme l'organisme, le phénomène lui-même.
Dans les animaux des classes élevées, plusieurs appareils
organiques concourent simultanément au maintien de la
vie, ils sont même dans une dépendance tellement réci‑

proque, que si l'un d'eux vient à être lésé, le jeu des autres se trouve enrayé, et par suite la santé compromise. L'appareil destiné à préparer les matériaux alibiles n'est pas d'une importance si immédiate que sa fonction ne puisse être suspendue pendant un certain temps, puisque des hommes ont pu vivre pendant vingt et un jours sans prendre d'aliments; aussi la mort ne survient-elle promptement que lorsque les lésions de cet appareil sont assez intenses pour réagir sympathiquement sur les autres. Elle est lente, au contraire, lorsque ces lésions s'opposent seulement à la digestion (voyez *Poisons, acides, alcalins*, etc.). L'appareil respiratoire est tellement important, que tout être organisé ne peut se passer d'air, même pendant très-peu de temps; aussi, les agents qui s'opposent à cette fonction, soit mécaniquement (gaz asphyxiants), soit chimiquement (gaz qui s'emparent de l'oxygène), soit indirectement ou par l'intermédiaire du système nerveux (strychnées, agents anesthésiques, etc.), éteignent promptement la vie. Il en est de même des poisons qui ont une action chimique sur le sang (la plupart des poisons minéraux), ou dynamique sur le cœur (chloroforme, digitale, etc.), organe destiné à répandre ce liquide réparateur dans tous les tissus. Le système nerveux, dit la vie de relation, peut cesser ses fonctions pendant un certain temps, sans que la vie soit immédiatement compromise. C'est tout le contraire pour le système nerveux, qui préside aux phénomènes de la chimie vivante, autrement dit de la vie organique, qui sert de lien entre cette dernière et celle de relation. La mort est alors prompte, immédiate. Le rôle des organes sécréteurs peut aussi être suspendu pendant un certain temps, d'autant plus que quelques-uns peuvent se suppléer momentanément; cependant les poisons qui accroissent d'une manière exagérée la sécrétion gastro-intestinale peuvent amener la mort assez promptement. Quant au foie, organe à fonction très-complexe et encore incomplétement connue, comme il est destiné à fabriquer du sucre, à faire subir au sucre de canne une modification particulière qui le rend propre à être brûlé dans l'acte de la respiration, qu'il n'en fabrique plus dans la dernière période de la vie (M. Bernard), ne pourrait-on pas admettre que les poisons produisent la mort en s'opposant à cette fonction ,soit en agissant directement sur le foie, tels que les poisons inorganiques, qui se condensent spécialement dans cet organe ; soit indirectement, tels seraient ceux qui agiraient sur la partie du bulbe rachidien qui préside à cette importante fonction (agents anesthésiques, etc).

Nous venons d'exposer en quelque sorte la manière d'agir des poisons, ou plutôt par quel mécanisme ils peuvent produire la mort. L'action simple, unique dans les animaux inférieurs, sera d'autant plus complexe qu'on s'élèvera dans l'échelle animale. Comme dans tous les tissus vivants, il se passe deux ordres de phénomènes fondamentaux qui constituent essentiellement la vie, l'un chimique et l'autre dynamique ou vital; que ces deux phénomènes sont dans une dépendance tellement réciproque, que l'un ne peut exister sans l'autre, l'action intime des poisons doit donc porter sur l'un de ces phénomènes, ou sur les deux simultanément ou successivement.

C'est évidemment par leur action chimique et en réagissant sur les produits immédiats du sang, de nos organes qu'agissent les poisons minéraux. D'après Liebig, 100 gram. de fibrine saturent 3 4/10 d'acide arsénieux et 5 de sublimé, et la même quantité d'albumine, 1/4 d'acide arsénieux. Si ces réactions se passaient absolument de même dans l'organisme vivant, on conçoit combien peu il faudrait de ces poisons pour anéantir la vie. Les autres poisons de cette section formant aussi des composés insolubles avec les produits organiques, agissent évidemment de même ; ceux qui sont formés d'un acide végétal (tartrates, acétates. etc.), étant transformés en carbonates, en se combinant avec 8 équivalents d'oxygène, s'opposent en outre à l'artérialisation du sang (Liebig). Enfin les acides, les alcalis réagissent aussi sur les éléments, les sels du sang.

Quelques chimistes sont portés à admettre que les poisons agissent en déformant les globules du sang, siége de l'hématose. Quoique cette modification ait été constatée dans l'empoisonnement par le chloroforme, l'acide cyanhydrique; que M. Brainard, professeur à Chicago, ait trouvé, sur les pigeons piqués par le *crotalophorus trigemmus,* les globules rouges presque sphériques, les globules blancs groupés entre eux sous forme de masses mamelonnées ; que MM. Dumas et Bonnet aient aussi noté cette déformation, en mélangeant le sang avec les poisons, elle n'est pas constante d'après ce dernier auteur. D'ailleurs, ces observations ne s'appliquent qu'à un très-petit nombre de poisons, sont faites dans des conditions trop différentes pour en tirer des déductions générales.

L'effet de quelques poisons est trop prompt, trop passager pour admettre qu'ils agissent chimiquement. Puisque par la pression des nerfs, la sensibilité, la motilité des parties où ils se distribuent peuvent être suspendues ; que le chloroforme et autres agents anesthésiques, les narcotiques, le froid produisent le même résultat; qu'injecté dans les veines l'opium abolit momentanément la contraction du cœur, et le café la réveille; que la strychnine excite la motilité; que le curare anéantit la sensibilité, la nicotine l'irritabilité musculaire, deux effets isolés que produisent aussi plusieurs autres substances injectées dans les veines, (M. Flourens, page 756, t. II), il n'est pas déraisonnable d'admettre que *les poisons narcotiques, anesthésiques, tétaniques,* etc., intoxiquent plutôt par un effet dynamique, en agissant sur le système nerveux ou musculaire, et modifiant soit isolément, soit simultanément et par action directe ou reflexe, les principales propriétés qui constituent le dynamisme vital, la sensibilité, la contractilité, propriétés si étroitement enchaînées, ou plutôt les organes qui en sont le siège.

M. Magendie ayant constaté que les animaux ne peuvent supporter un abaissement de température de plusieurs degrés sans succomber, M. Brown-Sequard, qui a répété ces expériences, ne serait pas éloigné d'admettre que le froid produit par les poisons hyposthéniques soit cause de la mort; il en a retardé le terme, même dans quelques cas sauvé les animaux, en les plaçant dans une atmosphère chaude. Cette opinion paraît être partagée par MM. Duméril, Dumarquay, Lecointe, qui ont expérimenté les médicaments sous le point de vue de leur action sur la chaleur animale : plusieurs ont produit un abaissement de température assez marqué, et les animaux ont toujours succombé quand elle s'abaissait de 5°. Alors ils trouvaient un état congestionnel du grand sympathique, nerf qu'ils considèrent comme présidant aux phénomènes de la calorification. Ce fait concorde avec ce qu'on observe chez l'homme dans la seconde période de l'empoisonnement par les poisons hyposthénisants; reste à savoir si cet abaissement de température ne dépend pas plutôt d'un défaut d'hématose, par suite de l'action chimique qu'ils exercent sur le sang. Dans les expériences de MM. Magendie, Brown-Sequard, etc., les animaux ont supporté un abaissement de température bien plus considérable; et si l'on coupe le gand sympathique au cou, ou le ganglion cervical supérieur, la température s'accroît dans les parties où il se distribue; augmentation de chaleur que M. Brown-Sequard attribue à la stase du sang dans les vaisseaux, par suite de leur dilatation, de leur paralysie, tandis qu'elle s'abaisse si l'on stimule le bout du nerf supérieur (M. Bernard). Le froid dans la période hyposthénique pourrait aussi s'expliquer parce que le foie étant, de tous les organes, celui qui reçoit le plus de poison, fabrique moins de sucre, ou bien encore par

l'incomplète combustion de cet aliment calorifique ;
M. Reynoso a trouvé du sucre dans les urines toutes les fois
que, par une cause quelconque, la respiration était gênée,
qu'un animal était sous l'influence d'un poison ; fait qui a
été confirmé par M. Lecomte, chez les animaux empoisonnés par l'azotate d'uranium.

Cette excursion dans le domaine de la physiologie, partie sans laquelle ne peuvent progresser les autres sciences
médicales, si elle ne nous éclaire qu'incomplétement sur
l'action intime des poisons, démontre cependant qu'ils
produisent la mort en modifiant les phénomènes *d'hématose*, *d'innervation*, ou *de contractilité*, propriétés tellement
réciproques et dépendantes, que l'une ne peut être lésée
sans l'autre, ce qui explique l'apparente diversité d'action
des poisons, la complexité de leurs effets.

IV.—Pronostic toxicologique.

Le pronostic de l'empoisonnement est grave, non-seulement parce que l'économie se trouve sous l'influence
d'une cause qui tend sans cesse à enrayer les phénomènes
organiques et fonctionnels, mais encore par les accidents
consécutifs qui peuvent en résulter. Il varie selon la nature,
l'activité, la quantité du poison, son état d'agrégation, sa
solubilité, la voie d'introduction, les substances avec lesquelles il est mêlé, l'état de vacuité ou de plénitude de l'estomac, la nature des effets, des lésions ; selon l'âge, le sexe,
la constitution, l'idiosyncrasie, les conditions normales,
morbides, l'habitude, les professions, le traitement, la
période de la maladie, etc.

Le pronostic est d'autant plus grave que le poison est
plus actif, donné en plus grande quantité ; cependant, dans
quelques cas, des doses élevées d'acétate de morphine,
d'acide arsénieux, etc., n'ont pas produit plus d'effet que des
doses plus faibles, et les personnes se sont rétablies aussi

promptement. Les poisons dissous sont plus à redouter qu'à l'état solide, mais si les vomissements sont prompts, il y a plus de chances, dans le premier cas, pour qu'ils soient plus complétement expulsés. Le pronostic est bien moins grave lorsque le poison est mélangé aux matières alimentaires, surtout si elles sont de nature à le transformer en composé insoluble. Il en est de même s'il est administré dans l'état de plénitude de l'estomac ; alors l'absorption y est moins active, l'effet local moins intense, et une portion du poison est éliminée par les reins sans passer par la grande circulation (M. Bernard). Dans les empoisonnements multiples, pendant un repas, les personnes qui ont beaucoup mangé sont moins incommodées, en admettant que la dose du poison soit égale pour tous ; aussi les bateleurs, qui avalent de l'arsenic, ont-ils le soin de lester préalablement leur estomac, surtout avec des matières grasses, afin d'en ralentir l'effet, jusqu'à ce qu'ils l'aient expulsé par le vomissement. Le pronostic est d'autant plus fâcheux que le poison est déposé sur un tissu où l'absorption est plus active. L'état normal ou morbide du tissu, l'effet local du poison doivent être pris en considération, comme pouvant influencer son absortion.

Le pronostic est plus grave chez les enfants, en raison de la délicatesse de leurs organes, de l'activité de l'absorption, du volume absolu moindre du corps : ainsi des doses médicales de laudanum produisent quelquefois chez eux des accidents graves ou mortels. Ces inconvénients sont souvent compensés par la promptitude, la facilité des vomissements, l'élimination plus prompte du poison. Par les mêmes raisons, les femmes sont aussi bien plus influencées que les hommes, et chez elles, comme chez les enfants, les accidents nerveux, convulsifs, etc., sont bien plus fréquents, même avec les poisons qui ne les produisent que rarement. L'empoisonnement serait aussi moins grave chez l'adulte que chez le vieillard ; cependant, nous man-

quons de faits précis à cet égard. Les personnes fortement
constituées résistent souvent moins bien à l'effet du poison que celles qui sont faibles, délicates. Quant à l'idiosyncrasie, il en est qui éprouvent des symptômes du narcotisme par des doses ordinaires d'opium ; d'autres qui
vomissent avec la plus grande facilité ; par conséquent
celles-ci auront bien moins à redouter l'effet des poisons.
Nous doutons qu'on puisse s'habituer aux poisons minéraux sans que l'économie tombe dans un état de marasme,
de dépérissement, etc. Les arsénicaux, les cuivreux, les
mercuriaux, le plomb, etc., donnés même à dose médici-
nale, ont produit de graves accidents (voyez ces poisons,
page 120). S'il est des personnes qui aient remplacé les
alcooliques par l'acide azotique (Tartra), pris du sublimé
tous les jours, à la dose de 4 grammes, pour exciter les
forces digestives (Anglada), ces cas nous paraissent exceptionnels. Doit-on accepter sans contrôle l'habitude qu'auraient les habitants de la Styrie de prendre de l'arsenic
pour se donner de l'embonpoint, un teint frais, faciliter
l'ascension des montagnes, d'en administrer aux chevaux
pour les rendre plus fringants, plus potelés ? faits annon-
cés dans plusieurs journaux, et qui, dans les affaires crimi-
nelles, seraient invoqués, dit-on, par la défense. Les faits
d'empoisonnement lent par ce poison prouveraient le contraire (page 120). Il n'en est pas de même pour les plantes
vireuses, car des personnes ont pris, pendant vingt ans,
30 grammes de laudanum par jour sans inconvénient, et,
chose bien singulière, ces mêmes personnes éprouvent
quelquefois des symptômes d'intoxication par des doses
plus faibles. Les vidangeurs, les cuisiniers, les repasseuses,
les ouvriers des fabriques, etc., vivent dans des atmosphères
qui seraient asphyxiantes pour d'autres. La forme phar-
maceutique, l'époque du développement de la plante peuvent aussi avoir une certaine influence sur l'effet des poisons. Les plantes vireuses sont bien moins actives dans

leur jeune âge, et leurs organes n'offrent pas non plus le même degré d'activité.

Le raisonnement donnerait à supposer que les poisons dans l'état normal sont bien plus actifs que dans l'état morbide; cependant il n'en est pas toujours ainsi, puisque, dans le tétanos et autres névroses, la méningite cérébro-spinale, le choléra, etc., les malades supportent des doses insolites d'opium; que, dans la pneumonie, l'émétique et autres contre-stimulants sont administrés à doses très-élevées. Des maladies chroniques, l'ascite, etc., ont disparu sous l'influence d'un poison donné dans un but coupable. Les médecins rasoriens admettent même que l'effet des poisons contre-stimulants peut être annihilé par un état diathésique inflammatoire, et celui des poisons stimulants par un état morbide opposé. Plusieurs faits, quelle qu'en soit l'interprétation, viendraient à l'appui de cette assertion; cependant, dans une affaire d'empoisonnement, on ne doit pas les accepter d'une manière absolue, car nous rapportons des cas tout à fait opposés. Il faut tenir compte de l'état actuel de l'organe où est déposé le poison, de la maladie elle-même, de sa période, si elle est aiguë ou chronique, circonstances qui peuvent en faire varier l'effet.

Quant à la nature des poisons, en supposant le même degré d'activité, les poisons inorganiques sont bien plus à redouter que les poisons organiques; non-seulement parce qu'ils donnent lieu à des effets locaux très-graves, assez souvent suivis de lésions consécutives incurables, mais encore parce que, en raison de leur action altérante, désorganisatrice, ils produisent dans le sang, les organes, des modifications longues à guérir. Par les mêmes raisons, les poisons à effet dynamique, quoique plus actifs, toutes choses égales d'ailleurs, sont moins à craindre que les poisons à effet chimique.

Les empoisonnements accidentels sont moins graves que ceux par suicide, par homicide, parce que la quantité de poison ingérée est moindre, qu'ensuite les secours sont plus promptement administrés, et le malade s'y prête mieux. Les suicidés cherchent non-seulement à cacher leur action, mais prennent ordinairement des doses assez fortes de poison, en tiennent quelquefois en réserve, s'opposent même au traitement; aussi faut-il les surveiller avec soin. Le diagnostic des homicides étant souvent assez long, le poison est absorbé en plus grande quantité.

Le pronostic est plus fâcheux quand les effets constitutionnels se sont déjà manifestés, siégent sur les organes les plus importants, sont parvenus à leur plus haute période, concordent avec des lésions graves du tube intestinal, l'abaissement de température, la faiblesse, l'irrégularité du pouls, la suppression d'urine, etc. C'est tout le contraire lorsque le traitement a été employé avec vigueur dès le début, le poison en grande partie expulsé avant que les effets secondaires se soient manifestés, lorsque enfin il a été bien institué.

Pour chaque groupe de poisons, il y a des effets qui doivent spécialement fixer l'attention relativement au pronostic : avec *les poisons dits âcres, irritants*, il est d'autant plus grave que la cautérisation est plus profonde, le froid à la peau, la faiblesse du pouls plus intenses, la suspension de la sécrétion urinaire plus persistante : avec *les poisons narcotiques*, c'est le coma, la gêne de la respiration, qui offrent le plus de gravité : avec *les anesthésiques*, c'est aussi la gêne de la respiration et surtout les troubles de la circulation : avec *les tétaniques*, ce sont les symptômes tétaniques et asphyxiques : avec *les septiques*, en outre de la nature du poison, le pronostic est d'autant plus grave que les principaux organes ont été plus promptement envahis. Enfin, dans les empoisonnements lents, la gravité du pronostic se déduit des lésions plus ou moins profondes des organes gastro-intestinaux, des phénomènes de l'innervation, de l'assimilation.

CHAPITRE IV.

Thérapeutique toxicologique.

Les empoisonnements ayant lieu par accidènt, par erreur du médecin ou du pharmacien, par suicide ou par homicide, et les effets pouvant être *aigus, lents* ou *consécutifs,* nous diviserons le traitement *en prophylactique* et *curatif :* ce dernier sera divisé en quatre articles, selon la nature des effets, leur succession, etc.

I.—Prophylaxie.

Les empoisonnements accidentels s'effectuent, le plus souvent : 1° avec des poisons liquides ou solides, pris pour des boissons, des aliments, des condiments ; 2° avec des matières alimentaires, médicamenteuses altérées, préparées ou conservées dans des vases en poterie commune, en cuivre, en plomb, en zinc ou tout autre métal facilement oxydable; 3° avec des plantes toxiques, mélées à des plantes alimentaires (champignons, ombellifères, solanées vireuses, etc.); 4° avec des gaz provenant des lieux méphitiques (égouts, fosses d'aisances, etc.), des matières en combustion ou en fermentation (gaz de l'éclairage, de la combustion, d'un four à chaux, d'une cuve en fermentation, etc.). Si ces diverses circonstances et le moyen de prévenir ces accidents, d'y remédier, étaient mieux connus du public, ils seraient bien moins fréquents (voyez *Empoisonnement par les matières alimentaires et gazeuses).*

Les erreurs du médecin proviennent souvent de ce que, n'étant pas bien au courant de la nomenclature chimique, il emploie une expression pour une autre, celles de *sulfure de potassium, de sodium,* pour *de sulfate de potasse, de soude ; celle de bichlorure de mercure,* pour *du proto-chlorure,* etc. ; ou bi en parce qu'il prescrit des médicaments très-actifs, à dose trop élevée, n'indique pas bien le mode d'administration, associe des substances qui, par réaction chimique, donnent lieu à un produit toxique. Il éviterait ces causes d'erreur, en faisant suivre le nom scientifique du nom vulgaire, placé entre parenthèse (sublimé corrosif, foie de soufre, etc.), en précisant bien l'emploi du médicament, en notant sur son calepin la dose exacte des médicaments très-actifs qu'on peut donner en une seule fois, ou dans les 24 heures. Notre habitude est, avant de sortir de chez le malade, de relire la formule à faible voix. Nous avons ainsi une contre-épreuve *de visu et auditu.*

Les pharmaciens, leurs élèves, se trompent soit en lisant mal la formule, ce qui dépend souvent du médecin, qui semble l'avoir tracée en caractères illisibles, pour ne pas faire mentir le proverbe ; soit en donnant un médicament très-actif pour un autre, *l'acide oxalique pour du sulfate de magnésie,* etc., un externe pour un interne ; soit parce que le médicament est mélangé à des substances toxiques, *le sulfate de potasse avec du sublimé, du sel d'oseille ; le tartrate de potasse avec de l'arséniate de soude ; la rouille avec du kermès ;* soit parce qu'il est préparé dans des vases en cuivre malpropres ou oxydés. Ces erreurs, si souvent funestes, seraient évitées si le pharmacien renfermait exactement les substances actives dans une armoire, s'il apposait sur les flacons des étiquettes de couleurs différentes, comme cela se pratique dans les jardins botaniques pour indiquer les plantes médicales, toxiques et alimentaires ; s'il plaçait dans un lieu différent les préparations magistrales internes et externes ; s'il vérifiait la pureté des vases, des médicaments avant de les livrer au public ; si enfin, dans le cas ou une erreur étant commise par le médecin, il n'exécutait la formule qu'après lui en avoir fait part. Si les pharmaciens, et surtout les droguistes, les herboristes s'en tenaient à leur état, les empoisonnements seraient bien moins fréquents. Quant aux charlatans, c'est à la police à y veiller.

Il n'est pas de notre objet d'indiquer les causes morales, politiques, sociales et religieuses qui portent au suicide, à l'homicide par empoisonnement. C'est un sujet bien digne d'étude. Au diagnostic, nous en donnons une espèce de statistique. On pourrait les rendre moins fréquents en ne délivrant *absolument* les médicaments actifs que sur l'ordonnance du médecin ; ou bien, si c'est un poison employé dans les arts, l'agriculture, en ne le donnant *expressément* que sur la déclaration *par écrit* de la personne, sur l'usage qu'elle en veut faire, attestée par celle d'un magistrat du lieu. Ces précautions sont d'autant plus utiles que plusieurs suicidés se sont procuré des doses toxiques d'émétique, de laudanum, etc., en demandant des doses médicamenteuses chez plusieurs pharmaciens, et les criminels des préparations arsenicales, cuivreuses, phosphorées, etc., en prétextant tout autre emploi. La police devrait aussi être bien plus sévère pour la vente des produits commerciaux toxiques.

II.—Traitement curatif.

Dans tout empoisonnement, il y a trois indications qui, en définitive, se réduisent à deux : 1° empêcher l'absorption du poison ; 2° le neutraliser par un contre-poison ; 3° en combattre les effets.

1re Indication (empêcher l'absorption du poison).

Si le poison a été appliqué *sur la peau, sur une plaie, une muqueuse externe*, il faut faire des lotions avec de l'eau simple ou chargée de substances émollientes, du contre-poison, appliquer une ligature du côté du cœur, ou mieux encore des ventouses sèches ou scarifiées sur la partie. Dans quelques cas, comme dans la morsure par les animaux venimeux, on la scarifie profondément, afin d'entraîner le poison par le sang qui s'écoule de la plaie, ou bien on la cautérise soit avec le fer rouge, soit avec d'autres caustiques, l'acide sulfurique, la potasse, le chlorure d'antimoine, l'ammoniaque, le chlore, l'iode, le brome, selon la nature du poison, la position, le volume, la texture des parties, etc. Tout récemment, M. Reynoso a essayé plusieurs de ces caustiques sous le point de vue de leur causticité, de l'influence qu'ils exerçaient sur le curare. Il a constaté : 1° que l'acide sulfurique n'altérait pas ce poison ; 2° que l'iode, le chlore l'altéraient en partie ; 3° que le brome, métalloïde qui possède des propriétés caustiques très-actives, le dénaturait complétement ; par conséquent, sous ce double rapport, le brome serait préférable contre la morsure des animaux venimeux, car, probablement, il agirait sur les venins comme sur le curare. M. Reynoso se propose de l'expérimenter contre la morsure des chiens enragés.

Les expériences de M. Barry, répétées par Laennec, Orfila, MM. Andral, Adelon, rapporteur, démontrent que les ventouses sèches peuvent arrêter, suspendre les effets de la strychnine, de l'acide cyanhydrique, du venin de la vipère, de l'eupas ticuté, déposés sur un muscle, le tissu cellulaire, si elles sont appliquées à temps et pendant 1/2 heure, que leur effet, même après avoir été enlevées, se prolonge encore pendant 1 heure et 1/2 à 2 heures. Fontana propose l'amputation du doigt ou de la partie, quand cela est possible, dans les 20 premières secondes de l'application du toxique, amputation qui, d'après Barry, peut être remplacée par les ventouses. M. Brainard, en outre des ventouses, emploie l'iodure de potassium, qui, d'après M. Reynoso, agit comme caustique ; aussi le brome lui est-il préférable. Dans l'empoisonnement par les animaux venimeux, nous avons vu que ces divers agents locaux étaient impuissants lorsque les symptômes généraux s'étaient déclarés, même lorsque les effets s'étaient déjà propagés au delà de la partie mordue. Il serait prudent pour les chasseurs, les personnes qui sont exposées à être piquées par les serpents venimeux, à être mordues par des animaux enragés, de porter avec soi un petit flacon de brome et des ventouses en caoutchouc vulcanisé.

Si le poison a été introduit dans un conduit muqueux (vaginal, nasal, rectal, etc.), les lotions, les injections à l'eau simple ou tenant en solution le contre-poison, sont seules indiquées, la texture des organes, le voisinage des grandes cavités s'opposant à l'emploi des caustiques; cependant le nitrate d'argent, peut-être même le brome, n'offriraient aucun inconvénient, employés surtout avec précaution.

Dans l'intoxication par *les voies pulmonaires*, il faut placer le patient dans un endroit aéré, chasser l'air méphitique des bronches par l'insufflation de bouche à bouche ou à l'aide d'une sonde, rappeler la respiration par les moyens que nous indiquons dans l'empoisonnement par les matières gazeuses (tome II, page 700), et sur quelques-uns desquels nous reviendrons ci-après.

Dans l'empoisonnement *par la voie gastrique*, si le poison est de nature à provoquer des vomissements (poisons irritants), il faut les seconder par des boissons émollientes, mucilagineuses, albumineuses, lactées ou huileuses, en titillant la luette, la base de la langue avec la barbe d'une plume, et si les vomissements n'étaient pas assez fréquents, assez abondants, par l'emploi d'un émétique, dont on a beaucoup exagéré l'effet irritant, qui, bien certainement, est moins à redouter que le séjour du poison dans l'estomac. Les vomitifs sont surtout indiqués dans l'empoisonnement par les narcotiques, *le tartre stibié*, à la dose de 10 à 20 centigrammes ; *l'ipécacuanha*, à celle de 1 à 2 grammes ; *le sulfate de zinc*, à celle de 60 centigrammes à 2 grammes ; *le sulfate de cuivre*, à celle de 10 à 20 centigrammes. Ces vomitifs sont dissous ou suspendus dans deux ou trois tasses d'eau, et administrés en deux ou trois doses, à 6, 10 minutes, 1/4 d'heure d'intervalle. Dans quelques cas, l'émétique a été introduit dans le rectum et même injecté dans les veines.

POMPE GASTRIQUE.—Pour vider l'estomac, en extraire le poison, Monro a indiqué la pompe gastrique. Elle a été préconisée par Renault, Dupuytren, en 1803, et employée en 1812, avec succès, chez un enfant, dans un cas qui paraissait désespéré, par le docteur Physick de Philadelphie, deux fois, avec le même bonheur, par le docteur Dorsey, et une fois par M. Robert, dans un empoisonnement par l'acide arsénieux solide. Les Anglais, les Américains s'en servent très-souvent ; au contraire, très-peu les médecins français. Elle convient spécialement dans les cas d'empoisonnement par les narcotiques, qui, en stupéfiant l'estomac, le cerveau, s'opposent à l'effet des vomitifs ; dans les cas enfin où les vomissements ne sont ni assez prompts, ni assez abondants, si la cautérisation de l'œsophage, de l'estomac n'est pas une contre-indication.

L'appareil se compose d'une canule en gomme élastique, de 7 décimètres de long, sur 8 millimètres de diamètre intérieur, pourvue, à son extrémité stomacale, de trois ouvertures, dont deux latérales alternes et d'un diamètre moindre que la terminale. Le pavillon doit être assez large pour s'adapter à une seringue. Le malade étant couché sur le dos ou assis, la déplétion de l'estomac se faisant mieux dans cette position, d'après M. Lafargue, la sonde est introduite par la bouche ou les narines, selon les cas, les circonstances ; on y adapte la seringue, préalablement remplie d'eau ou d'un liquide mucilagineux, qu'on pousse peu à peu dans l'estomac. On l'aspire ensuite, et, après avoir vidé la seringue, on l'emplit de nouveau pour faire une nouvelle injection, et ainsi successivement jusqu'à ce qu'on suppose avoir enlevé tout le poison. La sonde doit être maintenue dans une position fixe, afin de ne pas léser les organes. Le docteur Bryce remplace la sonde par un long tube, et la seringue par une vessie pleine d'eau. Pour vider l'estomac, il abaisse le tube, qui fonctionne alors à la manière d'un siphon.

M. Lafargue, en 1837, a proposé de remplacer la pompe stomacale par une espèce de pipette. M. Gay, trouvant à cet instrument, ainsi qu'à la pompe gastrique, l'inconvénient de fonctionner d'une manière intermitente, d'exiger quelques opérations préliminaires, par conséquent perte de temps, se sert d'une espèce de siphon flexible, composé d'une sonde gastrique, à laquelle est adapté un tube de même longueur et de même diamètre, par l'intermédiaire d'un tube de verre, long de 8 centim., fixé aux deux sondes par quelques tours de cordonnet plat. Un tube flexible en caoutchouc, ouvert aux deux extremités, une sonde œsophagienne, de longueur double, pourraient remplacer les deux tubes. Le bout stomacal étant introduit, on relève l'autre à la hauteur du nez, et l'on verse le liquide à l'aide d'un entonnoir à douille très-courte. Lorsque le tube est plein, déprimez-le avec le doigt, abaissez-le au niveau de l'ombilic : la sonde étant ainsi chargée fonctionne à la manière d'un siphon, et les matières de l'estomac sont évacuées; relevez le bout de la sonde, chargez-la de nouveau, etc. Quelques minutes suffisent pour mettre cet instrument en activité (*Nouveau moyen pour opérer la déplétion stomacale dans les empoisonnements*, par M. Honoré Gay, etc.).

Si le poison a déjà franchi le pylore, ce qui est annoncé par les coliques, la diarrhée, etc. ; si les vomissements ont été assez abondants, de manière à faire supposer qu'il ne reste plus de poison dans l'estomac, il faut insister principalement sur les purgatifs laxatifs ou salins, administrés par la bouche ou en lavements. On cesse l'emploi des vomitifs, des purgatifs, lorsque les caractères organoleptiques, physiques ou chimiques des matières des vomissements ou des selles, l'amélioration des symptômes gastro-intestinaux, indiquent l'expulsion complète du poison. Les laxatifs huileux, mucilagineux conviennent spécialement, dans l'intoxication par les poisons âcres, irritants, et les purgatifs salins, le sulfate de soude, de magnésie, le chlorure de sodium, à la dose de 20 à 40 grammes, dans l'intoxication par les narcotiques.

2e Indication (Contre-poisons).

Dans l'antiquité et à une époque où la chimie était encore dans l'enfance, le nom *d'antidote* s'appliquait aux moyens employés pour neutraliser les poisons et en combattre les effets. De nos jours cette expression, peu usitée, est remplacée par celle de *contre-poisons*, substances qui, en se combinant, avec le poison, empêchent son absorption, et par suite ses effets. Il est des contre-poisons qui neutralisent complétement le poison en formant avec lui un composé inerte ou insoluble dans le suc gastrique, les matières alimentaires, un excès de contre-poison ; tels que le sulfate de soude, pour les sels de plomb, de baryte ; le chlorure de sodium, pour les sels d'argent ; la magnésie, pour les acides ; les acides pour les alcalis minéraux : ce sont des contre-poisons dans toute l'acception du mot. Les autres contre-poisons sont très-imparfaits, parce que le composé qui en résulte n'est pas tout à fait inerte, ou bien est soluble dans un excès de contre-poison, le suc gastrique, etc. ; aussi, en ce cas, est-il nécessaire de ne pas laisser séjourner trop longtemps le produit dans l'estomac, d'en provoquer l'expulsion par le vomissement.

La dose du contre-poison ne peut être fixée, elle est relative à la quantité de poison supposée avoir été administrée ; on en cesse l'emploi lorsque les caractères organoleptiques, chimiques ou physiques n'indiquent aucune trace du toxique dans les matières des vomissements ou des selles. Comme les contre-poisons sont inertes ou peu actifs, on peut, sans inconvénient, les administrer en excès, afin de neutraliser non-seulement le poison renfermé dans le tube intestinal, mais encore la portion absorbée et éliminée par cette voie. Les contre-poisons se donnent par fractions assez rapprochées, dissous ou délayés dans l'eau ou les liquides des boissons, des lavements. Leur emploi étant déduit de leur action chimique, ils varient selon la nature du poison. Il y a des contre-poisons généraux et spéciaux. Nous nous occuperons surtout des premiers et indiquerons seulement les autres.

ALBUMINE.—Les blancs d'œufs, au nombre de 4 à 8, délayés dans 1 à 2 litres d'eau, passés à travers un linge, forment un contre-poison assez général. Ils s'emploient surtout dans l'empoisonnement par les acides, les poisons minéraux de la quatrième section (sels de plomb, de mercure, de cuivre, d'étain, de bismuth, d'or, d'argent, etc.), avec lesquels ils forment un composé insoluble, mais qui, avec plusieurs d'entre eux, est soluble dans un excès d'albumine. En raison de ses propriétés nauséeuses, le blanc d'œuf facilite en outre le vomissement. Le *jaune d'œuf* pourrait le remplacer.

SAVON.—Il est peu question de ce contre-poison dans les auteurs, si ce n'est pour les acides, qu'il neutralise par sa base. Il peut servir aussi pour les poisons minéraux de la quatrième section (sels de plomb, de cuivre, etc.), avec lesquels, par double décomposition, il forme des savons insolubles; mais l'administration en est fort désagréable; il provoque souvent des nausées, des vomissements, des selles. On dissout à chaud 20 à 30 grammes de savon médicinal, ou de savon blanc, dans 1 à 2 litres d'eau.

SULFURE DE FER HYDRATÉ. — Il a été recommandé spécialement par MM. Mialhe, Bouchardat, Sandras, dans l'empoisonnement par les poisons de la quatrième section. *Le zinc, le fer* en limaille, ou réduit par l'hydrogène, pourraient le remplacer pour les préparations cuivreuses, mercurielles et autres poisons dont le métal a peu d'affinité pour l'oxygène. Comme ces contre-poisons sont insolubles, on les délaye, à la dose de 1 à 4 grammes, dans des liquides mucilagineux.

MAGNÉSIE.—C'est le contre-poison des acides avec lesquels elle forme un sel soluble purgatif ou insoluble. On l'emploie aussi à l'état d'hydrate dans l'intoxication par les arsénicaux, qu'elle transforme en arsénites ou arséniates insolubles. On délaye 1 à 2 grammes de magnésie hydratée dans chaque tasse de boisson. *La chaux, son carbonate,* et dans quelques cas *les carbonates alcalins,* pourraient remplacer la magnésie dans l'intoxication par les acides.

TANNIN, SUBSTANCES ASTRINGENTES. — Spécialement recommandés dans l'intoxication par les alcalis végétaux, les champignons, les antimoniaux. On dissout 1 à 2 grammes de tannin par verre de boisson, ou bien on le remplace par un décocté de 8 à 15 grammes de noix de galles ou autre substance astringente dans 500 grammes d'eau.

Soluté d'iodure de potassium iodé.—Iode, 20 centigr.; iodure de potassium, 40 centigr.; eau, 500 grammes. Employé comme contre-poison des alcalis végétaux, des poisons dont ils constituent le principe actif, avec lesquels il forme un double iodure insoluble.

Chlore, eau chlorée.—Contre-poison des gaz ammoniaque, cyanhydrique, cyanogène, hydrosulfurés. En ce cas, on fait respirer le chlore, qu'on peut dégager de l'eau de javelle par le vinaigre. Il l'est aussi des alcalis végétaux. M. Bardet dit l'avoir employé avec succès dans les cas d'empoisonnement par la noix vomique chez les chiens. Il donne le chlore liquide, 5 grammes dissous dans 250 grammes d'eau.

Charbon.—Bertrand prend 25 centigrammes d'acide arsénieux ou de sublimé, immédiatement après plusieurs prises de charbon de saule, et n'éprouve aucun accident (voyez *Arsenic*, *Sublimé*). On ne pouvait se rendre compte d'un fait aussi extraordinaire, puisque le charbon, à la température de l'estomac, ne réduit pas ces poisons. Le charbon absorbant presque tous les poisons minéraux en dissolution, ainsi que les alcalis végétaux, c'est probablement ainsi qu'il agit. D'après M. Garrod, il absorbe les principes actifs des substances végétales et animales et les rend inertes : ainsi 15 grammes de charbon neutralisent 5 centigrammes de strychnine, de morphine et autres alcaloïdes, 1 gramme 30 centigrammes de noix vomique. Il emploie le charbon animal purifié par l'acide chlorhydrique et la chaleur rouge. D'après M. Howard-Rand, de Philadelphie, il faut environ 20 grammes de charbon pour neutraliser les effets de 50 centigrammes d'extrait de belladone, de 75 centigrammes de digitale, de 15 gouttes d'acide cyanhydrique. Il se sert de charbon obtenu en calcinant du sang avec de la potasse; il lave le produit et le dessèche ensuite. M. Esprit a constaté que, par la méthode de déplacement, le charbon absorbait tous les poisons de la quatrième section, les sels de baryte, etc. 10 grammes suffisent pour neutraliser 2 décigrammes d'acide arsénieux. Ces quelques faits méritent de fixer l'attention des toxicologistes. Le charbon à l'état de *noir d'ivoire* ou *de fumée* étant inerte et très-commun, nous ne voyons aucun inconvénient à son emploi, en attendant qu'on puisse se procurer un contre-poison plus sûr. Comme corps étranger et très-divisé, il doit en outre ralentir l'absorption du poison.

Les contre-poisons doivent-ils inspirer une grande confiance? Lorsque le poison a été administré à l'état liquide, que les vomissements sont prompts, fréquemment répétés, il nous semble qu'on peut se dispenser de contre-poison. Dans le cas contraire, comme ils neutralisent à la fois le poison ingéré dans le tube intestinal et éliminé par cette voie, leur utilité ne peut être contestée, surtout si ce sont des contre-poisons parfaits. Quant aux contre-poisons imparfaits, ils doivent inspirer moins de confiance ; cependant, en transformant momentanément le poison en un composé insoluble, ils en retardent l'absorption, donnent le temps de l'expulser par les vomissements ou par les selles.

Peut-on neutraliser la portion de poison qui a été absorbée? Quelques auteurs recommandent dans ce but les carbonates de potasse, de soude, de préférence à la magnésie, comme étant plus solubles, dans l'empoisonnement par les acides, et ceux-ci étendus d'eau dans l'intoxication par le plomb, les alcalis minéraux. Quoique M. Bernard ait constaté que le cyanure jaune et un sel de fer, injectés simultanément dans les veines, ne se combinent pas dans le sang, mais au moment de leur élimination par la muqueuse stomacale et vésicale, il n'est pas prouvé qu'il en soit ainsi pour les autres poisons. M. Melsens a démontré que les personnes dont les organes sont imprégnés de mercure, de plomb, sans qu'ils en ressentent aucune influence, peuvent être pris d'accidents mercuriels ou plombiques, si on leur administre de l'iodure de potassium, sel qui rend ces métaux solubles. Il en serait de même avec le chlorure de sodium, non-seulement pour ces poisons, mais encore pour les autres poisons minéraux (M. Mialhe). L'iodure de potassium, administré par petites quantités, pourrait donc servir de contre-poison aux préparations mercurielles, plombiques absorbées, ou plutôt à en faciliter peu à peu l'élimination, même à empêcher leur accumulation dans nos organes, et par conséquent, être employé comme préservatif chez les ouvriers (MM. Melsens et Guillot). M. Carrigan l'a employé avec succès dans les cas d'empoisonnement lent par le cuivre.

3e Indication (combattre les effets).

C'est surtout pour remplir cette troisième indication que les auteurs sont en désaccord sur les moyens à employer, par suite de leur dissidence sur la nature des effets, le mode d'action des poisons. En toxicologie médicale, pas plus qu'en pathologie, il ne faut être ni exclusif, ni systématique, mais bien se diriger d'après les indications les plus importantes ; c'est par là que se distingue le toxicologiste en dehors de toute idée préconçue.

Dans tout empoisonnement, quelle que soit la voie par laquelle le poison ait pénétré dans l'économie, il faut en faciliter l'élimination en activant l'action de l'émonctoire par où il est ordinairement éliminé ; celle des reins par les diurétiques ; de la peau par les sudorifiques ; du tube intestinal par les vomitifs, les purgatifs. Orfila dit avoir sauvé les chiens empoisonnés par l'acide arsénieux, toutes les fois qu'il a pu les faire uriner abondamment, en leur donnant par verres sa boisson diurétique (nitrate de potasse, 30 ou 40 grammes ; vin blanc, 1/2 litre ; eau de Seltz, 1 litre ; eau,

5 litres). Il la recommande contre tous les poisons éliminés par cette voie. Cependant il ne faut pas considérer les organes sécréteurs comme des filtres, au travers desquels on puisse faire passer le poison d'une manière en quelque sorte mécanique; bien souvent, si leurs fonctions sont enrayées, suspendues, ralenties, c'est par suite des modifications apportées dans le sang, le système nerveux, etc., et les sécrétions, surtout la sécrétion urinaire, ne reviennent à leur rhythme normal que par la cessation progressive de ces modifications.

Dans l'exposé général sur les effets des poisons nous avons insisté sur les plus importants, sur ceux qui doivent servir de base aux indications, et par suite au traitement; c'est d'après ces données que nous allons formuler la thérapeutique toxicologique.

I.—Dans l'intoxication par les *poisons inorganiques* et autres poisons dits *âcres, irritants*, nous avons distingué deux périodes : 1° celle de réaction ou *hypersthénique;* 2° celle d'affaissement ou *hyposthénique*. Dans la première période, il faut combattre l'effet local par des fomentations, des embrocations émollientes, huileuses, sédatives sur les parties affectées ou correspondantes à l'organe malade; par des boissons mucilagineuses, émulsives, gélatineuses, albumineuses, données par petites quantités assez rapprochées; par des bains simples ou émollients. Les boissons froides, la glace conviennent lorsque la soif, la chaleur sont intenses, que les vomissements persistent. Si ces moyens sont insuffisants pour combattre l'inflammation locale, ainsi que la réaction fébrile, il faut y joindre les évacuations sanguines générales ou locales : les premières conviennent dès le début, surtout chez les sujets fortement constitués, lorsque l'inflammation est superficielle, étendue, non portée jusqu'à la cautérisation. Les sangsues, les ventouses scarifiées doivent être préférées chez les sujets faibles, débilités, dans les cas d'inflammation profonde.

désorganisatrice ; dans l'un et l'autre cas, elles seront peu abondantes, sauf à y revenir, s'il est nécessaire.

L'état hyposthénique étant déterminé soit par la cautérisation profonde des organes, soit par les modifications apportées dans l'hématose, l'innervation, etc., réclame, en outre du traitement local, les mêmes soins que l'hyposthénie dans les fièvres graves, miasmatiques, etc. Les toniques stimulants légers, diffusibles et non irritants, tels que le bouillon, le vin coupés, les infusés amers, aromatiques, peuvent être administrés à l'intérieur, si toutefois l'inflammation locale ne s'y oppose point ; mais ce n'est qu'avec réserve, et lorsque le malade est par trop débilité, que la résistance vitale paraît être insuffisante ; les stimulants externes sont aussi indiqués, surtout les corps chargés de calorique, lequel excite les systèmes circulatoire et nerveux sans les irriter ; les rubéfiants seront réservés pour les cas de trop grande débilitation. Enfin les traitements local et général doivent être combinés, employés avec discernement, patience et persévérance. S'il importe de ne pas trop débiliter les malades dans la période de réaction par les évacuations sanguines, il faut ne pas trop les stimuler dans la période hyposthénique ; l'intoxication n'est pas une simple maladie inflammatoire ; l'économie étant sous l'influence d'une cause qui ne peut être éliminée que peu à peu, qui a donné lieu à des lésions organiques et fonctionnelles qui ne peuvent se dissiper que d'une manière lente, progressive, ne pourrait supporter l'exagération d'une telle thérapeutique. C'est donc au médecin à bien coordonner ces divers moyens selon l'intensité, la période de l'empoisonnement, de seconder la nature dans son consensus synergique, pour ramener peu à peu les organes, les fonctions dans leur état normal. Autant il faut de hardiesse, d'activité dans l'emploi des moyens propres à empêcher l'absorption du poison, autant il faut de prudence, de discernement, de patience pour en combattre les effets, lorsqu'il a produit des désordres graves.

Lorsque les accidents s'accompagnent de symptômes nerveux ou convulsifs, de trop vives douleurs, on a recours aux opiacés, aux antispasmodiques diffusibles. Il en est de même pour la diarrhée, les vomissements, s'ils persistent après l'élimination du poison, et ne dépendent pas exclusivement de l'inflammation locale ; en ce cas, les émollients seuls ou associés aux sédatifs sont préférables. La constipation serait combattue par les purgatifs laxatifs ou salins. Les hémorrhagies consécutives, dépendant ordinairement de la liquéfaction du sang, cèdent sous l'influence d'un traitement tonique ou stimulant, des soins hygiéniques convenables. Les effets spéciaux du phosphore, des cantharides, de la gratiole sur les organes de la génération, réclament, en outre, un traitement local, tels que fomentations, bains, lavements émollients, camphrés, etc.

Si par l'emploi de ces moyens on parvient à arrêter les effets du poison, à conjurer, à dissiper l'état hyposthénique, si surtout l'effet local a été peu intense, on peut accorder assez promptement des aliments légers, en tâtant peu à peu la susceptibilité des organes gastriques. Si, au contraire, l'état hyposthénique a été grave, a persisté pendant un certain temps, si enfin les lésions gastro-intestinales sont profondes, comme dans l'empoisonnement par les poisons caustiques, ce n'est qu'avec une grande réserve qu'il faut donner des aliments ; on commence par les liquides, le lait, le bouillon, l'eau panée, des bouillies claires, etc, et on ne les augmente que lorsque ceux-là sont bien supportés, ne provoquent ni vomissement, ni diarrhée ; la moindre imprudence, en ce cas, peut devenir funeste.

II.—Dans l'intoxication par *les poisons narcotiques*, après l'emploi des évacuants, on a recours aux dérivatifs sur les membres, aux frictions irritantes ou vinaigrées, aux sinapismes, etc., aux stimulants internes, le café pour les narcotiques purs, l'ammoniaque pour les alcooliques.

administrés par la bouche ou par l'anus ; aux boissons acidulées froides et même à la glace pour calmer la soif, la sécheresse de la bouche, du gosier ; aux lavements vinaigrés ; enfin aux mouvements forcés, imposés ou imprimés aux malades pour le maintenir en éveil, jusqu'à ce que la tendance au sommeil, la stupeur soient complétement dissipées. Les applications froides ou vinaigrées sur le front, les affusions de même nature sur la face ou sur le corps secondent puissamment l'emploi de ces moyens, servent, en outre, à combattre le délire, les hallucinations, les convulsions, si ces symptômes, qui ordinairement cessent peu à peu, ne sont pas trop opiniâtres. Tel est le traitement à employer dans les cas simples.

Si la stupeur, le coma résistent à ces moyens, il faut recourir aux évacuations sanguines générales, si le pouls est plein, large, l'état congestionnel intense ; locales, dans le cas contraire : en ce cas on applique derrière les oreilles soit des ventouses scarifiées, soit des sangsues qu'on laisse couler pendant un certain temps. Enfin, dans les cas encore plus graves, en quelque sorte désespérés, surtout lorsqu'il y a gêne de la respiration, menace d'asphyxie, on a eu recours, quelquefois avec succès, à la respiration artificielle, à l'électricité galvanique (voyez *Opium et Matières gazeuses*). Chez un enfant empoisonné par le laudanum, le docteur Defer, avec un appareil galvano-électrique, dont le pôle zinc était appliqué sur la langue et le pôle cuivre sur l'appendice xyphoïde, est parvenu à rétablir la respiration d'une manière régulière et à sauver le malade. Les docteurs Wateley, Warre, Smith, Watson ont employé avec succès la respiration artificielle dans ces sortes d'empoisonnements (Christison). Nous reviendrons sur ces agents thérapeutiques dans les paragraphes suivants.

III.—Dans l'intoxication par *les agents anesthésiques et les gaz narcotiques ou asphyxiants,* l'exposition à l'air frais, la position horizontale, l'inclinaison même de la tête, s'il y a syncope (M. Nelaton), l'insufflation de bouche à bouche ou à l'aide d'une sonde, de l'air, de l'oxygène, les stimulants des muqueuses externes, les frictions à l'eau vinaigrée, les affusions froides ou à +40, les irritants, les caustiques appliqués sur la région du cœur, la cautérisation pharyngée avec l'ammoniaque (M. Guérin); les stimulants internes, le vin, les aromatiques, le café quand cela est possible, tels sont les moyens ordinairement recommandés. Dans un cas de chloroformisation asphyxique par la langue qui obstruait les voies laryngées, M. Robert a sauvé le malade en attirant cet organe en avant.

Pour rappeler la respiration, on a recours aux frictions irritantes sur la poitrine, aux mouvements saccadés, aux pressions alternatives exercées à la base du thorax, etc.; mais un des moyens les plus puissants, c'est surtout l'électrisation ou plutôt la faradisation qui, en outre, sert à éveiller les battements du cœur, la sensibilité, selon le mode d'application. Pour obtenir ce dernier résultat, on promène les éponges des deux conducteurs sur les diverses parties de la peau, surtout sur les plus sensibles. Si c'est pour rappeler la respiration, on applique l'un des pôles sur la muqueuse nasale ou buccale, l'autre sur l'appendice xyphoïde. M. Duchenne, de Boulogne, avec son appareil d'induction, faradise les nerfs phréniques à leur passage au cou. Il a provoqué la respiration sur des chevaux récemment tués, ainsi que chez une femme asphyxiée par le charbon; cependant elle a succombé, parce que ce moyen avait été appliqué trop tard. M. l'Héritier, en appliquant l'un des pôles au pharynx, l'autre au rectum, a sauvé, en 14 minutes, une jeune fille asphyxiée par le charbon depuis 2 heures.

MM. Abeille, Jobert de Lambale pensent que l'effet toxique des agents anesthésiques résulte de leur action stupéfiante sur le système nerveux et sur le cœur; aussi conseillent-ils de suspendre l'éthérisation aussitôt qu'il se manifeste des troubles de la circulation. Chez l'homme et surtout chez les animaux, toutes les fois que le cœur n'avait pas encore cessé de battre, ils sont parvenus à combattre les accidents par la faradisation dans les cas légers, et par l'électro-puncture dans les cas graves : à cet effet, deux aiguilles fines, implantées dans la région cervicale, mieux encore, l'une dans les muscles de la nuque ou postérieurs du cou, l'autre dans la région lombaire ou diaphragmatique, sont mises en communication avec l'appareil de MM. Duchenne, Legendre ou Lerebours. A chaque décharge, qui doivent être distancées de 10 à 20 secondes, pour ne pas éteindre la sensibilité, il y a des secousses musculaires qui arrachent des cris aux malades, quoique insensibles à l'action des autres stimulants. Les inspirations sont brusques, les mouvements du cœur plus appréciables ; ces deux fonctions se raniment, reviennent en quelques minutes dans leur état normal. M. Abeille a rappelé des animaux à la vie, même après la cessation des mouvements respiratoires ; M. Robert après celle des contractions du diaphragme ; mais toutes les fois que le cœur avait cessé de battre, l'électro-puncture produisait des secousses musculaires, des mouvements respiratoires factices, sans autre résultat. D'après M. Robert, l'électro-puncture réveille la respiration, mais n'agit pas directement sur le cœur ; il est probable qu'elle ne réussirait pas toujours chez l'homme, et les observations de MM. Puget, Quain, Duusnure, Richard sont de nature à ébranler la confiance qu'on pourrait accorder à cet agent thérapeutique (M. Robert.)

IV.—L'intoxication par *les strychnées* et autres poisons *convulsivants ou tétaniques*, réclame les anesthésiques, poussés jusqu'à la résolution, la cessation des convulsions, et employés d'une manière intermittente ; pour en continuer l'effet on pourrait ensuite les remplacer par les opiacés, à dose élevée. L'autopsie ayant démontré un état congestionnel ou inflammatoire de la moelle épinière, de ses membranes, des ventouses scarifiées pourraient être appliquées sur les parties correspondantes au siége des convulsions. Comme la mort résulte autant de l'asphyxie que des convulsions, MM. Magendie et Orfila recommandent la respiration artificielle, jusqu'à ce que les accidents se soient dissipés. Ils ont ainsi sauvé des chiens intoxiqués par la noix vomique. Marshall-Hall, attribuant l'asphyxie à la contraction spasmodique des muscles de la glotte, propose la trachéotomie.

V.—Dans l'empoisonnement par *les poisons narcotico-âcres, âcres et tétaniques*, il faut combiner le traitement de manière à satisfaire aux deux indications, en insistant spécialement sur les moyens que réclame la plus importante. Il convient de ne pas trop débiliter les malades par les évacuations sanguines, surtout générales, et de ne pas juger de l'inflammation du tube intestinal par l'abondance des vomissements ou des selles; car ces effets, dans plusieurs cas, sont dynamiques ou dépendent tout autant des modifications du système nerveux que de l'inflammation gastro-intestinale.

VI.—L'empoisonnement par *les poisons septiques* réclame les toniques stimulants, les anti-septiques, les boissons acidulées, associées aux contre-poisons, aux agents capables de détruire la matière miasmatique ou délétère; aux anti-spasmodiques diffusibles, l'éther, le camphre, etc., s'il y a des symptômes nerveux ou convulsifs. Les émétiques, les éméto-cathartiques, pris surtout dans les végétaux, qui sont moins débilitants que les minéraux, dont plusieurs jouissent, en outre, des propriétés sudorifiques, sont spécialement indiqués; non-seulement ils agissent en facilitant l'expulsion du poison par la peau et le tube intestinal, mais encore en produisant une perturbation générale. Chez les Indiens, les Américains, les sudorifiques, les éméto-cathartiques; en outre du traitement local, constituent la base du traitement contre la morsure des serpents venimeux (voyez page 142 et tome II, page 542).

VII.—Dans les cas *d'empoisonnement lent*, après avoir soustrait l'individu à l'influence des boissons, des aliments, du véhicule enfin qui servait d'excipient au poison, il faut, si l'on en soupçonne encore des traces dans le tube intestinal, dans les organes, en faciliter l'élimination par les purgatifs, donnés en même temps que le contre-poison; par l'iodure de potassium, administré par doses de 20 centigrammes, si c'est un poison de la quatrième section, soluble dans ce réactif, comme l'a fait M. Carrigan avec succès dans plusieurs cas d'empoisonnement lent par le cuivre; en stimulant les émonctoires par lesquels il est surtout éliminé.

VIII.—Quant *aux effets consécutifs*, ceux qui consistent en des lésions profondes, résultant de la cautérisation du tube intestinal ou autre organe important, comme elles sont incurables, on doit plutôt compter sur la nature, les soins hygiéniques convenables, surtout l'alimentation bien dirigée, que sur les médicaments. Si ces lésions siégent sur le système nerveux ou musculaire, consistent en contractures, tremblements, paralysies, insensibilité, etc., elles sont toujours très-graves et souvent incurables, surtout quand la cause a été longtemps méconnue : les bains simples ou sulfureux, les sudorifiques, les strychnées, l'électricité ou plutôt la faradisation, selon la nature de ces lésions, tels sont les moyens qu'on leur oppose ordinairement (voyez *Empoisonnement par le plomb, le mercure, l'arsenic*). Enfin, quand ce sont les phénomènes d'assimilation, le traitement doit être autant hygiénique que médical, et surtout tonique et réparateur.

Nous venons d'exposer les données fondamentales de la thérapeutique toxicologique : le médecin judicieux, à l'aide de ces généralités, suffira à tous les cas qui pourront se présenter. En toxicologie médicale, pas plus qu'en pathologie, on ne peut donner des préceptes absolus ; c'est au médecin d'appliquer convenablement ceux qu'il a puisés dans l'enseignement, surtout au lit des malades, à bien saisir les indications fondamentales, par l'examen attentif des effets locaux et éloignés, à bien discerner ceux qui offrent le plus de gravité, les symptomatiques des idiopa- tiques, ceux qui consistent en des phénomènes dynamiques, pouvant être attaqués directement par les agents pharma- cologiques, de ceux qui, dépendant de lésions organiques profondes, exigent plutôt de la patience, du temps, le con- cours de la nature. Pénétré de ces principes, il pourra instituer ainsi une bonne thérapeutique de l'empoisonne- ment, coordonner l'ensemble des moyens thérapeutiques et hygiéniques, l'opportunité de leur application. Nous insistons d'autant plus sur ces données pathologiques, que plusieurs jeunes médecins, dans les cas d'empoisonnement, ne sont en quelque sorte que préoccupés de l'inflammation, de l'expulsion du poison. Cet exposé thérapeutique est déduit de l'étude attentive des faits en dehors de toute idée préconçue, systématique.

CHAPITRE V.

Classification toxicologique.

La toxicologie étant constituée comme science, pouvant former un enseignement distinct, il serait important de bien classer les objets dont elle se compose, afin d'en exposer plus méthodiquement les principes, son état actuel, et d'en faciliter l'étude. Comme le but de cette science est complexe, consiste spécialement dans la connaissance des effets des poisons, de leur recherche dans les matières suspectes, c'est sur ces deux ordres de faits que devrait être fondée la classification. Dans l'impossibilité de l'établir à la fois sur ces deux bases, les auteurs, chacun à son point de vue, ont classé les poisons soit d'après les effets, les lésions, soit d'après l'analogie chimique ou naturelle. Dans l'antiquité, d'après les idées régnantes, et à l'époque où la chimie était encore dans l'enfance, les poisons ont été divisés en quatre classes : 1° *chauds;* 2° *froids;* 3° *secs;* 4° *humides.* Cette classification, comme le fait remarquer Anglada, a été reproduite en d'autres termes par la plupart des toxicologistes contemporains, *Vicat, Mahon, Foderé, Orfila, MM. Devergie, Christison,* etc., qui, sauf quelques modifications, ont divisé les poisons, d'après leurs effets, en:

1° *Poisons irritants, âcres, corrosifs, caustiques ;*

2° *Poisons narcotiques ou stupéfiants;*

3° *Poisons narcotico-âcres ;*

4° *Poisons septiques ou putréfiants.*

On peut voir aux effets (page 107) les poisons qui composent chacune de ces classes et leurs caractères distinctifs. Les détails dans lesquels nous sommes entrés, à cet égard,

prouvent non-seulement l'imperfection de cette classification, mais encore qu'elle peut induire en erreur.

La première classe comprend *les poisons inorganiques,* *les poisons végétaux, âcres, irritants, drastiques,* et, parmi les poisons animaux, *les cantharides, les viandes de charcuterie, les moules,* etc. Établie exclusivement d'après les effets locaux, il semblerait que c'est par suite de l'irritation, de l'inflammation, de la cautérisation, que ces poisons produisent l'intoxication ; cependant la plupart, même tous, convenablement étendus, en l'absence de l'effet local, peuvent amener ce résultat, et souvent plus promptement ; par conséquent, le nom de la classe n'exprime pas les effets dynamiques ou généraux qui jouent un rôle très-important, et constituent quelquefois à eux seuls l'intoxication.

La classe *des poisons narcotiques* se compose, d'après Orfila, *des préparations opiacées, cyaniques, de la jusquiame, de la solanine, de l'if,* etc. D'autres auteurs y ont compris en outre, et avec raison, les *autres solanées* et *plantes vireuses.* Cette classe est plus homogène que la précédente quant à la composition, aux effets, puisque tous ces poisons agissent spécialement sur le système nerveux, en particulier sur le cerveau, donnent lieu à des symptômes analogues, le narcotisme ; cependant l'analogie n'est pas tout à fait complète, et l'effet des préparations cyaniques n'est pas comparable à celui de l'opium, des autres plantes vireuses.

La classe des *poisons narcotico-âcre* comprend ceux dont l'effet local est de nature âcre, irritante, et l'effet dynamique de nature narcotique ; par conséquent, ils participent des propriétés des poisons des deux classes précédentes. Les auteurs y ont réuni les agents les plus disparates, quant à leurs effets ; aussi est-elle divisée en plusieurs sections, qui formeraient autant de classes distinctes. 1re SECTION : *scille, œnanthe, aconit, ellébore, varaire, vératrine, colchique, belladone, datura, tabac, digitale, ciguë, laurier-rose, mouron des champs, arise*

toloche, rue, tanguin, cyanure d'iode, etc. 2me SECTION :
strychnées, ticunas, worara, curare, etc. 3me SECTION : *upas-
antiar, camphre, coque du Levant.* 4me SECTION : *Champignons, liqueurs alcooliques et éthérées.* 5me SECTION : *seigle
ergoté, ivraie, plantes odorantes.* 6me SECTION : *Gaz de la combustion, de l'éclairage,* etc.

Cette classe, telle que la donne Orfila, se compose de
poisons qui sont loin d'en justifier le titre ; plusieurs
diffèrent de tout au tout quant à leurs effets, non-seulement considérés en général, mais encore ceux de chaque
section en particulier. Quelle analogie y a-t-il entre les
effets des champignons et ceux de l'alcool, de l'éther?
entre ceux du cyanure d'iode et du colchique? entre ceux
du seigle ergoté et des plantes odorantes, etc., etc.

La classe des *poisons septiques* ou putréfiants comprend
*les gaz sulfhydrique, des fosses d'aisance, des égouts, les ma-
tières alimentaires putréfiées, le venin des animaux venimeux.*
Christison fait remarquer, peut-être avec raison, qu'il n'y
a pas de poison qui détermine la putréfaction des solides,
des liquides vivants. Il suffit donc de s'entendre sur l'acception donnée à la dénomination *de septique.* Si l'on veut
dire que les animaux intoxiqués par ces poisons se putré-
fient promptement, le fait est vrai ; mais alors le nom
de la classe n'exprimerait pas l'effet de ces poisons,
qui, d'ailleurs, sous ce rapport, diffèrent beaucoup entre
eux.

Les médecins rasoriens, négligeant en quelque sorte les
effets physico-chimiques locaux, n'ayant égard qu'aux
effets dynamiques, qui, d'après eux, constituent à eux seuls
l'empoisonnement, divisent les poisons comme les médicaments en deux grandes classes : 1° *en stimulants* (alcooliques, opiacés, etc.) ; 2° *et contre-stimulants* (tous les poisons
inorganiques, la plupart des poisons végétaux et animaux).
Les premiers ont pour caractère de donner plus d'activité
à la circulation, à l'innervation, d'exalter enfin la force dy-

namique ou vitale, les principales fonctions, d'où le nom *d'hypersthéniques,* donné à ces poisons ; les second agissent dans un sens contraire, d'où le nom *d'hyposthéniques ou hyposthénisants.* Chacune de ces divisions a été sous-divisée en plusieurs classes ou sections, selon le système d'organes ou les fonctions qui sont spécialement influencés ; c'est ainsi qu'ils établissent *des contre-stimulants céphaliques, rachidiens, cardiaques,* etc. En traitant des effets des poisons (page 113), nous avons signalé en quoi consiste la principale dissidence entre les médecins rasoriens et français.

Guérin de Mammers divise les poisons en *stimulants* et *stupéfiants.*

Cet aperçu démontre combien une classification des poisons fondée sur les effets évidents ou symptomatiques est difficile pour ne pas dire impossible. Si cependant on voulait l'établir sur cette base, il nous semble qu'il faudrait faire subir à la classification d'Orfila les modifications que nous avons indiquées en parlant des effets (page 115 et suivantes), et d'ajouter deux classes de plus, celle des anesthésiques (éther, chloroforme), *des tétaniques ou convulsivants* (strychnées et autres poisons à effet analogue). Si, au contraire, on voulait prendre pour base l'action intime des poisons, on pourrait les diviser en deux classes : *poisons altérants ou chimiques et dynamiques.* Ces derniers seraient sous-divisés selon le système d'organes ou de fonctions spécialement affectés (voyez *Effets et mode d'action des poisons*).

Les auteurs qui ont pris l'analogie chimique ou naturelle des poisons comme base de classification, sont moins nombreux que les précédents, et encore plusieurs ont établi les divisions secondaires d'après les effets, surtout pour les poisons organiques.

Plenk les divise : 1º d'après leur nature, leur état ou origine, en *poisons minéraux, végétaux, animaux, atmosphériques ou gazeux ;* 2° d'après leur degré d'acuité, *en aigus et lents ;* 3° d'après la nature des symptômes, *en irritants, drastiques, convulsifs, paralysants, narcotiques, narcotico-âcres, suffocants, dessicants, septiques.*

Anglada, s'il s'agissait seulement des indications thérapeutiques à remplir, n'hésiterait pas, dit-il, à adopter la classification fondée sur la nature des effets ; mais il préfère celle qui est basée sur la nature comparée des poisons, comme cadrant mieux avec l'objet de la médecine judiciaire, s'adaptant d'une manière plus positive avec le second problème toxicologique, la connaissance de la cause matérielle ; il ne néglige pas celle qui est déduite de la considération des symptômes, surtout pour les poisons organiques, les caractères chimiques, en ce cas, ne pouvant plus être invoqués pour les subdivisions en espèces, toutefois il la subordonne à l'autre : ainsi, il divise les poisons en *solides* et *liquides ;* en *gazeux* ou *expansifs.* Les premiers sont divisés : 1° *en minéraux ou non carbonisables ;* 2° *en organiques végétaux et animaux ou carbonisables.*

LES POISONS MINÉRAUX sont divisés en deux ordres : 1° *en poisons non métalliques,* comprenant cinq genres, d'après leur nature chimique ; 2° *en poisons métalliques,* sous-divisés en 11 sections, et chacune en plusieurs genres, selon que le métal est fixe ou volatil, soluble ou insoluble dans les acides azotique, chlorhydrique, chloro-azotique, selon que l'oxyde est ou non soluble dans l'ammoniaque, facilement réductible, etc.

LES POISONS ORGANIQUES sont divisés en deux ordres, selon qu'ils sont carbonisables en totalité ou en partie ; le premier comprend deux sections : *les poisons acides et alcalins,* qu'il sous-divise, d'après leurs effets, *en poisons âcres, irritants, narcotiques, narcotico-âcres, septiques.*

LES POISONS GAZEUX, parmi lesquels Anglada comprend *les émanations, les effluves, les miasmes dégagés pendant la vie* et *la putréfaction des matières organiques végétales et ani-*

males, sont divisés en trois ordres, d'après leur nature *minérale, végétale ou animale.*

M. Flandin distribue les poisons en trois ordres : 1° *minéraux* ; 2° *végétaux* ; 3° *animaux*. Les poisons minéraux sont divisés en six sections : 1° *métalliques* ; 2° *métalloïdes* ; 3° *acides* ; 4° *alcalis* ; 5° *gaz toxiques* ; 6° *liquides spiritueux éthérés et anesthésiques.* Les poisons végétaux sont divisés par familles en plusieurs articles, et les poisons animaux en trois sections : 1° *à venin* ; 2° *qui recèlent naturellement ou accidentellement le principe toxique* ; 3° *matières animales putréfiées ou d'animaux malades.*

Nous n'avons pas la prétention de vaincre les difficultés que nous venons de signaler, de donner une classification toxicologique ; mais afin de faciliter l'étude de cette science, nous diviserons les poisons en plusieurs sections, d'après leur origine, leur nature, les circonstances dans lesquelles peuvent se produire les empoisonnements, les recherches auxquelles ils peuvent donner lieu, etc., en poisons : 1° *inorganiques* ; 2° *organiques* ; 3° *gazeux.*

LES POISONS INORGANIQUES sont divisés en quatre sections : 1° *métalloïdes* ; 2° *acides* ; 3° *alcalins* ; 4° *salins-métalliques,* ou dont on peut extraire facilement le métal.

LES POISONS ORGANIQUES sont divisés en trois sections : 1° *poisons végétaux,* distribués par familles ; 2° *poisons animaux,* divisés en *vénéneux et venimeux* ; 3° *empoisonnements par les matières alimentaires* avec un appendice sur leur falsification.

LES POISONS GAZEUX sont divisés, d'après *leur nature* plus ou moins complexe, en : 1° *gaz simples* (acide carbonique, etc.) ; 2° *gaz complexes* (gaz de la combustion, etc.) ; d'après *leurs effets,* en gaz 1° *asphyxiants* ; 2° *narcotiques* ; 3° *anesthésiques* ; 4° *irritants* ; 5° *septiques.*

Enfin, l'ordre d'exposition que nous suivons dans nos cours depuis vingt ans est celui-ci : empoisonnement 1° par les poisons minéraux ; 2° par les poisons organiques ; 3° par les matières alimentaires ; 4° par les matières gazeuzes.

CHAPITRE VI.

Diagnostic toxicologique.

Les circonstances variées dans lesquelles peuvent se produire les empoisonnements, les voies diverses par où les poisons peuvent pénétrer dans l'économie, leur nombre, leur variété, l'analogie de leurs effets avec ceux d'autres états morbides, les précautions prises par les coupables pour dissimuler le crime, l'opiniâtreté des suicidés à cacher leur action, l'émotion qu'éprouve le médecin en présence de phénomènes aussi graves, aussi insolites, les ménage-ments, l'attention scrupuleuse qu'il doit apporter dans ces sortes de cas pour ne pas éveiller des soupçons, l'éloigne-ment qu'il éprouve à admettre un pareil crime par des personnes dont la moralité n'avait point été jusqu'alors soupçonnée, etc., sont autant de causes qui rendent le diagnostic d'un empoisonnement difficile. Si à ces difficul-tés on ajoute les erreurs qui peuvent résulter de la présence normale ou accidentelle du poison dans les aliments, dans nos organes, dans la terre des cimetières, de leur emploi comme médicaments, des effets, des lésions, des réactifs, du procédé analytique, il est certain que, surtout dans un cas légal, l'expert ne saurait trop s'entourer de précau-tions pour ne pas porter un diagnostic erroné. Passons successivement en revue chacune de ces causes d'erreur, ainsi que les divers moyens d'investigation qui peuvent éclairer le diagnostic toxicologique.

1. — Causes morales accidentelles.

LES SUICIDES par empoisonnement sont assez communs; ils ont lieu ordinairement par la voie gastrique et pulmonaire.

C'est surtout après les grandes révolutions politiques et sociales, lorsque tant de fortunes, de positions se trouvent compromises : les chagrins d'amour, etc., les maladies chroniques, la perte au jeu, l'ennui de la vie, les contrariétés, etc., en sont souvent la cause déterminante. Le poison est l'arme dont se servent les femmes, les personnes faibles de caractère. Nous en citons plusieurs exemples avec le phosphore, les iodés, les acides, l'eau de javelle, les préparations arsenicales, antimoniales, mercurielles, cuivreuses, opiacées, cyaniques, les plantes vireuses, le gaz de la combustion, etc. C'est ordinairement avec les poisons qui sont employés comme médicaments, dans les arts, le commerce, parce qu'on peut se les procurer plus facilement, en prétextant tout autre emploi.

Dans le département de la Seine, il y a annuellement environ 600 suicides. Sur 4595, on en compte 1426 par le charbon, 158 par empoisonnement, 44 rapports énoncent seulement les substances toxiques : 16 par l'acide sulfurique ; 7 par l'acide nitrique ; 6 par l'arsenic ; 5 par l'opium ; 2 par l'eau-de-vie ; 1 par l'eau seconde ; 2 par la noix vomique ; 2 par le colchique ; 2 par l'acide cyanhydrique ; 1 par le bleu de composition (M. Brière de Boismont). Combien de suicides passent inaperçus ! Quel est le médecin qui n'en ait eu à traiter, surtout par le laudanum ? quelquefois même de simulés, de prétextés dans un but d'avortement par le traitement que nécessitent ces sortes de cas, ou pour toute autre cause ? Nous pourrions en citer plusieurs exemples. C'est souvent une position bien délicate pour le jeune médecin.

LES HOMICIDES par empoisonnement, quoique moins fréquents que les autres genres de crime, sont cependant assez communs. C'est ordinairement avec les poisons dont on peut facilement masquer les caractères organoleptiques. La population des bagnes de Brest, de Toulon, de

Rochefort, au 1er janvier 1850, était de 7,690 individus, dont 65 pour crime d'empoisonnement. En 10 ans, en France, pour 335 accusations, il y a eu 414 accusés et 392 victimes, dont 187 de morts, 171 d'indisposés, 34 avec tentatives sans effets (M. Cormenin). De 1826 à 1845, en moyenne par année, 32 accusations d'empoisonnement ont été portées devant les cours d'assises, ce qui fait en tout 613 accusations, dont les 2/3 environ sont dues à l'arsenic (M. Flandin).

En France, de 1841 à 1845, le nombre des empoisonnements a été à peu près le même, de 48 à 52 par année. En 1841, il y en a eu 38 par l'arsenic; 4 par le cuivre : 2 par le plomb; 2 par l'acide sulfurique; 1 par l'acide azotique; 1 par le laudanum; 2 par la noix vomique; 2 par les cantharides; les autres par le datura, le colchique, etc.

En Angleterre, en 2 années (1837 et 1838), il s'est produit 544 empoisonnements de tout genre : 186 par l'arsenic; 15 par le mercure; 2 par l'antimoine; 32 par l'acide sulfurique; 3 par l'acide azotique; 19 par l'acide oxalique; 193 par l'opium; 34 par l'acide cyanhydrique; les autres par des poisons divers.

A New-York, en 3 années, il y a eu 83 cas d'empoisonnement vérifiés; 13 par l'arsenic; 8 par l'opium; 39 par le laudanum; 3 par la morphine; 3 par le sublimé; 1 par le colchique et autres poisons.

Dans *le pays de Galles*, sur 171 accusations de crime d'empoisonnement, 84 ont été commis par des hommes; 87 par des femmes. *En Écosse*, sur 15, 5 par des hommes; 10 par des femmes. *En Irlande*, sur 56, 25 par des hommes; 31 par des femmes.

Ces relevés sont loin d'exprimer toute la vérité, car plusieurs empoisonnements restent ignorés, étant plus faciles à cacher que les autres genres de crime. L'avarice, la vengeance, la jalousie, la dépravation morale, etc., sont les principaux mobiles des homicides par empoisonnement.

En France, c'est surtout avec l'arsenic, et, en Angleterre, en Amérique avec l'opium, l'acide cyanhydrique, oxalique, peut-être en raison de leur fréquent usage. Les pâtes, les allumettes phosphorées commencent à remplacer les préparations arsénicales. Nous en citons quelques cas par le sulfate de fer, les cantharides. Les acides minéraux sont quelquefois jetés à la face, dans le but de défigurer, et même dans la bouche des enfants pendant qu'ils dorment. Les plantes vireuses, surtout le datura, sont mêlées au tabac, au vin, pour abuser des personnes ou les voler. Deux voleurs ont narcotisé un jeune homme avec du tabac et lui ont volé 500 francs. Deux Auvergnats, en voyage, sont invités par deux individus à boire dans un cabaret ; sous le prétexte que le vin est mauvais, ils y ajoutent une poudre qu'ils disent être du sucre; après un 1/2 kilomètre de marche, les Auvergnats tombent sans connaissance, et on les trouva dévalisés. Dernièrement, deux endormeurs et assassins ont été condamnés à mort.

Les poisons sont ordinairement mêlés aux aliments, aux boissons, aux condiments, aux médicaments. Sur 81 cas, ils l'ont été 54 fois à du potage; 8 à du lait; 6 à du pain; 4 à de la farine ; 4 à du vin ; 4 à du pâté; 5 à du chocolat; 4 à des médicaments ; 2 à du café; 1 à du cidre; 1 à une volaille. Des individus ont empoisonné, avec de l'acide arsénieux, l'eau d'une mare, d'une fontaine, d'un puits, une barrique de vin. Morgagni reconnut qu'un de ses malades était empoisonné, le domestique lui ayant dit que M. X.... avait ajouté à la tisane une poudre qu'il n'avait pas prescrite, et sans éveiller de soupçons, il parvint à le guérir et à éviter une nouvelle tentative. Un homme a tenté, à trois reprises différentes, d'empoisonner son beau-frère avec de l'emplâtre vésicatoire qu'il mettait dans le potage; une autre, sa belle-sœur, en introduisant de l'arsenic dans une potion prescrite par le médecin. Une femme succombe après une courte maladie, qui s'était manifestée

par une tuméfaction considérable des parties génitales,
avec pertes utérines, vomissements, selles abondantes, etc. ;
à l'autopsie, on trouva un état gangréneux de la vulve, du
vagin, des intestins, le ventre météorisé. Il résulta des
débats que son mari, au moment de jouir de ses droits
conjugaux, avait introduit de l'arsenic dans le vagin
(**M.** Ansiaux de Liége). Nous avons cité un cas semblable
d'un mari qui aurait fait périr ses trois femmes par la
même voie; cependant ce fait est contesté. Il est des criminels qui, pour empoisonner une personne, dans le but
d'en hériter, de se venger, etc., n'ont pas craint de porter
la désolation dans plusieurs familles, en mettant le poison
dans le sel, la farine, les boissons, un pâté, des gâteaux, etc.
Nous citons quelques homicides par les matières gazeuses,
surtout par le gaz de la combustion, le criminel prétextant
vouloir s'asphyxier avec la victime. Il nous est impossible
d'indiquer toutes les circonstances dans lesquelles peuvent
s'effectuer les homicides par empoisonnement. Ce petit
exposé peut cependant suffire pour en éclairer le diagnostic, surtout en s'aidant des effets, des circonstances
qui ont précédé la perpétration du crime, de l'inspection,
de l'analyse des matières alimentaires, des déjections, etc.

Les empoisonnements PAR ERREUR, PAR INADVERTANCE OU
ACCIDENTELS, sont peut-être de tous les plus fréquents, et
s'observent par toutes les voies (voyez chapitre II). Quelques auteurs paraissent mettre en doute l'intoxication par
la peau non dénudée. Les expériences récentes de M. Homolle viendraient à l'appui de cette assertion. Ayant pris
un bain d'iodure de potassium, ses urines devinrent alcalines sans traces d'iode. Pourquoi ne pas examiner la
salive? Il n'éprouva non plus aucun effet dans un bain
préparé avec 1 à 2 kilogrammes de belladone ou de digitale. Ces expériences n'infirment pas les faits que nous
rapportons dans l'empoisonnement par les plantes vireuses, les mercuriaux, auxquels nous pourrions joindre

les suivants. Le fils d'un médecin succomba dans le narcotisme pour s'être appliqué un cataplasme fortement laudanisé sur l'épigastre. Un homme fut atteint de la colique de cuivre pour avoir immergé, à plusieurs reprises, ses mains dans un bain de sulfate de ce métal, afin d'en retirer des lames de zinc. Dans un concours, 5 candidats, en disséquant 5 cadavres injectés avec une dissolution arsénicale, eurent des étourdissements, des éblouissements, des coliques, de la diarrhée, des nausées, des vomissements, des douleurs lancinantes dans les doigts, au niveau des ongles, etc. Le seul candidat qui n'avait pas disséqué n'éprouva rien. M. Flandin a fait périr promptement des chiens, en leur frictionnant le ventre, la partie interne des cuisses avec une pommade arsénicale. On donne un bain arsénical à 229 moutons affectés de gale; 2 ou 3 jours après ils sont engourdis, comme paralysés; leur peau se dépouille, comme si elle eût été brûlée. 11 agneaux et une brebis succombent; les chiens refusent de les manger. 28 restent en traitement pendant un mois, incapables de se tenir debout. Les brebis perdirent leur lait. Sur 50, il n'y en eut que 11 qui purent continuer de nourrir (*Moniteur des hôpitaux*, 1853). Ces deux derniers faits, quoique moins probants, car on pourrait objecter que l'épiderme a été altéré par les frictions, l'effet caustique du poison, démontrent cependant, avec ceux qui sont déjà connus, la possibilité de l'intoxication par la peau, qu'il y ait ou non lésion de l'épiderme.

Les *empoisonnements accidentels par la peau dénudée, le tissu cellulaire, une plaie, les muqueuses externes*, sont assez fréquents, et ont lieu, le plus souvent, par l'emploi des cosmétiques, surtout des médicaments administrés à dose ordinaire, pendant trop longtemps, ou à dose trop élevée soit contre la gale, la vermine, les maladies cutanées, ou pour détruire des cancers, des tumeurs; soit en injection, dans le pansement des plaies. Nous en rapportons plusieurs exemples aux préparations arsénicales, mercurielles, plombiques, aux plantes vireuses. L'amirauté anglaise, voulant imprégner le bois de construction d'une solution d'acide arsénieux pour le conserver, fut obligée d'y renoncer, parce que les plus légères blessures avec des échardes de ce bois étaient très-graves ou mortelles. Un jeune homme auquel M. Nélaton injecta dans un abcès froid de la cuisse gauche environ une seringuée de teinture d'iode, mélée à 2 parties d'eau et d'iodure de potassium, éprouva, 5 heures après, des étourdissements, des troubles de la vue, des crachotements, des vomissements, une très-grande prostration, géne de la respiration avec extinction de la voix, toux croupale, enfin un œdème aigu de la glotte ; accidents que le même praticien avait déjà observés chez une femme à laquelle il avait administré 1 gram. d'iodure de potassium. Nous rapportons des accidents plombiques déterminés par du cérat saturnisé, par du sparadrap appliqué sur une plaie, par de l'eau blanche employée en collyre, en injection vaginale. Toutes les fois qu'une personne éprouvera des accidents insolites, qu'on ne puisse attribuer à l'ingestion des aliments, des boissons, des médicaments, au séjour dans un lieu délétère, il faudra s'informer si elle n'a pas employé quelque cosmétique, subi un traitement externe, travaillé les préparations plombiques, cuivreuses, etc.

Les empoisonnements accidentels par les voies pulmonaires passent souvent inaperçus, ne sont reconnus que lorsque des accidents graves ou mortels se sont déclarés. Le médecin ne saurait trop se pénétrer des circonstances dans lesquelles les matières gazeuses peuvent se produire, et s'il est appelé auprès d'une ou plusieurs personnes indisposées par leur séjour plus ou moins prolongé dans un même lieu, surtout si ces accidents se renouvellent toutes les fois qu'elles y restent quelque temps, s'il n'y a pas d'autre cause physique apparente, il doit supposer qu'ils dépendent d'un air vicié par des gaz, des vapeurs qui s'infiltrent par la cheminée, le tuyau du poéle, la porte, les fenétres, les fissures du mur, du plancher, et faire des recherches à cet effet. Ces accidents ont souvent leur cachet symptomatique. Nous citons des cas d'intoxication saturnine, méconnus pendant un certain temps, chez des personnes qui ont employé de la peinture, habité des lieux récemment peints; des cas de salivation par les vapeurs mercurielles, provenant de la rupture d'un baromètre, ou de la chambre voisine d'un dentiste; des accidents cérébraux ou autres déterminés par la fuite du gaz de l'éclairage, des lieux d'aisance, de la carbonisation des poutres d'un mur, d'un plancher, adossées à un tuyau de poéle, par l'odeur des fleurs, des matières pulvérulentes répandues dans l'atmosphère.

Les empoisonnements accidentels par la voie gastrique sont, de tous, les plus fréquents, et ont lieu dans les circonstances indiquées page 76. Si une ou plusieurs personnes, auparavant bien portantes, après avoir pris des aliments, des boissons, des médicaments, éprouvent des accidents insolites, qui ne puissent être rapportés à un état morbide antérieur, à l'idiosyncrasie, à l'antipathie pour certaines matières alimentaires, aux modifications que celles-ci éprouvent à certaines époques de l'année (moules, poissons, etc.), à leur quantité, leur température (boissons froides), à une cause morale, à une disposition particulière actuelle, etc., il doit examiner avec le plus grand soin ces matières, les vases dans lesquels on les a conservées ou préparées, envoyer chez le pharmacien chercher du même médicament, se transporter sur les lieux où les plantes, les fruits ont été cueillis, pour s'assurer s'il n'y a pas de toxiques (champignons, ciguë, belladone, etc.). Dans les empoisonnements multiples, il portera son attention sur la farine, les boissons, le sel et autres condiments; s'assurera si, parmi les personnes, il n'en est pas de plus indisposées que les autres, quel genre

d'aliments elles ont spécialement mangé, en quelle quantité, la partie même de cet aliment; si enfin les chats, les
chiens, qui ont pris de ces aliments, les matières des
vomissements, ont été ou non incommodés. C'est en
mettant à contribution ces données diverses, en ayant
égard à la nature des effets, aux circonstances concomit-
tantes, que le médecin pourra diagnostiquer un empoisonnement accidentel de tout autre état morbide, et même
d'un homicide. Dernièrement, plusieurs personnes sont
incommodées, le médecin reconnaît un empoisonnement;
c'était par du fromage auquel la marchande avait ajouté
de l'arsenic pour empêcher qu'il ne soit attaqué par les
vers.

Trois personnes, après avoir mangé une soupe au
fromage, éprouvent de graves accidents; Morgagni soupçonna un empoisonnement, parce que la plus incommodée
était celle qui avait mangé le plus de fromage et le moins
de soupe. L'aubergiste avoua que, par erreur, il s'était
servi de fromage arsénical, destiné à tuer les souris.
Plusieurs empoisonnements accidentels ont été reconnus
par la présence du poison dans les vomissements, les
aliments, par une saveur spéciale, la nature des symptômes, les accidents éprouvés par les animaux, etc.

Si le médecin soupçonnait un homicide par empoisonnement, il devrait procéder avec la plus grande discrétion,
soit pour instituer le traitement, comme l'a fait Morgagni,
soit pour recueillir les matières qui lui paraîtraient
suspectes, celles des vomissements, les urines, etc., tout
en donnant à entendre que c'est pour s'éclairer sur la
cause, la nature de la maladie. Ici s'élève une question
très-grave, à savoir s'il faudrait se taire, comme l'a fait
Morgagni, ou bien divulguer le crime? (Voyez les rapports.)

II.—Erreurs quant aux causes.

La constatation du poison dans *les aliments, les boissons, les condiments, les médicaments, nos organes, nos liquides, les vêtements, enfin dans les matières suspectes,* ne prouve pas qu'il y soit introduit dans un but coupable, d'abord parce qu'on ne le retire pas toujours tel qu'il y a été mêlé, qu'ensuite les diverses matières peuvent le renfermer normalement ou accidentellement. Le poison peut aussi provenir des réactifs, des vases, des instruments, de la terre des cimetières, avoir été administré antérieurement comme médicament ou ingéré après la mort dans le tube intestinal. A ces diverses causes d'erreur, très-importantes à connaître, nous consacrerons un article spécial aux chapitres *des questions toxicologiques et des rapports.*

III.—Erreurs quant aux effets, aux lésions.

Plusieurs poisons donnent lieu à un ensemble de symptômes, de lésions qui offrent la plus grande analogie avec certains états morbides aigus ou chroniques. Des erreurs très-graves, à cet égard, ne sont pas rares ; souvent même des empoisonnements accidentels ou criminels passent inaperçus, ne sont reconnus que lorsqu'il y a eu plusieurs victimes ou tentatives. Nous en citons des exemples aux poisons les plus importants, aux matières gazeuses, etc. Il est même extraordinaire, à une époque où la science toxicologique a fait tant de progrès, que la servante Jegado (assises de Rennes) ait été convaincue d'avoir fait périr, par l'arsenic, 45 personnes de tout âge, de 1833 à 1849. Cela tient à ce que cette science n'est pas assez vulgarisée, assez envisagée sous le point de vue pratique ou du diagnostic, qu'on s'est plutôt occupé de toxicologie canine, que de toxicologie humaine. Cependant les observations d'empoisonnement ne sont pas rares, et en compulsant les journaux nationaux et étrangers, il serait facile de composer une monographie sur les poisons les plus importants; c'est ce que nous avons essayé de faire dans la toxicologie spéciale.

Dans l'impossibilité de retracer tous les états morbides qui peuvent simuler l'empoisonnement, nous indiquerons seulement les plus importants, ceux qui ont été le sujet d'expertises légales, en insistant sur les effets, les lésions qui offrent le plus d'analogie. S'il est des cas, comme le dit M. Tardieu, où la cause matérielle de la mort est manifeste, il en est bien d'autres où elle reste douteuse ; c'est surtout dans ces derniers que l'analyse doit intervenir, même dans tous, quand il y a des soupçons, parce que les coupables, afin de mieux dissimuler le crime, donnent assez souvent le poison pendant les maladies, et alors il est quelquefois nécessaire de déterminer son rôle comme cause déterminante ou concomittante.

Il n'est pas possible de confondre les états morbides avec les empoisonnements, qui ont une expression symptomatique différente, l'intoxication par les narcotiques, les tétaniques, avec les maladies qui siégent sur le tube intestinal; aussi, la division des poisons en sections, d'après leurs effets, est-elle d'une grande utilité sous le point de vue du diagnostic. Cependant, comme plusieurs poisons agissent à la fois sur divers systèmes d'organes, et à cause des anomalies qui peuvent se présenter, il importe de ne pas se prononcer d'après un seul symptôme, mais d'après l'ensemble, de ne pas confondre, par exemple, l'insensibilité, la paralysie, la stupeur qu'on observe quelquefois dans l'empoisonnement arsénical avec celles qui résultent de l'intoxication par les narcotiques.

EFFETS PRODUITS PAR LES BOISSONS FROIDES.—Les accidents par les boissons froides, l'eau, le vin, la bière, les glaces, etc., dans les grandes chaleurs d'été, lorsque le corps est échauffé, en sueur, surexcité, ne sont pas rares, et, assez souvent, rapidement mortels. Quoiqu'ils portent ordinairement sur le tube intestinal et offrent les caractères du choléra sporadique, ils peuvent siéger sur d'autres organes (M. Guérard, *Ann. d'hyg.*, tom. VIII). En juillet 1825, par $\times$ 28° Réaumur, plusieurs personnes, soit à Paris, soit à Rouen, après avoir pris des glaces, furent assez fortement incommodées, éprouvèrent les symptômes du choléra sporadique, de manière à faire croire à un empoisonnement ; cependant l'analyse des glaces, des vases, des matières qui avaient servi à les préparer, ne décela aucun poison. Ces accidents sont très-fréquents à New-York : environ 100 individus ont succombé ainsi dans la première quinzaine de juillet 1825. Plusieurs personnes sont tombées en syncope rapidement mortelle après avoir pris des boissons glacées (Ramazzini). Un homme, venant de jouer à la paume, boit un grand verre d'eau fraîche, aussitôt il porte sa main sur son estomac, se penche en avant et expire en quelques minutes (Jam. Curie). Un relieur d'Édimbourg, bien portant, se lève à 6 heures du matin pour allumer son feu, boit la valeur d'un grand verre d'eau froide et regagne immédiatement son lit ; aussitôt il est pris de violentes douleurs au creux de l'estomac, d'une vive anxiété, de vomissements que rien ne peut arrêter, et succombe en 12 heur es D'autres fois ces accidents arrivent à la suite d'une course à pied ou à cheval, d'une dispute. Un homme, se querellant avec son camarade, boit un verre de bière au moment de la plus forte excitation, perd aussitôt connaissance et meurt. Une enquête judiciaire eut lieu : Pyll, qui pratiqua l'autopsie, déclara que la mort devait être attribuée à la boisson froide. Aux environs de New-York, en 1818, le thermomètre marquant 34° à $\times$ l'ombre, parmi les personnes qui buvaient beaucoup et souvent d'eau froide, plu-

sieurs furent prises de douleurs d'estomac, de malaise, de
défaillance, de vertiges, d'une gêne excessive de la respiration, d'apoplexie, symptômes qui, comme le fait remarquer Christison, se rapprochent beaucoup de ceux de
l'intoxication par les poisons narcotico-àcres. A la Havane,
le trismus succède fréquemment à l'ingestion de boissons
froides (M. Roullin). Des affections chroniques des organes
gastriques ou pulmonaires en sont assez souvent le résultat.

M. Guérard fait remarquer que les accidents par les
boissons arrivent plutôt quand elles offrent✕11 à 12° qu'à
0°, lorsqu'on les prend d'un seul coup; aussi les chevaux
sont-ils sujets à ces sortes d'accidents, et moins souvent les
chiens, qui lapent en buvant; aussi Ramazzini conseille-
t-il, quand l'estomac est vide, de manger un morceau préalablement. Il importe, en outre, de ne pas discontinuer
d'agir après avoir bu.

Lorsque la mort est prompte, en quelque sorte instantanée, le diagnostic est facile, car les poisons qui agissent
aussi rapidement ont une odeur, une saveur caractéristiques dont ils imprègnent les organes, les boissons. Si ce
sont les symptômes du choléra sporadique, les conditions,
les circonstances dans lesquelles ils se sont développés,
en outre de ceux que nous indiquerons ci-après, et les
effets locaux qui, dans l'intoxication, sont plutôt de nature
inflammatoire que nerveuse ou spasmodique, peuvent
mettre sur la voie. Si cependant ils offraient un certain
degré de gravité, se manifestaient sur plusieurs personnes
à la fois, présentaient les caractères d'une inflammation
gastro-intestinale; si, surtout, les boissons, les glaces, etc.,
avaient une saveur insolite, etc., il serait nécessaire de
les soumettre à l'analyse. Si les effets étaient ceux du narcotisme, la sécheresse de la bouche, du pharynx, la difficulté de la déglutition, de la parole, la dilatation ou contraction des pupilles, etc., symptômes de l'intoxication par
les plantes vireuses, serviraient à établir le diagnostic.

INDIGESTION.—L'indigestion grave, parfois mortelle, est peut-être, d'après M. Tardieu, l'affection la plus facile à confondre avec l'empoisonnement sans le secours de l'analyse. Deux enfants, en août 1851, succombent après avoir mangé des gâteaux, sans traces de lésions caractéristiques ni de poison, à l'analyse faite par M. Chevallier. En décembre, 1848, un homme de 60 ans, après avoir mangé aussi des gâteaux, est pris de diarrhée, de vomissements, etc., et succombe le troisième jour ; il y a soupçon d'empoisonnement : à l'autopsie, inflammation vive et récente de l'estomac ; sa muqueuse est noire, infiltrée de sang, ramollie, épaissie, surtout vers le pylore ; nombreuses taches ecchymotiques dans l'intestin grèle ; traces d'épanchement ancien dans l'hémisphère gauche du cerveau avec sérosité abondante dans l'arachnoïde. M. Tardieu conclut que la mort est due à la lésion du tube intestinal, que l'analyse chimique était nécessaire pour en connaître la cause (*Ann. d'hyg. et de méd. lég.*, 1854). Les cas d'indigestion par les gâteaux, surtout par les viandes de charcuterie, simulant un empoisonnement, sont assez fréquents ; dans beaucoup de cas l'analyse a démontré qu'elles étaient bien préparées, ne contenaient aucune trace de poison. Les personnes qui mangent les parties graisseuses sont les plus incommodées (voyez *Matières alimentaires*).

Un homme, d'un fort embonpoint, s'endort immédiatement après son dîner, se réveille peu après, éprouve de grandes douleurs, dit : Je me meurs, et succombe en 5 minutes. Vivant mal avec sa femme, on croit à un empoisonnement : à l'autopsie, l'estomac est tellement distendu par du jambon, du petit salé, de la soupe aux choux, que le diaphragme est refoulé dans la poitrine ; sur la muqueuse il y avait une poudre blanche, que l'on prit d'abord pour de l'acide arsénieux, et que l'analyse démontra être de la magnésie, dont cet homme faisait habituellement usage. Wilberg déclara que la mort était due à la distension de

l'estomac par les aliments (Christison). Un enfant, laissé
par sa nourrice près d'un sac de pommes de terre, meurt ;
on trouve son estomac distendu par cet aliment. Qui de
nous n'a été appelé par des personnes, qui, à la suite
d'un repas, ont éprouvé des symptômes gastro-intestinaux
assez graves pour inspirer des craintes sur leur nature ?
Nous citons des cas, surtout avec les poisons peu sapides,
l'acide arsénieux, où l'indisposition gastro-intestinale a été
attribuée à une indigestion, à une irritation de l'estomac,
et ce n'est qu'après plusieurs tentatives que le crime a été
découvert.

La nature, la quantité d'aliments, de boissons, de condiments, l'antipathie pour certaines matières alimentaires,
l'idiosyncasie, les affections morales, l'état actuel des personnes, du tube intestinal, sont autant de circonstances
que peuvent éclairer la diagnostic. Lorsque le poison est
mêlé aux matières alimentaires, il est rare qu'elles n'en
offrent aucune trace, qu'il n'en reste pas dans les vases,
que le malade n'accuse une saveur, une sensation spéciales
dans la bouche, le pharynx, quelques-uns même laissent
des traces de leur action sur la muqueuse buccale ; la soif,
les douleurs épigastriques, les coliques sont plus vives,
continues, revêtent un caractère plus inflammatoire. Dans
les cas d'indigestion, lorsque la mort est prompte, l'estomac est distendu par des aliments incomplétement digérés, par des gaz ; la muqueuse est turgescente, violacée
uniformément ou par plaques. Dans l'empoisonnement il
y a peu ou pas d'aliments ; la muqueuse est plus ou moins
enflammée, offre parfois des taches brunâtres, comme gangréneuses, des ulcérations, des colorations spéciales. Enfin,
le rétablissement est plus long et les effets consécutifs plus
constants. Mais comme ces caractères peuvent manquer,
que dans l'indigestion les lésions du tube intestinal sont
quelquefois très-intenses, il sera nécessaire, dans les cas
douteux, d'analyser les matières des vomissements, des dé-

jections, les urines, les matières alimentaires, et les organes
si la mort a lieu.

CHOLÉRA SPORADIQUE ET ÉPIDÉMIQUE. — Il n'est pas de
maladie qui, dans son invasion, ses symptômes, sa marche,
sa durée, ses périodes, sa terminaison, ressemble autant a
un empoisonnement que le *choléra sporadique* : début
brusque ou précédé de légers symptômes gastro-intestinaux, vomissements et selles simultanés de matières jaunâtres, bilieuses, vives douleurs de ventre avec rétraction,
soif vive, hoquet, anxiété extrême, fréquence et dureté du
pouls, parfois crampes ou convulsions, diminution ou suspension de la sécrétion urinaire, palpitations, lypothimies,
altération profonde des traits, extrémités froides, sueurs
visqueuses, extinction de la voix, insensibilité du pouls,
grand affaiblissement, mort en 24-48 heures; le plus souvent rétablissement assez prompt.

Ce sont bien les symptômes qui constituent les deux périodes de l'intoxication par les poisons âcres, irritants, minéraux et végétaux; cependant, en ce cas, les malades
accusent une saveur âcre, caustique, spéciale; les accidents
gastriques précèdent les intestinaux, alternent avec eux,
offrent un caractère plus inflammatoire, surtout à la pression, persistent dans l'intervalle des évacuations. Les
symptômes généraux hyposthéniques sont aussi bien plus
intenses; les crampes, les convulsions moins fréquentes,
si ce n'est avec les poisons végétaux. Quant aux lésions, à
peu près constantes et de nature inflammatoire dans l'empoisonnement, elles sont nulles ou sans caractère spécial
dans le choléra sporadique.

L'étiologie peut aussi répandre quelque jour sur le diagnostic. Ainsi, le choléra sporadique est rare dans le nord,
ne survient ordinairement dans le midi que vers la fin de
l'été, en août et en septembre, spontanément ou sous
l'influence de certains aliments (melon et autres fruits,

viandes de porc, de charcuterie, œuf de brochet, crabes, etc.); de certaines boissons (vin nouveau, boissons froides); d'une affection morale. L'effet des aliments, des matières des vomissements sur les chats, les chiens, dans l'empoisonnement par les champignons, etc., a servi à éclairer le diagnostic.

Le choléra asiatique, qui depuis 1832 s'est montré aussi sporadiquement, peut débuter brusquement, mais, le plus souvent, il est précédé de diarrhée et autres *symptômes prémonitoires*. Une fois déclaré, sa marche est ordinairement plus prompte que celle de l'empoisonnement. Dans l'intervalle des évacuations, les malades n'éprouvent pas de douleurs gastro-abdominales ; ou bien elles sont moins intenses, offrent plutôt le caractère nerveux, oppressif, spasmodique, qu'inflammatoire ; il n'y a pas de saveur spéciale. La période asphyxique est aussi plus prompte, plus intense. La peau est plus glaciale, l'épiderme plus ridé, plus flasque; la cyanose plus générale, plus marquée; la voix plus creuse, plus éteinte; les crampes, les douleurs des membres sont aussi plus fréquentes. Enfin, et c'est là le caractère pathognomonique, les matières des vomissements, des selles, sont blanchâtres, ressemblent à une décoction de riz, ont une odeur fade caractéristique ; il n'y a ordinairement aucune trace d'inflammation dans le tube intestinal. Les follicules de Brunner, surtout vers la fin de l'iléum, sont plus développés, ont la forme de petits corps durs, arrondis, opaques, de la grosseur d'un grain de chènevis. Nous insistons sur ces caractères diagnostiques, parce que, à l'époque du choléra épidémique, des morts, attribuées à cette maladie, ont été reconnues plus tard être le résultat d'un empoisonnement criminel, après un an et plus d'inhumation.

Dans la Haute-Saône, en 1849, le choléra avait cessé ses ravages, lorsque deux jeunes mariés, incommodés au sortir de table, succombent en deux jours. On attribue leur mort

à cette maladie. L'enquête démontra qu'ils avaient été empoisonnés par l'arsenic, et que les mêmes criminels avaient
fait périr ainsi six autres personnes.

En mai 1849 Célina Lepère, âgée de 13 ans, est prise, le
matin, de vomissements, de douleurs épigastriques, de
déjections, de refroidissements, et succombe en 6 heures.
Étant coloriste, on soupçonne un empoisonnement par le
vert arsénical. A l'autopsie, assez forte injection des méninges ; poumons congestionnés, sang fluide, noir, poisseux ; dans le ventricule droit, nombreuses taches ecchy-
mosiques ; rien dans la bouche, l'œsophage ; vers le pylore,
trois taches brunâtres circonscrites, très-peu foncées. A partir de cet orifice jusqu'à la fin de l'intestin grêle, la muqueuse
est couverte dans toute son étendue d'un nombre considérable de *follicules isolées ou agminés, dont le volume est augmenté, offrant enfin les caractères de l'affection cholérique ; ils
ne se laissent ni dérouler, ni serrer par la pression,* etc. ; pas
la moindre trace de phlegmasie, de congestion ; très-peu
de liquide, épais, trouble. M. Tardieu conclut que Célina
Lepère a succombé au choléra.

Le choléra, dans sa période comatique, peut en imposer pour un empoisonnement par les narcotites : le délire,
les hallucinations, la contraction ou la dilatation pupillaire
qui précèdent ou accompagnent ce dernier, les antécédents serviront de diagnostic.

GASTRITE, ENTÉRITE, COLITE, GASTRO-ENTÉRO-COLITE.—La
cause des accidents gastro-intestinaux, de nature inflammatoire, déterminés par les poisons administrés avec les
matières alimentaires ou par doses successives, est restée
ignorée pendant un certain temps, et souvent n'a été
reconnue qu'aux débats. Aux rapports, nous citons un cas
d'avortement avec gastro-entérite simple qui nécessita
l'analyse pour remonter à la cause. Dans la plupart des autopsies, c'est d'après les lésions gastro-intestinales, souvent

sans caractère bien tranché, qu'on établit la nécessité d'une expertise. L'erreur est donc possible quant aux symptômes, aux lésions.

Dans l'empoisonnement, les effets locaux sont prompts, en quelque sorte immédiats, ce qui est assez rare dans ces maladies, qui le plus souvent sont précédées de symptômes prodromiques pendant plusieurs jours ; ensuite ils sont plus intenses, continus, ainsi que les effets généraux, et n'offrent ni exacerbation, ni rémittences aussi longues, à moins qu'une nouvelle dose de poison soit administrée. Les matières des vomissements, des selles, plus abondantes, plus répétées, peuvent offrir des caractères spéciaux. Les effets constitutionnels, lorsque le poison a été absorbé, sont aussi bien plus graves, et la période hyposthénique ou d'affaissement plus prompte. La gêne de la respiration, la cyanose ou plutôt l'asphyxie résultant de la liquéfaction du sang ne s'observent pas dans ces maladies, qui, en outre, ne sont pas aussi rapidement mortelles, et il est rare qu'elles envahissent à la fois les diverses parties du tube intestinal, ce qui est fréquent dans l'empoisonnement.

Quant aux *lésions* dans le *gastro-entéro-colite*, la muqueuse est d'un rouge clair ou brun foncé, uniformément ou par arborisations, par plaques, par un pointillé très-fin, épaissie ou amincie, friable, ramollie, et offre parfois de petites ulcérations. *Dans l'empoisonnement*, ces lésions sont moins générales, plus profondes, siégent surtout sur les parties les plus anfractueuses, coexistent souvent avec des taches brunâtres, comme gangréneuses, des escarres, des ulcérations, des colorations spéciales, etc. Si ces caractères manquent, sont insuffisants, il faut recourir à l'analyse.

Péritonite.—Elle est très-rare dans les cas d'empoisonnement, à moins qu'il n'y ait perforation du tube intestinal,

et alors même elle n'a pas le temps de se développer, la
mort étant très-prompte. La douleur abdominale générale
ou correspondant à la portion du péritoine affectée, superficielle, aiguë, s'exaspérant par la plus légère pression, le
contact des couvertures, intolérable dans les efforts de
vomissements, pour uriner, aller à la selle ou tout autre
mouvement, le décubitus dorsal forcé, le peu d'abondance
des matières évacuées, leur nature, le ballonnement, la
matité du ventre, la crainte de satisfaire la soif pour ne pas
exaspérer les douleurs, le peu d'étendue de la respiration,
et enfin les lésions dans les cas de mort, en outre des symptômes généraux et précurseurs, serviront à établir le diagnostic.

Dans la *métro-péritonite*, les mêmes symptômes, en outre
de ceux fournis par l'utérus, pourront établir le diagnostic.
Si l'intoxication s'était effectuée par cette voie, il faudrait
tenir compte des symptômes inflammatoires, des lésions du
vagin si c'était un poison caustique. M. Tardieu cite deux
femmes chez qui il y avait soupçon d'empoisonnement,
l'une morte d'une péritonite simple, en dehors de l'état
puerpéral ; l'autre, atteinte d'une péritontie tuberculeuse,
localisée principalement dans le péritoine et les intestins.

Vomissements, coliques spasmodiques ou idiopathiques.
— Il n'est pas rare d'être appelé auprès des personnes qui
sont prises spontanément, ou après quelques symptômes
prodomiques, de vomissements muqueux ou bilieux, de
coliques avec ou sans diarrhée. L'absence de fièvre, d'inflammation gastro-intestinale, la non-continuité des vomissements, des coliques, le peu de douleur de la région
gastro-abdominale à la pression dans les intervalles ; la
manifestation des accidents, même lorsqu'il n'y a pas eu
depuis quelque temps des boissons, d'aliments ingérés ; la
nature des boissons, des aliments dans le cas contraire ;
l'état hystérique ou nerveux de la personne ; la suppression

du flux menstruel, de la sueur, etc.; l'apparition de ces
maladies sous l'influence d'une contrariété, d'une affection
morale, sont autant de circonstances qui peuvent établir
le diagnostic.

Les coliques hépatiques, néphrétiques, utérines peuvent donner lieu aussi à des symptômes gastro-intestinaux
assez graves, mais elles se distingueront à leur caractère
particulier, au siége, à l'invasion de la maladie.

Vers intestinaux. — Un soldat meurt à l'instant où il
venait de boire ; pour toute lésion on trouve dans le duodénum un certain nombre de lombricoïdes, qui avaient piqué
en plusieurs endroits l'intestin et le pylore ; l'un d'eux
avait sa tête engagée entre la muqueuse et la musculeuse
(Mahon). Un boulanger, de Saint-Ponts, meurt à la suite
d'accidents qui firent naître des soupçons d'empoisonnement : pas d'autre lésion que de lombrics dans le tube
digestif. Dans plusieurs cas légaux (affaire Gérard), se fondant sur des faits de cette nature, sur ce que Gantieri,
Raspail, etc., admettent la possibilité de la perforation du
tube intestinal par ces entoozoaires, prétextant qu'ils peuvent agir, en outre, comme corps étranger ou secréter une
liqueur nuisible, la défense a interprété ainsi la mort.
Rudolphi, Bremser. Dujardin, etc., n'admettant pas, chez
les lombrics, d'organe propre à perforer le tube intestinal,
à sécréter une liqueur nuisible, et, très-souvent, leur
présence n'ayant été accusée qu'à l'autopsie, il est douteux
qu'ils puissent produire cet effet, quoique, dans certains
cas, ils donnent lieu à des accidents nerveux ou gastro-
intestinaux plus ou moins graves. Il importe de s'assurer
si la perforation par où a passé le ver n'est pas due à une
altération pathologique, si les vers trouvés dans l'œsophage, le larynx, n'y ont pas pénétré après la mort. L
présence du poison dans les organes où il a pénétré par
absorption résoudrait d'ailleurs la question

ILÉUS, PASSION ILIAQUE, MISÉRÉRÉ, COLIQUE DE MISÉRÉRÉ, VOLVULUS, INVAGINATION INTESTINALE, HERNIE ÉTRANGLÉE. —Ces diverses affections ont pour cause essentielle un obstacle au cours des matières fécales, due soit à une invagination, à un volvulus, à un étranglement externe ou interne, à la présence d'un corps étranger, d'une tumeur. etc. Leur symptôme commun est une douleur vive, quelquefois avec tuméfaction partant du siége du mal, s'irradiant dans tout le ventre, continue, exacerbante, pinçante, tortillante. Il y a hoquet, vomissement, d'abord de matières muqueuses, bilieuses, puis jaunâtres, stercorales et d'une odeur caractéristique, suppression de matières fécales et de gaz par l'anus, ballonnement du ventre, qui est très-douloureux, quand il y a péritonite, ce qui est fréquent. Quelquefois les anses intestinales sont dessinées à travers les parois abdominales. Au milieu de ces symptômes locaux, qui peuvent débuter brusquement ou être précédés d'accidents prodromiques gastro-intestinaux, selon que l'occlusion est plus ou moins complète, et de symptômes généraux très-graves, l'intelligence reste intacte. La mort survient promptement, ou du deuxième au sixième jour.

A Courbevoie, en mai 1853, une femme meurt à la suite de symptômes gastro-intestinaux très-intenses. L'homme avec lequel elle vivait est arrêté. A l'autopsie, on trouve un étranglement intestinal. Le sieur T..., à Paris, meurt presque subitement après avoir éprouvé des vomissements répétés. Sa mort est attribuée à une erreur de sa femme, qui lui aurait donné une potion contenant une substance très-active. L'autopsie révéla un étranglement comprenant quatre ou cinq anses intestinales. L'analyse donna des résultats négatifs. A Montmartre, une femme, que l'on croyait avoir été empoisonnée par son mari, succombait aussi à un étranglement intestinal (M. Tardieu).

Le siége de la maladie, la nature des matières vomies, la constipation, malgré les symptômes intestinaux aussi intenses, ce qui ne s'observe guère qu'avec le plomb, les acides concentrés, et, en ces cas, il y a des symptômes caractéristiques, l'absence des caractères organoleptiques propres à certains poisons, et enfin l'autopsie, qui dévoilera l'obstacle au cours des matières fécales, serviront à diagnostiquer ces états morbides. Le fait suivant démontre combien il faut procéder avec soin à l'autopsie.

Mme Hullin, danseuse à l'Opéra, est prise de symptômes gastro-intestinaux très-intenses, avec vomissements de matières glaireuses, puis bilieuses et fécales, douleurs violentes à la région iliaque droite, suspension de la sécrétion urinaire et de la défécation, ballonnement du ventre, altération des traits, insensibilité du pouls, etc., et succombe en 3 jours. Des bruits sinistres s'étant répandus sur la cause de la mort, le mari demanda l'autopsie. Les experts conclurent que Mme Hullin avait succombé à une gastro-entérite chronique, sans en préciser la cause. Le ministère public fit procéder à une seconde expertise par MM. Orfila et Rostan, qui constatèrent un étranglement, à 10 ou 12 centimètres du cœcum, formé par un appendice graisseux, de manière à comprendre l'iléum comme une bourse l'est dans son anneau. Pas de traces de poison (*Archiv. génér. méd.*, tom. XIX).

PERFORATIONS, ULCÉRATIONS, RUPTURES D'ORGANES. — Les organes creux, *l'œsophage, l'estomac, les intestins, la vésicule du fiel, les conduits biliaires, l'appendice cœcal, la vessie, l'utérus,* etc., par suite de distension mécanique, d'une altération morbide inflammatoire ou inconnue dans sa nature, peuvent se rompre, se perforer, donner lieu à des symptômes, à des lésions qui simulent un empoisonnement. Dans la majorité des cas il y a épanchement dans le péritoine avec symptômes de péritonite récente.

Une femme, convalescente d'une dispepsie, mange à satiété. Bientôt après, sentiment de pesanteur d'estomac,

nausées, efforts inutiles pour vomir. Tout à coup elle sent
cet organe se déchirer et expire dans la nuit. Lacération
de 5 pouces de long à la partie antérieure de la grande
courbure de l'estomac; aliments en partie digérés dans
l'abdomen; pylore induré. Les autres parties sont saines.
Ces ruptures ont lieu, le plus souvent, par suite de la
distension de l'estomac par des matières alimentaires ou
gazeuses, chez les personnes qui ont mangé des choux, des
pruneaux, des raisins et autres substances fermentescibles, ou par suite d'un effort, de convulsions, de l'enfan-
tement, d'un vomitif, etc.

Le 23 août, Diez, âgé de vingt ans, robuste, après avoir
pris un verre d'absinthe, dans la rue Mouffetard, est pris,
tout à coup, de coliques atroces, qui l'obligent à se rouler
par terre, avec nausées, sans vomissements, symptômes
qui durent toute la nuit. Transporté le matin à l'hôpital,
il est couché sur le dos, immobile; respiration anxieuse;
figure pâle, décomposée; parole entrecoupée par la douleur; pouls petit, fréquent, irrégulier; extrémités froides;
ventre tendu, peu douloureux à la pression; ténesme vési-
cal; on retire 500 grammes d'urine. Mort quatre heures
après. En outre d'un épanchement de gaz dans l'abdomen
et les intestins, des traces d'une péritonite récente avec
pseudo-membranes, on trouva, dans la grande courbure
de l'estomac, une perforation ronde, de 6 à 7 millimètres
de diamètre, entourée, sur les deux faces, d'un cercle rouge-
cerise-ardoisé de 1 millimètre d'étendue. La muqueuse est
taillée à pic, sans autre altération (M. Moutard-Martin,
Union méd., 1853).

Chez une fille de onze ans, qui, deux heures après
souper, est prise de douleurs vives et succombe en douze
heures, au milieu d'horribles souffrances, la partie antérieure de l'estomac offrait le même genre de lésion. Il y
avait soupçon d'empoisonnement. L'analyse ne donna
aucun résultat (Lefranc)

Une femme de dix-huit ans, non réglée, est prise tout à coup de douleurs à l'hypocondre gauche, de vomissements, d'un gonflement considérable du ventre, et succombe le troisième jour. Épanchement de gaz fétides et de boissons dans l'abdomen, et, vers le milieu de l'estomac, à son fond, perforation gangreneuse.

Le 15 septembre 1848, une femme qui, depuis longtemps, éprouvait des troubles fonctionnels du tube digestif, meurt en quelques heures, à la suite de vomissements répétés. Autopsiée pour savoir si elle a succombé à un empoisonnement ou au choléra, afin de rassurer la population, on trouve une ulcération chronique simple de l'estomac avec perforation (M. Tardieu).

Une dame, après une légère attaque de jaunisse, est prise de douleurs violentes d'estomac, avec tension extrême des muscles, refroidissement, faiblesse du pouls, et expire en sept heures. Conduit hépatique déchiré ; calcul dans le canal cystique ; épanchement de sang et de bile dans le péritoine, qui est enflammé.

Un homme, sujet à des coliques violentes, avec vomissements et évacuations de calculs biliaires en fragments par le haut et par le bas, succombe à la suite d'un de ces accès avec symptômes de péritonite. Épanchement de matières fécales avec vive inflammation ; calcul intestinal occupant tout le diamètre de l'intestin grêle, avec invagination de 3 ou 4 pouces ; au delà, l'intestin est perforé, gangrené (le docteur Buchner, *Gazette méd.*, 1853).

Jean Culeux, le 26 août 1845, bien portant, après avoir mangé une saucisse d'Allemagne, une assez grande quantité de pruneaux, bu un verre de vin, est pris subitement, à 9 heures du soir, de douleurs gastro-abdominales atroces. Le médecin, croyant à une indigestion, donne un éméto-cathartique. Le 27, vomissements répétés, gonflement de l'abdomen, face cadavéreuse, péritonite. Le 28, son état s'aggrave, et il meurt dans la nuit. Le médecin attribue la mort aux aliments altérés par le cuivre. A l'autopsie, traces d'une péritonite suraiguë; nombreuses adhérences pseudo-membraneuses; perforation très-exactement circulaire, du diamètre d'unepetite lentille, à bords amincis, à la face postérieure de la première portion du duodenum. Le pylore est le siége d'une phlegmasie chronique avec épaississement de la muqueuse, qui est blanchâtre, ramollie, granuleuse, détruite en plusieurs points. MM. Bayard et Tardieu concluent que la mort est due à la péritonite résultant de l'épanchement des matières.

La dame L. succombe très-rapidement, après des vomissements incoercibles, des souffrances horribles, à la suite de circonstances qui font supposer un empoisonnement. A l'autopsie on trouve un kyste du foie rompu dans le péritoine, avec inflammation suraiguë (M. Tardieu).

Le professeur Forget rapporte deux cas de perforation de l'appendice cœcal, avec tuméfaction inflammatoire, adhérence des circonvolutions intestinales, chez deux jeunes gens de seize ans. Les symptômes de péritonite, brusques chez l'un, graduels chez l'autre, se manifestèrent d'abord dans la région cœcale, et s'accompagnèrent de vomissement, de constipation, d'accidents généraux très-graves. Chez le dernier, l'appendice renfermait un corps étranger olivâtre, disposé par couches (*Gazette méd.* 1854). Chez un enfant de onze ans, qui s'était purgé avec la teinture de rhubarbe, le docteur Larch trouva cet appendice perforé, avec présence d'un corps étranger.

Une femme, de moyen âge, adonnée à la boisson, est soudainement prise de douleurs de ventre, de vomissements, de selles, suivis d'une faiblesse extrême, de refroidissement des extrémités et succombe en huit heures. Vivant mal avec son mari, il s'élève des soupçons d'empoisonnement. L'expertise prouva que cette femme n'avait rien pris depuis six heures avant les accidents; que la douleur avait commencé par le ventre; que l'abdomen était rempli de sang coagulé, provenant de la rupture d'une des trompes de Fallope, par suite d'une grossesse tubaire.

Un journal espagnol rapportait un cas où, à la suite d'un accouchement, on trouva, à la fois, une rupture de l'utérus et de l'estomac, de manière à mettre en doute si la mort dépendait de l'une ou de l'autre cause, si la rupture de l'estomac était primitive ou consécutive, si cette femme n'avait pas pris une substance âcre, irritante : pendant la vie, il n'y eut aucun symptôme qui pût le faire supposer.

Les faits précédents, ceux que possède la science, examinés superficiellement, pourraient faire croire, pendant la vie, à un empoisonnement. Les circonstances antérieures, les commémoratifs, le caractère des matières des vomissements, l'absence de saveur, de lésions spéciales de la muqueuse buccale, si fréquentes avec les poisons qui donnent lieu à des perforations gastro-intestinales, le point de départ de la douleur, la rareté de la péritonite dans les cas d'intoxication, le siége de la perforation, puisque ces cas sont toujours mortels, son étendue, sa forme, son diamètre, sans traces d'inflammation, de désorganisation dans les autres parties de l'organe, la présence d'un corps étranger pourront établir le diagnostic, qui, bien entendu, dans les cas douteux, doit être éclairci par l'analyse.

Les perforations spontanées gastro-intestinales, résultant d'un ramollissement *pulpeux* ou *gélatineux* ne peuvent guère être confondues avec un empoisonnement, parce qu'il n'y a pas de symptômes appréciables pendant la vie, du moins dans le premier cas (voyez, du reste, page 203).

HÉMORRAGIES, CONGESTIONS, APOPLEXIE.—L'évacuation du sang *par la bouche* ou *par l'anus,* due à une lésion organique

gastro-intestinale (ulcération, cancer, rupture de vaisseaux, etc.) porte avec elle son diagnostic, qui, quelquefois
ne peut être vérifié qu'à l'autopsie, et encore il reste à
démontrer, quand il y a en même temps empoisonnement,
la cause déterminante de la mort (voyez affaire Pouchon,
empois. par le plomb). *L'hématemèse, le melœna*, etc., qui
dépendent seulement de l'exsudation du sang, ne sont ni
accompagnés, ni précédés, ni suivis de symptômes inflammatoires, comme ceux qui résultent des poisons caustiques, presque les seuls qui donnent lieu à une hémorrhagie
immédiate; en outre, dans ce dernier cas, il y a une
saveur spéciale, des lésions de la muqueuse buccale, le
sang est mêlé avec le produit des sécrétions, qui sont très-
abondantes ; la période hyposthénique est aussi bien plus
prompte, plus intense. Dans l'*hématemèse*, le sang est rouge,
rutilant et il y a constipation ; dans le *melœna*, il est noir,
poisseux, goudronné, adhérant aux parois du vase, avec
matité, gonflement de la région épigastrique, syncopes,
défaillances, etc. L'erreur serait plus facile avec les hémorragies dépendant de la liquéfaction du sang, comme
nous en citons des exemples aux mercuriaux, aux arsénicaux, etc. L'invasion de la maladie, sa marche, le caractère spécial des lésions serviront à établir le diagnostic,
même des hémorrhagies intestinales qui surviennent dans
les fièvres grave (fièvres typhoïde, etc.).

Au sieur C., indisposé depuis quinze jours, un homéo-
pathe prescrit une potion avec la *bryone*, le *veratrum* ; trois
jours après, douleurs du ventre, coliques intolérables,
vomissements, évacuations alvines, traits altérés, anxiété
extrême, agitation continuelle, pouls faible, fréquent,
sueurs froides, ventre météorisé, douloureux à la pression ;
bientôt selles et vomissements sanguinolents, grande gène
de la respiration, dyspnée, râle trachéal, facultés intellec-
tuelles intactes, mort en huit jours.. Il y a soupçon d'empoisonnement. A l'autopsie, la masse intestinale, d'un

rouge brun à l'extérieur, d'un rouge noir à l'intérieur, fortement congestionnée, est remplie d'une grande quantité de sang liquide, sans traces d'ulcérations, de perforations, de développement de follicules isolés ou agminés ; foie presque exsangue. M. Tardieu, etc., concluent que la mort est due à une hémorrhagie intestinale, produite par l'irritation extrêmement violente et suraiguë de la muqueuse, laquelle a été probablement déterminée par l'ingestion d'une substance toxique. L'analyse faite par M. Regnauld, agrégé de la Faculté, donna des résultats négatifs.

La mort par suite d'un *état congestionnel apoplectique du cerveau, des poumons*, etc., peut donner lieu à des soupçons d'empoisonnement. La veuve D..., à Montmartre, adonnée à l'ivrognerie, souffrait habituellement de la tête et de l'estomac. Le mal s'aggrave tout à coup ; elle tombe dans un état de stupeur hémyplégique, et succombe le troisième jour sans reprendre connaissance. A l'autopsie, infiltration séro-sanguinolente du tissu sous-arachnoïdien, injection de la pie-mère, ventricule droit distendu par un caillot énorme, avec ramollissement des parois, etc.; plusieurs plaques dans l'estomac d'un rouge vif ; sa muqueuse est ramollie. Aux préparations cyaniques nous rapportons un cas de soupçon d'empoisonnement avec épanchement cérébral, qui a donné lieu à plusieurs contre-expertises.

Il est excessivement rare que les poisons déterminent l'apoplexie des organes cérébraux et pulmonaires : c'est plutôt un état congestionnel plus ou moins intense, et, avec les poisons dits âcres, caustiques, cet état est peu marqué, ou bien est consécutif à des symptômes d'irritation, d'inflammation gastro-intestinale ; avec les narcotiques il est précédé de délire, d'hallucinations, etc., avec les strychnées d'accidents tétaniques ; et il y a d'ailleurs lésion de la moelle épinière ; avec les poisons gazeux les circonstances dans lesquelles se trouvait l'individu peuvent mettre sur la voie.

DÉLIRE, HALLUCINATIONS.—Ces accidents ne s'observent guère que dans l'empoisonnement par les gaz de la combustion, de l'éclairage, les alcooliques, les plantes vireuses. Le lieu où ils se sont déclarés, l'odeur alcoolique, la nature du délire établiront le diagnostic. Avec les plantes vireuses, ces symptômes sont précédés et accompagnés de soif, de sécheresse à la bouche, de difficulté dans la déglutition, la parole, de la contraction ou dilatation pupillaire, et quelquefois avec éruption, démangeaison à la peau. En outre, avec les poisons narcotico-âcres, il y a des signes d'inflammation gastro-intestinale. Le délire, les hallucinations portent surtout sur les habitudes, les professions des personnes, offrent fort peu de durée, ainsi que le coma, qui paraît plutôt dépendre de la stupéfaction du cerveau que d'une congestion sanguine; aussi, assez souvent, se dissipe-t-elle momentanément sous l'influence d'une forte excitation, des stimulants, etc.

EPILEPSIE. — Les poisons irritants donnent plutôt lieu, même assez rarement, à des convulsions épileptiformes qu'à un accès complet d'épilepsie. Dans l'empoisonnement par les préparations cyaniques, les plantes vireuses, les anesthésiques, les strychnées, nous rapportons des cas où le médecin est resté quelques instants dans le doute sur la nature de l'affection. L'épilepsie revêt une forme chronique, les malades portent souvent des traces de leur chute; il y a perte de connaissance, insensibilité, écume à la bouche, déchirure de la langue, etc. Avec les strychnées, l'intelligence reste intacte, la sensibilité est exagérée à tel point que le moindre contact peut développer de nouveaux accès, lesquels sont séparés par des intervalles distincts. Avec les narcotiques, le délire, les hallucinations, etc., précèdent les convulsions. Enfin, les anesthésiques, les préparations cyaniques, le camphre, ont leur caractère organo leptique.

Tétanos.—Le traumatique offre lui-même son diagnostic. Nous en citons quelques exemples à la suite de la piqure d'un nerf par les abeilles, etc.; le camphre. La coque du Levant, les poisons narcotico-âcres, donnent plutôt lieu à des convulsions tétaniques.

Ce sont surtout les accidents produits par les strychnées qui offrent le plus de rapport avec le tétanos spontané. Celui-ci est rare dans nos contrées; ensuite, avec les strychnées, les accidents tétaniques se développent d'une manière successive, à la suite de l'ingestion d'une substance excessivement amère, très-persistante; les accès sont peut-être moins longs, plus rapprochés, la sensibilité de la peau plus exaltée, et si le malade survit au troisième ou quatrième accès, le rétablissement est ordinairement assez prompt. Cependant ces caractères distinctifs ne sont pas toujours bien tranchés.

Fièvres intermittentes pernicieuses.—Mme S. est prise, tout à coup, pendant son repas, d'une faiblesse extrême, d'un frisson très-violent, de symptômes cardialgiques constitués par des crampes d'estomac, des vomissements de bile et d'aliments, symptômes qui persistent pendant 1 heure, et sont remplacés par le stade de chaleur, lequel dura 2 heures: 2 grammes de sulfate de quinine : guérison (M. Putegnat.)

Jeanne Lapierre est prise, inopinément, à 1 heure de l'après-midi, de déjections alvines excessivement fréquentes, involontaires, stercorales, puis séreuses, sans douleurs continues, avec menace de défaillance, vomissements simultanés d'un liquide analogue; à ces évacuations succèdent bientôt des crampes très-douloureuses, surtout aux jambes, un froid général; vers 3 heures la peau était froide, la voix voilée, le pouls nul; pas d'urine, etc. On crut que c'était le choléra. M. Dufour trouvant l'abdomen souple, insensible, la langue nette, molle, non glaciale, de mêmeque la peau, et, en 1832, ayant vu des cas semblables, diagnostiqua une fièvre pernicieuse cholérique. Il donna 1 gramme de sulfate de quinine, par fractions de 10 centigrammes, toutes les heures. La réaction, malgré tous les moyens calorifiques, ne s'établit que vers le soir : guérison.

Un enfant de 7 mois, ayant eu deux accès de fièvre intermittente avec convulsions, évacuations abondantes par la bouche et l'anus, etc., fut pris, le 24 août 1832, à 9 heures 1/2, de nouvelles convulsions; pouls petit, trèsfréquent, intermittent; visage altéré, bouche pleine d'écume, respiration haute, courte, fréquente, bruyante, corps agité de mouvements convulsifs ; mort à midi. •

L'invasion subite d'accidents locaux et généraux aussi intenses, aussi graves, même pendant le repas, revêtant plutôt un caractère nerveux qu'inflammatoire, suivis de réaction prompte quand l'accès n'est pas mortel, ou précédés d'accès antérieurs, pourront faire diagnostiquer une fièvre intermistente pernicieuse, gastralgique, cardialgique, cholérique, diarrhéique, celles enfin dont les symptômes portent spécialement sur le tube intestinal, surtout si à ces caractères on ajoute l'absence de la saveur, de l'odeur, etc., qu'offrent certains poisons. Quand les symptômes pernicieux siégent sur le système nerveux, le cœur (fièvres convulsive, comateuse, syncopale), les caractères que nous avons donnés ci-avant pour les convulsions, l'épilepsie, les congestions, en outre de la périodicité, des trois stades, serviront à établir le diagnostic.

Fièvre typhoïde.—En mai 1853, M. Tardieu, à l'autopsie d'un jeune garçon, soupçonné d'avoir été empoisonné par un médicament mal préparé, constata, de la manière la plus évidente, les traces d'une fièvre typhoïde, exempte de toute complication. Dans l'affaire Glœckler (voyez *Rapports*), les experts, quoique les lésions propres à la fièvre typhoïde ne fussent pas très-évidentes, conclurent que

l'individu avait succombé à cette maladie, parce que,
6 jours avant sa mort, il en avait présenté les symptômes,
d'après le médecin traitant. L'analyse constata l'arsenic
dans les organes. L'un des experts dit cependant que les
lésions étaient analogues à celles d'un empoisonnement
lent; c'est en effet lorsque le poison est donné dans les
aliments ou par doses successives, que les effets se prolon-
gent pendant un certain temps, qu'ils peuvent revêtir le
caractère typhoïde, même avec éruption pétéchiale, hémorrhagie intestinale. Cependant ils se déclarent subitement après l'ingestion des aliments, des boissons; leur
marche est plus rapide, plus aiguë; les symptômes d'irritation gastro-intestinale avec vomissements, diarrhée, persistent ordinairement; à ces caractères ajoutons le siége
des pétéchies sur la région abdominale, le gargouillement
spécial de la fosse iliaque, le faciès du malade, et, après
la mort, la lésion spécifique de *l'entérite folliculeuse*, signes
caractéristiques de la fièvre typhoïde.

Sʏɴᴄᴏᴘᴇ. — Peu de poisons âcres, irritants, produisent
la syncope; c'est plutôt un état syncopal, lipothymique,
lorsque le poison est absorbé peu à peu sans irriter le tube
intestinal (voyez *Arsenic*). Il n'y a guère que les matières
gazeuses, les substances odorantes, les anesthésiques, les
gaz de la combustion, de l'éclairage qui donnent lieu à cet
état morbide. Les caractères organoleptiques, les circonstances où il s'est effectué serviront à établir le diagnostic.
L'état syncopal déterminé par les narcotiques, l'acide oxalique, la digitale, etc., est ordinairement précédé de symptômes gastro-intestinaux ou cérébraux.

Mᴀʟᴀᴅɪᴇs ᴅɪᴠᴇʀsᴇs. — La liste des maladies aiguës qui
peuvent simuler l'empoisonnement est sans doute bien
longue; cependant ces erreurs ont été commises, peuvent
se représenter encore; d'ailleurs ne voyons-nous pas des
soupçons s'établir dans les cas de mort par les maladies les

plus diverses, les plus caractérisées, et nécessiter une expertise, toutes les fois enfin qu'il se présente quelque chose d'*insolite,* d'*imprévu.* M. Tardieu a été requis dans les cas suivants : 1° pour une femme morte d'une *méningite hydrocéphalique,* à la suite d'un drastique violent ; 2° dans un cas *de méningite suraiguë purulente,* chez un enfant mort à la suite de douleurs fixes, persistantes de l'oreille, qui s'étaient aggravées sous l'influence de 2 pilules de 5 centigrammes d'extrait d'opium, prescrites par un médecin, contre lequel les parents voulaient exercer des poursuites ; 3° celui d'un enfant, soupçonné être empoisonné par l'opium, qui avait succombé à une pneumonie (*Ann. d'hyg. et de méd. lég.,* 1854). Dans ces expertises, la cause de la mort était évidente, et on n'avait nullement à s'occuper de l'influence des médicaments sur sa production. Dans les cas où les lésions seraient moins caractéristiques, il pourrait se faire qu'on ait à se prononcer sur l'opportunité de tel ou tel médicament, s'il n'a pas concouru à produire la mort, etc.

Maladies chroniques. — Nous avons indiqué, au chapitre III, sous les paragraphes B et C, les effets consécutifs aux empoisonnements aigus, ainsi que les accidents produits par les poisons donnés par doses successives. Ces accidents pouvant être pris pour d'autres états morbides chroniques, toutes les fois qu'il ne sera pas possible de les rattacher à une maladie déterminée, il faudra s'assurer s'ils ne dépendent pas des aliments, des boissons, des condiments renfermant quelque substance toxique, des vases où ils ont été préparés ou conservés, de la profession, de l'habitation, etc.; s'ils n'offrent pas les caractères spéciaux à certains poisons, au mercure, au plomb, au cuivre, etc. Dernièrement, à Paris, plusieurs personnes ont éprouvé des symptômes d'intoxication qui n'ont été reconnus qu'après la mort de quelques-unes d'elles. Ils étaient dus à du

cidre plombique: c'est ce qui est arrivé aussi, dans le dé—
partement de la Nièvre, chez un grand nombre de personnes qui avaient mangé du pain préparé avec de la
farine mêlée accidentellement à de l'acétate de plomb.

M. Duchenne, chez un habitant de Lille, diagnostiqua
une paralysie saturnine dont la nature était restée inconnue,
par son siége dans les muscles extenseurs des doigts, du
pouce, des radiaux, du cubital postérieur qui, en outre,
avaient perdu leur contractilité électrique. Dans la paralysie par dégénérescence graisseuse, les muscles ne sont
plus contractiles, mais elle n'a pas de siége électif. Il en est
de même des paralysies spinales, des apoplectiques, des
aliénés; d'ailleurs, les muscles conservent leur contractilité.
Cet homme prenait pour boisson de la bière, distribuée à
l'aide de tuyaux en plomb. Chez plusieurs autres habitants
de Lille, aussi atteints de paralysie, il fut démontré qu'elle
dépendait de la même cause. Les coliques, les paralysies, etc., contractées dans les pays chauds ou par l'usage
des fruits acides, offrent la plus grande analogie avec les
mêmes accidents produits par le plomb (voyez ce poison).

IV.—Erreur quant aux lésions.

Dans l'article précédent nous avons donné les caractères
distinctifs des lésions succédant aux états morbides qui
peuvent simuler l'empoisonnement; celui-ci sera consacré
aux *altérations cadavériques* qui peuvent entraîner de semblables erreurs. Malheureusement, la science est fort peu
avancée à cet égard, surtout lorsque le cadavre est en
putréfaction. Cependant, en ayant égard aux circonstances
antérieures, aux caractères physiques des lésions, à leur
siége, aux modifications de structure, comparativement à
celle des tissus continus ou contigus, on peut arriver, si ce
n'est à une certitude complète, du moins à des données
plus ou moins probantes.

Après la cessation de la vie, les liquides, le sang, tendent à s'infiltrer dans les tissus, à se porter vers les parties les plus déclives, à y produire des *hypostases,* des *colorations sanguines,* des *lividités cadavériques,* etc.

LIVIDITÉS CADAVÉRIQUES.—Quand elles siégent sur les tissus membraneux, elles sont sous forme de *taches violacées, lie de vin, brunes ou noires,* de forme et d'étendue variables. Celles *de la peau* occupent le tissu muqueux. Si on les divise, la couleur noire du réseau capillaire contraste avec la décoloration de l'épiderme et du derme. A la pression, le sang s'en écoule par gouttelettes. Elles prennent le nom de *vergetures* lorsqu'elles sont sillonnées de lignes blanches, dues à ce que, comprimées par les aspérités du sol, des vêtements, le sang n'a pu s'y épancher. *Les lividités du tube intestinal* siégent aussi sur les parties les plus déclives, en occupent toute l'épaisseur; leur couleur contraste avec celle des autres parties, qui, quelquefois, sont exsangues. Leur circonférence est parfaitement limitée; elles n'offrent ni l'aspect arborisé, capilliforme, pointillé, piqueté, strié, ni les modifications de texture, la congestion des vaisseaux que présentent les lésions analogues résultant de l'action d'un poison.

Le cœur, les gros vaisseaux, le canal de l'urétre et autre conduits muqueux, les portions du tube intestinal en contact avec le foie, la rate ramollis, peuvent présenter des hypostases sanguines, des colorations dues aussi à des phénomènes d'imbibition, car elles se produisent artificiellement par leur contact avec le sang. Elles se distinguent aux mêmes caractères des congestions actives. *La vésicule biliaire, la bile* peuvent aussi, par leur contact, colorer en jaune le tube intestinal, en imposer pour des colorations dues à l'iode, à l'acide azotique (voyez *Taches*).

Les organes parenchymateux (poumons, foie, rate, reins, etc.) offrent souvent, dans leurs parties déclives, de ces *hyposthases sanguines;* comme le sang n'y est qu'épanché, la texture de l'organe n'est pas altérée, et on peut l'en séparer par des lavages : en ce cas, il serait peut-être possible de les confondre avec celles qui résultent de la liquéfaction du sang dans la dernière période de l'empoisonnement, si celles-ci n'offraient un caractère plus général par leur siége, leur étendue, etc. *L'état congestionnel* produit par les gaz asphyxiants, les narcotiques, est aussi moins limité; il y a plénitude des vaisseaux, et lorsqu'il y a travail phlegmasique, le sang est en quelque sorte combiné avec les tissus, qui sont comme hépatisés, et on ne peut l'en séparer par les lavages.

Le tube intestinal peut être le siége de RAMOLLISSEMENTS *pultacé* et *gélatiniforme*, sur la nature desquels on n'est pas tout à fait d'accord. Le premier est ordinairement spontané, sans symptômes appréciables pendant la vie, s'observe surtout chez l'adulte, est plus fréquent en été qu'en hiver, siége sur la muqueuse de la partie splénique de l'estomac, laquelle est réduite en une pulpe brunâtre, sans épaississement des parois (M. Cruveilhier). *Le ramollissement gélatineux* peut dépendre d'un travail morbide, se manifestant pendant la vie par des vomissements bilieux, muqueux, avec constipation, soif, assoupissement, amaigrissement rapide, s'il siége à l'estomac; avec diarrhée et sans vomissement, si c'est à l'intestin; alors il occupe les diverses portions du tube intestinal, offre des traces d'arborisations, de phlegmasie, consiste dans l'infiltration d'une matière molle entre les fibres des tissus, qu'il transforme en une gélatine transparente. Lorsqu'il est spontané, il siége dans les parties les plus déclives, qui sont plus épaisses, réduites en une espèce de matière gélatiniforme, sans traces de travail phlegmasique. Il peut envahir la totalité de l'estomac, de l'intestin, sans manifestation pendant la vie. Ces deux genres de lésions sont excessivement rares dans l'empoisonnement. Nous les avons notées seulement avec l'acide oxalique sur les animaux, et encore lorsque l'autopsie était différée. Dans une expertise légale, à Riom, les experts ont trouvé une portion de l'estomac gélatinisée, et n'ont pas voulu prononcer si la lésion était due à l'arsenic ou cadavérique. Lorsque *le ramollissement* est le résultat de la putréfaction il est rare que les diverses parties de l'organe ne soient pas aussi envahies.

Des perforations, des ulcérations dépendant soit d'un travail phlegmasique, par conséquent à manifestation symptomatique, soit spontanées ou sans symptôme évident, soit succédant aux ramollissements précédents, peuvent siéger sur les diverses parties du tube intestinal. Le caractère de ces lésions, le travail phlegmasique, la congestion des vaisseaux, les colorations spéciales, etc., qui accompagnent les perforations, les ulcérations déterminées par les poisons, en outre de leur forme spéciale, serviront à établir le diagnostic.

Enfin *des gaz* résultant de l'altération spontanée des aliments, des liquides, des tissus, peuvent se développer soit dans le tube intestinal, en chasser les matières dans le pharynx et faire supposer la mort par asphyxie ; soit dans les organes, et les rendre emphysémateux ; soit dans les gros vaisseaux, rendre le sang mousseux et donner à supposer un empoisonnement par les anesthésiques ; ou bien en expulsant ce liquide du cœur, des gros vaisseaux, produire dans les tissus, les organes des hyposthases, des colorations, des arborisations qu'on pourrait attribuer à l'action d'un poison.

Il suffit d'avoir signalé ces diverses altérations cadavériques, leurs caractères spéciaux, afin d'éviter ces causes d'erreur ; dans les cas douteux, l'analyse doit toujours intervenir.

CHAPITRE VII.

Empoisonnements complexes.

La toxicologie possède bien peu de données relativement aux empoisonnements complexes, c'est-à-dire par deux ou plusieurs poisons à la fois. Les cas rapportés par les journaux, quoique peu nombreux, s'ils eussent été considérés sous le rapport de l'influence réciproque de chaque poison, quant aux recherches chimiques, aux effets, aux lésions, au traitement, auraient été d'une très-grande importance. Ce sujet, digne d'expérimentation, n'est point traité dans les ouvrages de toxicologie, ou ne l'est qu'accidentellement, et seulement à l'égard de deux ou trois poisons. Orfila a consacré un article aux réactions chimiques des poisons, indiqué le moyen de les reconnaître après les avoir mélangés. Il a remarqué que l'opium retardait les effets de l'acide arsénieux. M. Lassaigne a aussi expérimenté ces deux poisons sous le point de vue des effets, des recherches chimiques. M. Risler cite un mangeur d'opium qui pouvait supporter, sans accidents, 1 à 4 gram. de sublimé. Mais ce sont surtout les médecins rasoriens qui ont fait le plus d'expériences sur l'influence réciproque des médicaments, des poisons sur le dynamisme vital. Leur mode d'expérimentation consiste à donner à un animal, pendant qu'il est sous l'influence d'un poison à effet bien connu, d'un contre-stimulant, par exemple l'acide cyanhydrique, une substance dont on veut connaître le mode d'action, tel que l'alcool; si celui-ci ramène le dynamisme vital dans son état normal, neutralise les effets de l'acide cyanhydrique, c'est qu'il jouit des propriétés opposées, c'est-à-dire qu'il est stimulant, et vice versâ. Ils sont parvenus ainsi à déduire le mode d'action des poisons, leur doctrine et leur thérapeutique toxicologiques. Dans l'historique de chaque poison, nous rapportons les expériences dont il a été le sujet, ainsi que les observations, discutées, commentées sous ce point de vue doctrinal. S'il est des cas qui paraissent déposer en faveur de cette doctrine, il en est d'autres aussi tout à fait contraires ; c'est ainsi qu'un poison contre-stimulant n'en a pas moins produit son effet, quoiqu'il ait été donné sous forme d'alcoolé. Cependant, dans cette appréciation, il importe de tenir compte des doses absolues et relatives de chaque poison (voyez les préparations cyaniques, arsénicales, etc.). Il est des médecins qui pensent que les poisons ne s'influencent nullement dans leurs effets, que chacun d'eux agit à sa manière. Puisque les effets des médicaments sont modifiés par les états morbides, que l'opium peut être donné à des doses bien plus élevées dans le tétanos et autres névroses , etc. que dans l'état normal, il nous paraît raisonnable d'admettre qu'il doit en être ainsi pour deux poisons à effet contraire, l'opium et la strychnine ; alors, quoique chacun d'eux conserve, en définitive, son mode d'action, ils doivent cependant s'influencer réciproquement dans leurs effets.

Avec ce peu de document il est impossible de donner à ce sujet tout le développement que nous aurions désiré sous le rapport des effets, des lésions, du traitement. Quant à la marche analytique à suivre, c'est celle que nous avons indiquée page 63 et 91. Nous y reviendrons d'ailleurs aux *Rapports*, car on ne saurait trop se pénétrer des faits pratiques, observés surtout par des hommes rompus aux expertises légales. C'est d'après ces données qu'il faut se diriger, pour vaincre les difficultés, dans des recherches aussi complexes, où l'on n'a aucun indice sur la nature des substances toxiques.

I.—EMPOISONNEMENT PAR L'ÉMÉTIQUE ET L'ACIDE ARSÉNIEUX. — La femme d'un receveur général, affectée d'une

légère incommodité, tombe rapidement dans l'état le plus
grave et meurt. A l'autopsie on trouve une violente
inflammation d'entrailles. La domestique avoua lui avoir
donné, pendant trois jours, 24 grains d'émétique dans
son bouillon et sa tisane, que n'en trouvant pas l'effet
assez prompt, elle avait fait bouillir 1 once d'arsenic dans
le liquide du lavement (Foderé).

Le foie, la rate, etc., de cette femme, carbonisés par
l'acide sulfurique, auraient donné, à l'appareil de Marsh,
un anneau à la fois arsénical et antimonial, facile à reconnaître, comme il est dit page 81.

II.—EMPOISONNEMENT PAR L'ACIDE SULFURIQUE ET L'ACIDE
ARSÉNIEUX.—Tout récemment une femme, ne pouvant empoisonner assez promptement son mari, en lui adminis-
trant de l'acide sulfurique en lavement, lui donna de l'acide
arsénieux par la bouche.

III.—EMPOISONNEMENT PAR L'ACIDE ARSÉNIEUX ET LE TABAC.
—Dans un cas d'empoisonnement on trouva l'intestin grêle
fortement enflammé par plaques, et, dans l'estomac, dont
la muqueuse était rouge, ulcérée, comme brûlée, facile à
séparer des autres membranes, environ un verre de liqueur
rouge, briquetée, semblable à de la lie de vin. On attribua
la mort et les lésions à un poison chaud, corrosif. D'après
le rapport, c'était de l'acide arsénieux, mélé à du tabac
d'Espagne (Desveaux).

Après avoir constaté les caractères physiques des matières de l'estomac, si elles ne contiennent pas de l'acide arsénieux à l'état solide, il faut y démontrer d'une part la présence de la nicotine, de l'autre celle de l'arsenic Si on n'avait
que peu de matières, on commencerait par la recherche
de la nicotine, et ensuite celle de l'arsenic dans les rési-
dus. — On agirait de même dans l'empoisonnement par
l'arsenic et l'opium, la morphine ou tout autre alcali végétal (voyez *Rapports* et page 91).

IV. — Empoisonnement par l'acide arsénieux et le mercure coulant. — Un homme de 36 ans, robuste, à qui sa femme donne un bouillon, est pris immédiatement de vomissements violents, suivis de douleurs du bas-ventre, sans déjections alvines, de cardialgie, d'angoisses insupportables, de soif inextinguible, et meurt en 30 heures. A l'autopsie, l'estomac, rouge, enflammé et sa muqueuse détruite, contient beaucoup de sérosité verdâtre, une poudre blanche et une grande quantité de mercure coulant. L'intestin était gangrené et en partie roulé et tordu sur lui-même. Dans le rapport on conclut à un empoisonnement par le sublimé corrosif, dont une partie aurait été réduite en mercure coulant par la chaleur du lieu ; explication inadmissible, et Hoffmann démontra que la poudre était de l'acide arsénieux. La femme avoua qu'elle avait d'abord administré de l'arsenic, puis du mercure coulant *pour donner le change.*

V. — Empoisonnement par les cantharides, une pate phosphorée et arsénicale. — Chez un homme, mort le 21 janvier 1849, et exhumé le 24 avril, l'estomac, les intestins, tachés d'un jaune vif, contenaient une grande quantité de bouillie jaune verdâtre, et de petits points jaunes isolés. *Les taches,* mises en digestion dans un soluté de bicarbonate de potasse, passent au rouge vif. Le soluté, traité par l'acide sulfurique et le proto-sulfate de fer, ne donne pas une coloration rose comme les taches d'acide azotique. *Les points jaunes,* chauffés avec du flux noir, donnent de l'arsenic. *La bouillie,* légèrement acide, offrait, à la la vue, des grains d'un blanc jaunâtre, qu'on a cru être de farine de maïs ; des grains noirâtres et des parcelles vertes, dorées, brillantes, qui ont été reconnues pour de la poudre de cantharides ; il y en avait aussi dans les gros intestins.

La bouillie est délayée dans l'eau distillée et filtrée ; le

liquide, concentré au 8me, était très-acide ; saturé par le
bicarbonate de potasse, évaporé à siccité, repris par l'eau,
et traité par l'azotate d'argent, il donne un précipité abondant de phosphate d'argent, qui, bien lavé, délayé dans
l'eau et soumis à un courant de gaz sulfhydrique, a été
transformé en sulfure. La liqueur filtrée, suffisamment
concentrée, offrait tous les caractères de l'acide phosphorique. Chauffée avec du charbon dans un tube de verre
réfractaire, à une forte lampe d'émailleur, elle donnait des
vapeurs de phosphore, inflammables à l'air ; formait, avec
l'eau de baryte, de chaux un précipité blanc, soluble dans un
excès d'acide, et les acides azotique et chlorydrique ; *avec
l'azotate d'argent*, après avoir été saturée par la potasse, un
précipité jaune ; enfin, le résidu de la bouillie, ainsi que
l'estomac, les intestins, préalablement hachés, soumis pendant 24 heures à l'action du chlore, dégagé de l'hypochlorite de chaux par l'acide chlorhydrique, versé goutte à
goutte, ont fourni de l'arsenic à l'appareil de Marsh. Les 2/3
du foie, traités de même, en ont aussi donné.

Les experts ont supposé que l'empoisonnement était dû
à de la pâte phosphorée, à laquelle, surtout en Allemagne,
on ajoute souvent de l'acide arsénieux. Les témoins ont en
effet déclaré qu'ils avaient vu l'accusée tremper un paquet
d'allumettes dans de l'eau chaude, dans le but, *disait-elle*,
de détruire les rats (Boissenot).

Nous rapportons: 1° tome Ier, page 555, un cas d'empoisonnement par le verdet et le nitrate acide de mercure.
La personne a succombé en trois heures aux mêmes
accidents que par les poisons caustiques ; 2° tome II,
page 64, celui d'une petite fille qui, après avoir pris une
demi-cuillerée d'une potion, composée de 1 gramme de calomel et 120 grammes d'eau de laurier cerise, a succombé
immédiatement dans les convulsions. Ce cas a soulevé une
question très-importante, à savoir si la mort était due à l'a-
cide cyanhydrique, ou au sublimé résultant de la réaction

du calomel sur cet acide. 3° Aux assises de l'Arriége, M. Filhol a constaté un empoisonnement criminel, chez une jeune fille, par l'*alun* et le *sulfate de fer* ; fait intéressant, car, dans plusieurs expertises, la question a été posée, si ces deux sels sont toxiques. 4° Aux rapports toxicologiques, nous citons un cas où, une personne ayant succombé dans un milieu asphyxiant, l'expert a cependant démontré symptomatologiquement que la mort était due à l'opium. 5° Aux assises d'Amiens (1828), les experts ayant constaté seulement la présence de l'arsenic dans les matières suspectes, la défense prétexta que l'accusé avait acheté chez un pharmacien un mélange d'acide arsénieux et d'alun : acquittement. 6° Aux assises de la Drôme (1852), dans un empoisonnement par l'arsenic et le laudanum, les experts conclurent à la présence de l'arsenic dans l'estomac, le foie, etc., en quantité suffisante pour déterminer la mort, et ajoutèrent qu'ils n'avaient pu constater celle du laudanum, à cause du temps qui s'était écoulé depuis la mort. M. Stass, cependant, a décelé ce poison après treize mois d'inhumation. 7° Dans l'affaire Boccarmé, le coupable avait versé de l'acide acétique dans la bouche du patient pour dissimuler l'empoisonnement par la nicotine, ce qui a exigé beaucoup de tâtonnements analytiques, pour arriver à la découverte du vrai poison (voyez *Rapports*).

CHAPITRE VIII.

Questions toxicologiques.

Depuis que la chimie toxicologique a porté son investigation dans les organes où le poison a pénétré par absorption, est parvenue à en déceler les plus petites traces, des questions chimico et médico-légales très-ardues, souvent difficiles à résoudre, ont été soulevées. La défense a attribué une tout autre origine au poison : 1° à la terre des cimetières; 2° à celui que peuvent renfermer normalement ou accidentellement nos organes, qui a été donné antérieurement comme médicament ou répandu dans l'atmosphère; 3° à son introduction dans le tube intestinal après la mort, etc. La question de quantité a été aussi agitée, ainsi que la valeur toxicologique des symptômes, des lésions, de l'analyse chimique, des expériences et observations sur les animaux, etc. Nous discuterons seulement, dans autant d'articles distincts, les questions les plus générales, celles qui s'appliquent aux poisons les plus importants.

I.—Quest. Poisons provenant de la terre des cimetières.

L'arsenic faisant partie des terrains de sédiment, du dépôt des eaux minérales, ferrugineuses, alcalines, salées, etc., de la cendre et de la suie du charbon de terre, étant d'ailleurs très-employé dans les arts, l'industrie, en agriculture pour chauler le blé, détruire les animaux nuisibles, en médecine vétérinaire et humaine, cela explique pourquoi, dans la plupart des expériences et expertises légales on l'a retiré de la terre des cimetières. Il doit en être de même de l'*antimoine*, du *cuivre*, du *fer*, du *plomb*, du *zinc*, etc., corps si usités, si répandus dans la nature. Cependant les questions suivantes, dans les cas d'expertise légale, n'ont guère été soulevées que pour quelques-uns d'entre eux, l'*arsenic*, le *cuivre*, le *phosphore*, le *fer*, peut-être en raison de la fréquence des homicides par ces poisons.

A.—*Un terrain naturellement arsénical, cuivreux, etc., peut-il céder ces poisons aux cadavres?*

MM. Flandin, Van den Broeck, etc., admettent la possibilité du fait, se fondant sur ce que l'arséniate de chaux, de fer, etc., peuvent être dissous soit par l'acide carbonique, à la manière du carbonate de chaux, qui forme les stalactites; soit par l'acide azotique, qui se forme pendant les orages; soit par les carbonates alcalins, l'ammoniaque de l'atmosphère ou provenant de l'altération spontanée du cadavre, des matières organiques; soit enfin par des actions électriques. M. Van den Broeck s'appuie 1° sur ce que l'arséniate de chaux est soluble dans l'acide carbonique à une très-forte pression, celle que l'on emploie pour la fabrication des eaux minérales; 2° sur ce que le mispikel, au contact de l'air, passe à l'état d'acide sulfurique et d'arséniate neutre de fer, soluble dans cet acide. Ces circonstances, dans le cas qui nous occupe, doivent rarement se présenter, ces acides se trouvant en présence de bases plus puissantes, la chaux, l'oxyde de fer. Aussi MM. Orfila, Devergie, Chevallier, Lassaigne, Barse, etc., leur attribuent peu d'influence pour rendre soluble l'arsenic, le transmettre au cadavre; ils se basent sur les expériences et les faits suivants.

I.—Affaire d'Épinal (*Assises des Vosges*, 1840). Des cadavres du sieur Noble et de la femme Jérôme, inhumés depuis deux mois dans une terre arsénicale, le foie du premier donna de l'arsenic (il y avait empoisonnement); celui de l'autre n'en donna pas. Les débris des deux cadavres, après 6 mois d'inhumation dans le même terrain, fournirent les mêmes résultats : cependant, les restes de la femme Jérôme étaient en partie putréfiés, les planches de la bière disjointes, en détritus; tandis que ceux de Noble l'étaient moins et la bière intacte.

2° Le cadavre d'un enfant de 2 jours, un foie d'adulte, la moitié de la cuisse d'une femme de 40 ans, placés, à la profondeur de 1 mètre, à côté du cadavre du sieur Noble, pendant 3 mois, ne donnèrent pas d'arsenic, après avoir été dépouillés des parties terreuses, quoique la putréfaction fût très-avancée. La terre environnante, mêlée à ces débris, n'en donna pas non plus à l'eau froide et à l'eau bouillante; ce qui, d'après Orfila, prouve que l'ammoniaque, provenant de l'altération spontanée des matières organiques, ne rend pas soluble l'arsenic qui se trouve à l'état insoluble dans une terre.

II.—AFFAIRE GOUBINEL (*assises de Lot-et-Garonne*, 1831). Deux cadavres, inhumés dans un terrain arsénical, l'un depuis 3 ans 1/2, l'autre depuis 18 mois, donnèrent de l'arsenic. Comme les vêtements, la bière de ce dernier étaient intacts, ne contenaient pas d'arsenic, les experts conclurent à l'empoisonnement. Les débris de l'autre cadavre étant mêlés à de la terre, ils admirent seulement des probabilités. M. Barse, appelé comme expert, conclut à l'empoisonnement dans les deux cas, s'appuyant sur ce que, dans le dernier, les os, débarrassés des parties molles, contenaient de l'arsenic; que la terre des parties environnantes n'en donnait ni à l'eau froide, ni à l'eau bouillante, ni même à la potasse, à l'acide sulfurique, à moins qu'on ne portât la température à 300; sur ce que les cadavres voisins ne fournissaient pas non plus de ce poison; sur ce qu'enfin les râclures du plancher portant encore l'empreinte des matières des vomissements donnaient de l'arsénic à l'eau bouillante, tandis que les autres parties du plancher n'en donnaient point.

III. — AFFAIRE DEZÈZE (*assises du Puy-de-Dôme*, 1850). MM. Deval, Aiguillon, Lamothe, conclurent à l'empoisonnement, parce qu'ils avaient retiré de l'arsenic du foie, etc.; non de la chemise qui entourait le cadavre et des râclures du cercueil, lequel était intact; que la terre à l'entour du cercueil, au-dessous et au-dessus, qui d'ailleurs était sèche, ainsi que d'autres portions prises au nord et à l'est du cimetière, n'en donnaient ni à l'eau froide, ni à l'eau bouillante, mais seulement quand elle était soumise à l'action de l'acide sulfurique.

IV.—MM. Chevallier et Lassaigne, dans une expertise légale, ayant constaté l'arsenic dans les organes d'un cadavre inhumé depuis deux mois dans un terrain faiblement arsénical, voulant s'assurer s'il ne provenait pas de cette source, placèrent 200 grammes d'un foie de bœuf au milieu de 1800 grammes de cette terre, et l'arrosèrent ensuite. Après trois mois de séjour, cet organe, en complète putréfaction, ne pesait plus que 95 grammes. Débarrassé des couches terreuses et carbonisé par l'acide sulfurique, il ne donna aucune trace d'arsenic. Nous verrons dans l'article suivant que des haricots, déposés dans une terre cuivreuse sèche, ne se sont pas imprégnés de cuivre.

Des faits précédents, MM. Orfila, Chevallier, Lassaigne, Barse, etc., concluent que si le cadavre ou ses débris, dépouillés autant que possible des parties terreuses, donnent de l'arsenic, que les vêtements, la bière, la terre prise au-dessous, sur les côtés et au-dessus n'en donnent ni à l'eau froide, ni à l'eau bouillante, c'est une preuve que le poison ne provient pas de cette dernière source; à plus forte raison si la bière, les vêtements sont encore intacts. Lorsque, au contraire, la terre cède de l'arsenic à l'eau froide, à l'eau bouillante, on ne peut affirmer qu'il n'en provienne pas, surtout si la bière, les vêtements en donnent aussi. Dans tous les cas, la quantité comparative retirée des organes centraux et de la terre doit être prise en considération. Aux assises du Bas-Rhin, 1854, dans une affaire où la défense invoquait la présence de l'arsenic dans la terre, les experts ont répondu : qu'il s'y trouvait en bien plus petite quantité que dans le cadavre.

B.—*Un terrain, rendu accidentellement arsénical, cuivreux, etc., peut-il céder ces poisons aux cadavres?*

Cette question, que quelques auteurs ont confondue avec la précédente, nous semble cependant en différer. Ne pourrait-on pas arroser la terre avec une dissolution arsénicale, cuivreuse, etc., dans le but d'élever des soupçons d'empoisonnement, de le dissimuler ? Nous citons un cas où, à Nancy, l'eau provenant d'une fabrique de papiers peints se rendait dans les fossés de la ville, de là s'infiltrait à travers la terre dans l'eau d'un puits, à laquelle elle communiquait des propriétés toxiques. Un cadavre inhumé dans ce terrain se serait probablement imprégné d'arsenic. Les expériences instituées dans le but de résoudre cette question n'ont pas donné des résultats identiques.

I.—Orfila a retiré de l'arsenic des portions supérieures de la terre d'un champ, ensemencé depuis un an et plus de blé chaulé avec de l'arsenic, et n'en a pas obtenu des parties situées à 1 mètre de profondeur. Il pense que l'arsenic s'était combiné à la chaux, car il n'a pu l'extraire par l'eau seule.

II. — Le même auteur fait creuser la terre à 0,975 mètres de profondeur, en arrose le fond avec un soluté de 40 centimetres d'acide arsénieux, y dépose un foie d'adulte, le couvre de 54 millimetres de terre, qu'il arrose avec la même quantité de soluté, comble le trou, verse à la surface une nouvelle dissolution, et, 5 jours après, 2 litres d'eau, tenant en solution 4 grammes du même poison. Le neuvième jour, la terre, prise à la surface a 0,325 mètres de profondeur et tout autour du foie, donne de l'arsenic à l'eau bouillante, tandis que cet organe, putréfié, ramolli, bien séparé des parties terreuses, n'en donne point.

III.—M. Devergie s'étant assuré que le foie, les reins, pourvus de leur capsule, immergés, pendant 10 à 12 jours, dans un litre d'eau arsénicale, s'imprégnaient également d'arsenic dans toutes leurs parties, place un foie entier, au centre de 7 kilogrammes et 1/2 de terre, au milieu d'un seau cylindrique étroit, l'arrose avec 2 litres d'eau, tenant en solution 60 centigrammes d'acide arsénieux, reverse de nouveau le liquide qui s'écoule par le robinet, et cela pendant sept jours. Les parties externes du foie, jusqu'à une certaine profondeur, qui avaient changé d'aspect, donnèrent de l'arsenic; les parties centrales n'en donnèrent pas (voyez page 367, tome Ier).

IV.—Le sieur Brunet mit du verdet dans un plat de haricots, pour empoisonner sa femme, qui les trouvant mauvais, les jeta dans le jardin, où ils furent enfouis dans la terre. L'expertise démontra la présence du cuivre dans la terre et les haricots, dont l'épiderme et les cotylédons étaient colorés en bleu; mais la terre, prise à 10 mètres au loin dans le jardin, étant aussi cuivreuse, les experts ne voulurent pas se prononcer, à savoir si le poison avait été ajouté aux haricots ou s'il provenait de la terre du jardin. MM. Chevallier et Lassaigne, contre-experts, pour la solution de cette question, instituent les expériences suivantes : 1° ils font bouillir des haricots avec du verdet, enfouissent le tout dans la terre du jardin Brunet, et obtiennent les mêmes résultats que les premiers experts : 2° après avoir humecté de cette terre avec un peu d'eau et ajouté du verdet, ils déposent au centre des haricots; au bout de quelques jours, l'épisperme, ainsi que les cotylédons, quoique non colorés en bleu, donnèrent des traces de cuivre : 3° des haricots, déposés dans la terre naturelle du jardin, n'en donnèrent point. Ils concluent que le poison avait été ajouté aux haricots, et que le cuivre obtenu ne provenait pas de la terre du jardin, quoiqu'elle fût cuivreuse.

Orfila déduit de ses expériences qu'une terre, rendue accidentellement arsénicale, cuivreuse, ne céderait pas ces poisons au cadavre. M. Devergie admet au contraire la possibilité du fait. Les résultats obtenus par MM. Lassaigne, Chevallier viendraient à l'appui de cette assertion. Si l'on adoptait l'opinion de M. Devergie, le poison ne serait pas également réparti dans tout le cadavre ; ce sont les parties externes qui en contiendraient le plus, ainsi que les vêtements et autres objets qui entoureraient le corps. Il pourrait même se faire que les parties centrales des organes n'en donnent point. De semblables vérifications seraient bien difficiles, pour ne pas dire impossibles, si le cadavre était en pleine putréfaction, la bière disjointe, etc. La présence d'une aussi grande quantité de poison dans la terre qui entoure le cercueil, surtout à l'état soluble dans l'eau froide et l'eau bouillante, la structure du terrain, sa plus ou moins grande perméabilité, son degré de sécheresse ou d'humidité, l'analyse comparative d'égales portions de terre, prises aux environs de la fosse et en d'autres endroits du cimetière, par conséquent l'inégale répartition du poison, devrait faire supposer une origine douteuse, accidentelle, qu'il faudrait rechercher.

C.—*Un cadavre arsénical, cuivreux, etc., peut-il céder l'arsenic, le cuivre, etc., à la terre du cimetière, aux eaux pluviales, d'inondation, etc.*

I.—MM. Flandin et Danger, après avoir empoisonné quatre chiens avec de l'acide arsénieux ou arsénique, leur ouvrent le thorax et le ventre, les placent dans la Seine pendant 21 jours. Les organes donnent autant d'arsenic que ceux d'autres chiens empoisonnés, mais non immergés dans l'eau. Le foie de ces quatre chiens est broyé, soumis à des lavages et malaxé ; bien que les eaux des lavages entraînent à chaque fois de l'arsenic, la proportion la plus forte reste dans le parenchyme de l'organe. Ces mêmes expérimentateurs immergent, pendant un mois, de la chair musculaire dans des solutés d'acide arsénieux ou arsénique, la soumettent ensuite à des lavages à l'eau froide et à l'eau bouillante : l'eau seule donne de l'arsenic et la chair n'en donne point.

II.—M. Sauçon, pharmacien à Saintes, place, à 50 centimètres de profondeur, deux petits cercueils en bois de chêne, renfermant des matières organiques, mêlées à 1 gramme d'arsénite d'ammoniaque ou d'acide arsénieux. Son jardin est inondé tous les ans et souvent pendant un mois. Cinq ans après, la matière animale a complétement disparu, et les parois du cercueil donnent de l'arsenic à l'eau bouillante. Il eût été important d'analyser la terre environnante.

Ces expériences démontrent que l'arsenic d'empoisonnement, ou qui a pénétré par absorption dans les organes, ne peut tout à fait leur être enlevé par l'eau de pluie, d'inondation ; que, même dans les conditions normales, il ne pourrait être cédé à la terre, si ce n'est lorsque les parties sont complétement décomposées, transformées en terreau ; mais alors il y a mélange, voilà pourquoi on a pu constater l'arsenic dans ce terreau ou détritus du cadavre après quatre, huit ou dix ans d'inhumation. Cependant, aux assises de la Moselle, août 1853, on a retiré de l'arsenic des organes, des os d'un cadavre inhumé depuis deux ans, ainsi que de l'eau de la fosse, de la terre sous-jacente, tandis qu'on n'en a pas trouvé dans la terre environnante. Évidemment, en ce cas, le cadavre avait cédé l'arsenic à l'eau, et celle-ci à la terre. Ne pouvait-il pas provenir d'une portion d'arsenic resté à l'état libre dans le tube intestinal ?

III. — Dans l'affaire Barbier, assises de Metz, 1853,

MM. Dieu et Thomas ne retirèrent pas d'arsenic des eaux pluviales qui avaient filtré à travers un cadavre arsénical, inhumé depuis vingt-sept mois et en complète décomposition, et s'étaient condensées dans une fosse au-dessous. La terre d'alentour, très-meuble, ne contenait pas d'arsenic.

D.—*Le terreau, le détritus du cadavre, du cercueil ayant donné de l'arsenic, peut-on conclure qu'il provient d'un empoisonnement?*

Cette question ne peut être résolue qu'en ayant égard au genre de mort, à l'analyse comparative de ce terreau, de la terre environnante, des cadavres voisins dans le même état de décomposition. C'est surtout dans une question aussi ardue que l'expert ne doit se prononcer qu'après avoir pesé, discuté tous les faits qui se rattachent à ce sujet. Dans le doute il vaut mieux s'abstenir. Voici des faits relatifs à cette question et à la précédente.

I.— AFFAIRE MORIN (*assises des Deux-Sèvres,* 1845).— MM. Pelouze, Ollivier d'Angers et Flandin eurent à analyser les débris du cadavre du sieur Coulongeau. 500 grammes de terreau, provenant des vertèbres dorsales, lombaires, cambouis et terre éboulée dans cette région, sont mis à bouillir, pendant cinq heures, dans l'eau additionnée de 10 grammes de potasse. Le résidu des liqueurs filtrées, carbonisé par l'acide sulfurique et soumis à l'appareil de Marsh, donna un produit qui offrit les réactions propres à faire soupçonner l'arsenic. — 100 grammes de matières grasses, mélées à de la terre provenant de la râclure de la planche du fond du cercueil, carbonisées aussi par l'acide sulfurique, donnèrent un anneau arsénical, métallique, miroitant, qu'ils ont conservé comme preuve à conviction.—400 grammes de terreau et cambouis, avoisinant les os iliaques et autres régions des os du tronc, humectés d'acide azotique, puis

d'un peu d'acide chlorhydrique, sont mis à bouillir dans
l'eau et les liqueurs évaporées à siccité ; le résidu, carbonisé par l'acide sulfurique, donna un anneau arsénical et
des taches caractéristiques.—400 grammes de terre, prise
à 35 centimètres de profondeur dans la partie sud du
cimetière, traitée comme le terreau, donna de l'arsenic
à peu près en quantité égale. Enfin, pour s'assurer si
l'arsenic se trouvait à l'état soluble, ils firent bouillir
250 grammes de cette terre dans de l'eau distillée. La
liqueur évaporée, le résidu carbonisé par l'acide sulfurique
ne donna pas d'arsenic à l'appareil de Marsh ; tandis que la
même quantité de terre, mise à bouillir dans l'eau acidulée
par l'acide chlorhydrique et le décocté évaporé, carbonisé, etc., donna un anneau caractéristique.

Conclusion.—Les débris du cadavre étant mêlés à de la
terre, et celle-ci étant arsénicale, il nous est impossible de
dire si l'arsenic ne provient pas de cette source, est indé-
pendant de celui qui se trouve dans la terre du cimetière.

II.—Affaire Chabot (*assises de la Vendée*, 1845).—
MM Pelouze, Danger et Flandin eurent à faire l'analyse
des restes de Roturier, décédé le 3 novembre 1839, consistant dans le squelette, dont les os disjoints étaient recouverts d'une matière grasse desséchée, mêlée, sur divers
points, à de la terre. — 25 grammes de matière râclée des
os iliaques, des vertèbres, dans les points où il n'y avait
pas de terre, carbonisée par l'acide sulfurique, donnèrent,
à l'appareil de Marsh, un anneau qui, après une série de
réactions, s'est converti en une vapeur si ténue, qu'ils n'ont
pas jugé convenable de le joindre aux pièces à conviction.
— 50 grammes de matière grasse, ratissée des planches de
la bière de Roturier, là où il y avait le moins de terre, carbonisée, etc., fournirent un anneau arsénical très-faible,
sur lequel cependant on a constaté les diverses réactions.—
250 grammes de terre prise au-dessous et au-dessus de la

bière, traitée par 500 grammes d'eau, additionnée de 12 grammes de potasse, comme il a été dit (affaire Morin), carbonisée par l'acide sulfurique et l'azotate de soude, donnèrent un anneau arsénical caractéristique. — Des parties égales de cette terre, analysées par trois fois et par trois procédés différents, donnèrent les mêmes résultats.— La même quantité de terre prise à l'endroit où avait été inhumée la fille Chabot, en novembre 1843, soumise aux mêmes procédés, fournit des résultats identiques; son cadavre, réduit en putrilage, était encore enveloppé d'une toile.—100 grammes des débris du foie et d'intestins, carbonisés par l'acide sulfurique, donnèrent un anneau arsénical caractéristique.—Ils n'ont trouvé aucune trace de plomb, de cuivre, d'étain, etc. dans les restes des deux cadavres, quoique, aux termes de la commission rogatoire, ils n'eussent qu'à rechercher l'arsenic.

Conclusion.—Les mêmes que dans l'affaire Morin et par les mêmes motifs.—L'accusée a dit avoir empoisonné son mari, mais non sa fille.

III.—Affaire Barbier (*assises de Metz*, 1853).—Les restes du cadavre Daudin, consistant en os, cerveau, en organes mous, tous transformés en détritus boueux par l'eau et la terre qui avaient pénétré dans le cercueil, ayant donné de l'arsenic, non la terre au-dessous du cercueil, par le procédé de carbonisation par l'acide sulfurique, les experts, MM. Dieu et Thomas, conclurent à l'empoisonnement. Condamnation à la réclusion perpétuelle (*Ann. d'hyg., méd. lég. de* 1853).

Quand on est appelé à résoudre les questions précédentes, les faits, les expériences précités peuvent être d'une grande utilité. Il faut analyser séparément : 1° le cadavre, ses organes, ses débris, les vêtements, le cercueil, privés, autant que possible, des parties terreuses; 2° deux ou trois kilogrammes de terre, pris séparément au-dessus, au-dessous, sur les côtés de la bière, ainsi que dans un endroit du cimetière où personne n'a encore été inhumé et à la même profondeur ; 5° enfin le cadavre ou les débris d'une personne inhumée à côté, à la même époque, et, autant que possible, au même degré de décomposition.

Pour l'analyse de la terre du cimetière ou autres lieux, comme il importe de savoir si le poison s'y trouve à l'état soluble ou insoluble, après en avoir séparé les petits cailloux à l'aide d'un crible, soumettez-la aux opérations suivantes :

1° Mettez-la à macérer, pendant 30 ou 40 heures, dans suffisante quantité d'eau, filtrez, réduisez les liqueurs et les eaux des lavages réunies à un petit volume, essayez-les par les réactifs généraux ou du poison à rechercher. Si le résultat est négatif, évaporez-les à siccité, carbonisez le résidu par l'acide sulfurique, traitez le charbon par de l'eau acidulée et soumettez à l'appareil de Marsh ou à l'action des autres réactifs. Le charbon sulfurique serait incinéré et les cendres traitées par l'acide azotique, etc., pour la recherche des métaux fixes.

2° Faites bouillir la terre ainsi traitée dans suffisante quantité d'eau distillée, pendant 6, 8 heures, en ayant soin de renouveler l'eau ; filtrez, concentrez le décocté et soumettez-le aux mêmes réactions que le macéré.

3° Traitez la terre soumise aux deux opérations précédentes par de l'eau fortement acidulée par les acides azotique, chlorhydrique, chloro-nitrique ou sulfurique, jusqu'à ce qu'il n'y ait plus d'effervescence ; faites bouillir en maintenant les liqueurs constamment acides ; filtrez ; lavez le résidu à l'eau distillée ; concentrez les liqueurs réunies pour chasser l'excès d'acide ; reprenez par l'eau et essayez les réactifs. Comme le résidu contient, le plus souvent, des matières organiques, il est nécessaire de le carboniser préalablement par l'acide sulfurique, etc. Si c'était pour la recherche de l'arsenic, et qu'on se soit servi des trois premiers acides, il faudrait préalablement saturer les liqueurs par la potasse et chasser ces acides par l'acide sulfurique (voyez affaire Morin et Coulongeau).

Le plus ordinairement on se sert d'acide sulfurique, afin de ne pas trop multiplier les opérations, en opérant comme MM. Lassaigne et Chevallier dans l'affaire Brunet (paragraphe suivant). Le charbon sulfurique est ensuite incinéré, ainsi que la terre bouillie dans cet acide, pour la recherche des métaux fixes. Lorsque la terre est mêlée à des matières grasses qui s'opposent à ce que les acides dissolvent le poison, MM. Flandin et Danger proposent de les traiter préalablement par la potasse, comme dans l'affaire Morin, Coulongeau, Glœckler (voyez *Rapports*).

4° La bière, ses débris, ses ràclures, les vêtements, le terreau, le cambouis, etc., seraient soumis aux mêmes opérations que la terre du cimetière.

IV.—Affaire Brunet, page 216.—Pour déceler le cuivre dans la terre du jardin, MM. Chevallier et Lassaigne en délayent 200 grammes dans de l'eau acidulée par l'acide sulfurique, jusqu'à ce qu'il n'y ait plus d'effervescence, font bouillir le mélange dans de l'eau jusqu'à siccité, laissent refroidir, ajoutent de l'acide azotique, qu'ils volatilisent ensuite, traitent, pendant 5 à 6 minutes, le produit par l'eau bouillante, filtrent et font passer à travers la liqueur un courant de gaz sulfhydrique. Au bout de 24 heures, il se forme un dépôt jaune-paille, qu'ils traitent à chaud par l'acide azotique, filtrent, évaporent à siccité, reprennent par de l'eau ammoniacale en excès, pour dissoudre le cuivre et précipiter les autres métaux, concentrent la liqueur, la saturent par l'acide acétique, et constatent la présence du cuivre par le cyanure jaune, etc.

V.— Affaire Riehl (*assises de Strasbourg*, 1847). — MM. Persoz, Opperman et Villemin, dans un empoisonnement par le phosphore, eurent à examiner de la terre d'une vigne, mêlée à des débris de pellicules de raisins, sur laquelle Riehl avait vomi, et de la même terre normale, pour savoir si elles contenaient de l'acide phosphorique, et comparativement en quelles proportions. 15 gram. de terre normale, préalablement desséchée, pulvérisée, passée à travers un tamis, est mêlée à 15 gram. de carbonate sodique, 1 gram. de nitrate de potasse, et calcinée au rouge blanc dans un creuset de platine. Le produit, délayé dans l'eau, est traité par l'acide chlorhydrique, filtré, évaporé à siccité. Le résidu étant dissous dans l'eau bouillante, on ajoute un grand excès d'acétate ferreux, pour précipiter l'acide phosphorique à l'état phosphate ferroso-ferrique insoluble, lequel, après avoir été bien lavé, fut mis à digérer dans du sulfure d'ammoniaque, pour le transformer en sulfure de fer insoluble et en phosphate d'ammoniaque, qui, évaporé à siccité, repris par l'eau, et additionné de sulfate ammoniaco-magnésien, donna un léger précipité de phosphate ammoniaco-magnésien, du poids de 0 gr. 002, représentant 0 gr. 00055 d'acide phosphorique. La même expérience sur la même quantité de terre suspecte, préalablement privée des pellicules de raisin et de toute matière organique visible à l'œil nu, donna 0 gr. 01 de phosphate ammoniaco-magnésien, représentant 0 gr. 00377 d'acide phosphorique, par conséquent 5 fois plus que la terre normale (voyez *Phosphore*).

L'expérience serait aussi comparative, s'il fallait démontrer la présence des *acides sulfurique, azotique, chlorhydrique*, de *la potasse*, etc., dans la terre imprégnée des matières des vomissements d'une personne empoisonnée par ces poisons.

II.—Quest. Poisons normaux, accidentels, etc.

Certains poisons, leurs éléments ou radicaux, le fer, la chaux, la soude, l'acide phosphorique, etc., font partie constituante de nos organes, de nos liquides, dans un état de combinaison qui les rend inertes, ce sont les poisons dits *normaux* ou *naturels*. D'autres y sont introduits passagèrement par l'intermédiaire des matières alimentaires, médicamenteuses, etc., qui elles-mêmes les prennent au sol, aux vases dans lesquels elles ont été préparées ou conservées; ce sont les poisons dits *accidentels*, tels que le plomb, le cuivre, l'arsenic, etc. L'expression de *poisons normaux, naturels, accidentels* est très-vicieuse, parce qu'elle s'applique à des substances qui, dans l'état où elles se trouvent actuellement dans l'économie, ne sont pas toxiques, plusieurs même sont indispensables à la vie. C'est donc sous le point de vue de la toxicologie chimique qu'il faut envisager ces dénominations.

Le phosphore existe dans la matière cérébrale, à l'état de phosphate de chaux dans les os et autres parties solides et liquides. Les acides sulfurique, chlorhydrique, s'y rencontrent à l'état de sulfates, d'hydrochlorates de chaux, de soude, de potasse. Les acides acétique, tartrique, oxalique, nitrique y parviennent par les aliments, les médicaments. Mais, de tous les poisons normaux ou accidentels, ce sont, sans contredit, l'arsenic, le cuivre, le plomb, le phosphore, le fer qui ont été le sujet des discussions les plus importantes.

ARSENIC NORMAL.—M. Couerbe communique à M. Orfila que l'arséniate de chaux, accompagnant souvent le phosphate de cette base, devait faire partie des os. M. Orfila, le 24 septembre 1839, annonça à l'Académie de médecine qu'il avait retiré de l'arsenic non-seulement des os, des muscles de l'homme, mais encore des mêmes organes des animaux. M. Devergie constate aussi ce poison dans les muscles, le bouillon; d'autres dans le sang. Dès lors l'existence de l'arsenic normal fut considérée comme un fait accompli, et l'on s'occupa des procédés à l'aide desquels on pût le distinguer de l'arsenic d'empoisonnement.

MM. Flandin et Danger, dans un mémoire lu à l'Académie des sciences, en décembre 1841, conclurent à la non-existence de l'arsenic normal; que, dans la carbonisation des matières animales, il se sublimait un produit soluble dans l'eau, formé de sulfite, de phosphite d'ammoniaque et de matière organique, qui, à l'appareil de Marsh, donnait des taches analogues aux taches arsénicales, ce qui probablement avait induit en erreur M. Orfila.

Quant à l'*arsenic accidentel*, MM. Flandin et Danger, d'après les mêmes données, les mêmes expériences que pour le cuivre, page 228, nient sa présence dans nos organes, sans qu'elle puisse se manifester par des symptômes morbides; faits en opposition avec ceux de MM. Millon et Laveran, Orfila neveu, pour l'antimoine, le cuivre, etc., (page 14).

La commission de l'Institut (14 juin 1842), composée de MM. Thénard, Dumas, Boussingault, Regnault, rapporteur, se livra à des expériences pour résoudre la question d'arsenic normal. Comme l'avait pratiqué d'abord M. Orfila, des os humains étant calcinés sur une grille jusqu'au gris terne et d'autres plus fortement, ils mirent à digérer séparément les deux produits, pendant trois jours, dans de l'acide sulfurique concentré, ajoutèrent de l'eau distillée, soumirent les liqueurs à l'appareil de Marsh et n'obtinrent pas d'arsenic : mêmes résultats négatifs, quoique les os fussent additionnés d'arséniate de chaux ; ce dernier sel étant réduit par le charbon, l'arsenic se sera sans doute volatilisé. Ils n'obtinrent pas non plus d'arsenic en calcinant au rouge les os dans une cornue. La partie calcaire des os fut dissoute dans l'acide chlorhydrique, la liqueur précipitée par l'acide sulfurique et évaporée à siccité ; d'un autre côté la partie gélatineuse fut carbonisée : l'eau des lavages du charbon réuni au produit hydrochlorique ne donna pas d'arsenic. Enfin, MM. Orfila et Devergie, chacun séparément, ne trouvèrent plus d'arsenic dans les organes, où, par le même procédé, ils l'avaient déjà trouvé ; résultats différents que ce dernier toxicologiste attribue à l'im-

pureté des réactifs employés dans leurs premières expériences. Depuis lors, l'existence de l'*arsenic normal* ne
fut plus admise, par conséquent on n'eut plus à s'occuper
de cette cause d'erreur, si souvent invoquée dans les discussions judiciaires. Tout récemment, un chimiste alle-
mand ayant de nouveau admis la présence de l'arsenic
dans les os, M. Filhol, par un procédé un peu différent de
celui de l'Institut, n'en a pas trouvé (1854).

ANTIMOINE. — Nous ignorons si l'on a tenté quelques expériences pour s'assurer s'il existe à *l'état normal*. Les
expériences de MM. Millon et Laveran ne permettent pas
de douter que, donné par petites doses, il puisse séjourner longtemps dans nos organes sans accidents (voyez
page 10).

CUIVRE, PLOMB, NORMAUX, ACCIDENTELS.—Sans entrer dans
les détails historiques que comporterait ce sujet, pour
lequel d'ailleurs on peut consulter le mémoire de MM. Chevallier et Cottereau, (*Ann. d'hy. et de méd. lég.*, 1848), nous
nous occuperons seulement des faits qui nous concernent
spécialement. En 1836 et 1838, M. Devergie retira du cuivre
du tube intestinal de trois cadavres. Frappé de cette coïn-
cidence, il se livra à des recherches spéciales avec
M. Hervy, qui, en outre, y signala aussi la présence du
plomb. Depuis lors, M. Devergie dit n'avoir fait aucune
analyse légale sans avoir rencontré ces deux métaux dans
tous les organes, surtout dans le tube intestinal. Leur
proportion absolue et relative varie selon l'âge, le jeûne,
l'état morbide; moindre chez les nouveau-nés, elle est
quatre, cinq fois plus forte chez l'adulte; plus faible dans
l'état de jeûne, de maladie, ce qui donne à penser qu'ils
proviennent des matières alimentaires. Quoique la proportion en soit variable dans le tube intestinal de l'homme et
de la femme adultes, elle ne dépasse pas dans les intestins
46 millièmes pour le cuivre et 40 millièmes pour le plomb.

Dans tous les cas, le cuivre l'emporte sur le plomb, si ce n'est dans l'encéphalopathie saturnine. M. Devergie donne dans un tableau, qu'il avoue d'ailleurs être très-incomplet, la quantité relative de ces deux métaux dans l'estomac, les intestins, le cerveau.

Orfila, en 1838, avec cette investigation dévorante qui le caractérisait toutes les fois qu'il s'agissait d'une question de médecine légale, se livra à un très-grand nombre de recherches, qui confirmèrent les résultats de M. Devergie ; dès lors il admit l'existence du *cuivre normal* ou *physiologique*.

MM. les professeurs Cattei et Platner, en 1840, ne purent déceler, par le procédé de l'incinération, le cuivre, le plomb dans le canal digestif, le cœur, les poumons, les foie, la rate des enfants âgés de quelques jours ; ils conclurent que ces métaux ne font pas partie constituante de nos organes, que ce n'est qu'accidentellement qu'ils y parviennent.

MM. Flandin et Danger, dans un mémoire présenté à l'Institut, en 1843, nient non-seulement le cuivre normal, mais encore la présence du cuivre. du plomb accidentels, n'ayant pu en retirer, par leur procédé, des os, des muscles, des viscères, des urines des animaux non intoxiqués, mais encore des mêmes organes des animaux auxquels ils ont administré, pendant neuf mois, 2 centigrammes d'acétate de cuivre par jour ; de sorte que, en deux cent soixante-seize jours, la dose s'est élevée à 25 gram. Ce fait, qui nous paraît bien extraordinaire, est en opposition avec les expériences de MM. Louis Orfila, Millon et Laveran (page 14...).

MM. Barse, Follin, Laneau, Chevallier, Lassaigne, Payen, Legrip, Deschamps, etc., à diverses reprises, et à des époques différentes, ont extrait aussi ces métaux des organes des personnes non intoxiquées ; cependant quelques-uns de ces auteurs, MM. Barse, Chevallier, etc., ne les ont pas obtenus constamment. Ce dernier et Cottereau donnent un relevé (*Ann. d'hyg. et de méd. lég.* 1848) des cas légaux où l'on a, ou non, trouvé ces deux métaux. Les premiers cas sont plus nombreux, et le cuivre s'est présenté plus constamment que le plomb.

M. Millon, en 1848, ayant constamment retiré le cuivre du sang de l'homme, s'est demandé s'il n'existerait pas une chlorose par privation de cuivre, comme cela a lieu pour le fer. M. Melsens, qui, par le même procédé, a obtenu des résultats négatifs avec le sang de l'homme, de la femme, du chien, du bœuf, pense que M. Millon a employé des réactifs cuivreux. Bien avant ces diverses expériences, MM. Christison, Chevreuil, n'avaient pas retiré de cuivre du sang, des muscles des animaux.

Des faits précédents on peut conclure que, parmi les toxicologistes, 1° les uns, MM. Orfila, Millon, etc., admettent le cuivre, le plomb à l'état normal ou physiologique d'une manière constante, absolue, opinion à laquelle semble se rattacher M. Devergie; 2° d'autres, MM. Flandin et Danger, nient au contraire le plomb, le cuivre normaux ; 3° MM. Barse, Chevallier, Chatin, etc., c'est aussi notre manière de voir, pensent que ces métaux se rencontrent le plus constamment dans nos organes, qu'ils y arrivent accidentellement par l'intermédiaire des aliments, des vases en cuivre, en plomb, si fréquemment usités. Dans l'empoisonnement par les préparations cuivreuses, nous avons vu que presque tous les aliments contiennent du cuivre, qu'il se trouvait dans le vin, le cidre, les plantes qui s'étaient développées dans un terrain naturellement cuivreux ou arrosé avec un soluté de sulfate de cuivre.

Dans un cas de suspicion d'empoisonnement par le cuivre, MM. Chevallier, Devergie et Payen, n'ayant obtenu qu'environ 15 milligrammes de cuivre, proportion qui pouvait être considérée comme normale ou accidentelle, analysèrent comparativement la même quantité de foie et d'intestin d'une personne âgée de trente-deux ans, qui s'était noyée, et obtinrent à peu près la même proportion de cuivre. Ne connaissant pas les antécédents, ils conclurent que la quantité de cuivre, étant celle qui se rencontre accidentellement, n'admettait pas la nécessité de supposer un empoisonnement.

Quel que soit le procédé employé pour déceler le cuivre normal ou accidentel, il importe que la matière organique soit complétement détruite. Dans un cas légal, M. Devergie n'ayant pu obtenir du cuivre de l'estomac, des intestins, du foie du sieur Guy, par le chlore, l'eau aiguisée d'acide acétique, la carbonisation par l'acide sulfurique, en retira, au contraire, par le procédé de l'incinération. MM. Barse, Follin, Lancau n'en obtenaient pas non plus par les divers procédés de carbonisation, et en retiraient par incinération. Cela explique pourquoi, peut-être, quelques auteurs ont obtenu des résultats négatifs.

M. Devergie dessèche les matières dans une capsule de porcelaine, y met le feu pour les carboniser, calcine le charbon dans un creuset de porcelaine ou de hesse, lave les cendres à l'eau distillée pour séparer les sels solubles, les traite ensuite par l'acide chlorhydrique, filtre, évapore la majeure partie de l'acide, délaye dans l'eau et fait passer à travers du gaz sulfhydrique. Le sulfure, chocolat ou noir, selon la prédominance du plomb ou du cuivre, étant délayé dans un peu d'eau aiguisée d'acide chlorhydrique et de 1 à 2 gouttes d'eau régale, filtrez pour séparer le soufre, évaporez à presque siccité; reprenez par l'eau et précipitez le plomb par l'acide sulfurique. Le cuivre reste dans la liqueur, dont il est précipité par le fer ou le carbonate sodique; le carbonate de cuivre, par la calcination, laisse du bioxyde, dont on peut apprécier le poids; dissous dans un acide, il se colore en bleu par l'ammoniaque. Le sulfate de plomb est décomposé par le carbonate sodique; le carbonate de plomb dissous dans un acide, est précipité par l'acide sulfhydrique, et le sulfure réduit au chalumeau.

Le fer fait partie constituante de nos organes, du sang, etc.; aussi, dans un cas d'empoisonnement par le sulfate de fer (assises de l'Aveyron), Orfila a-t-il blâmé les experts de ne pas avoir employé un procédé propre à distinguer le fer normal du fer poison, à tort selon nous, car les réactions étaient si prononcées, que cette erreur n'était pas possible : il conseille, comme pour le cuivre, le plomb l'ébullition préalable des matières suspectes dans de l'eau acidulée par l'acide chlorhydrique, de carboniser le résidu du décocté pour déceler le fer poison, et l'incinération des matières ainsi traitées pour reconnaître le fer normal.

Quant aux *autres poisons* qui se rencontrent normalement (acides phosphorique, chlorhydrique, soude, potasse), ou accidentellement (acide oxalique, tartrique), dans nos organes, les matières alimentaires, etc., nous avons donné le moyen de doser l'acide phosphorique (page 223). Pour les autres poisons, Orfila propose de traiter les matières par l'eau, de distiller au bain d'huile pour obtenir les poisons volatils (acides acétique, chlorhydrique, azotique, ammoniac), de traiter le résidu par l'alcool ou l'éther pour séparer les autres acides ou bases fixes, les isoler des sels normaux composés des mêmes bases, des mêmes acides, lesquels ne sont pas volatils à cette température, ne sont pas solubles dans ces véhicules. Cette méthode n'offre pas toute la rigueur désirable, et il importe, dans ces sortes de cas, de tenir compte des effets, des lésions, d'expérimenter surtout comparativement.

IV.—Quest. Poisons donnés comme médicaments.

Un individu succombe pendant qu'il est soumis à un traitement, exposé aux émanations arsénicales, plombiques, etc., ou quelque temps après; il s'élève des soupçons d'empoisonnement par les mêmes substances; le poison retiré des organes provient-il de l'une ou de l'autre source? Y a-t-il empoisonnement criminel ou accidentel?

La solution de cette question suppose la connaissance du séjour, de l'élimination des poisons, celle de quantité, du mode d'administration, des circonstances où les accidents se sont développés, du temps depuis lequel la personne a cessé le traitement, a été exposée aux émanations toxiques, etc. ; si enfin un médicament, un poison donnés par petites doses, peuvent s'accumuler dans nos organes et produire, tout à coup, des accidents graves ou mortels.

Quant au *séjour, à l'élimination*, etc., nous avons vu, chapitre I, que, dans les empoisonnements aigus ou lorsque le poison est administré a dose toxique, l'élimination était complète en une quinzaine de jours, même avec ceux qui forment des composés insolubles avec nos organes, l'arsenic, etc.; telle est du moins l'opinion de la plupart des toxicologistes. Tandis que, donné par doses successives, surtout mêlé aux aliments, il pouvait encore se rencontrer dans nos organes après 30 jours (arsenic); 1 mois (sublimé); 4 mois (émétique); 5 mois (nitrate d'argent); 8 mois (acétate de plomb, sulfate de cuivre). En serait-il de même si ces poisons étaient donnés pendant longtemps comme médicaments ou respirés par petites quantités? C'est probable. Nous citons un cas où le nitrate d'argent, administré contre l'épilepsie, a été trouvé 18 mois après dans le pancréas et autres organes. Ces expériences ne donnent donc pas la limite absolue de l'élimination complète du poison.

Avec les *préparations de digitale, d'iode, de plomb, de mercure*, etc., des accidents d'intoxication se sont déclarés tout à coup, quoique la dose du médicament n'ait pas été augmentée, et même fût suspendue depuis quelque temps, surtout si, avec les deux derniers, on donnait de l'iodure, du chlorure de potassium, de sodium. Le D' Bardeley, cité par M. Rayer, dit que la liqueur arsénicale de Fowler peut aussi s'accumuler dans l'économie, et donner lieu à des tranchées et autres accidents. Ces faits sont cependant assez rares, et les accidents, surtout avec les poisons âcres, irritants, sont bien moins intenses, bien moins inflammatoires que ceux qui résultent de l'ingestion immédiate du poison. Il faut donc tenir compte de ces circonstances, surtout si les accidents se sont déclarés après l'usage des aliments, des boissons ayant, ou non, une saveur désagréable, etc.

Ici s'élève une question très-importante : à savoir si les accidents se manifestant chez les personnes qui, depuis 1-6 mois 1 an, n'ont pas eu la colique des peintres, ne travaillent plus le plomb, sont dus à la présence de ce poison dans nos organes. D'après les faits précédents, cela nous paraît probable, et par une cause quelconque, le plomb sera passé tout à coup, d'insoluble qu'il était, à l'état soluble.

AFFAIRE LACOSTE (tome Ier page 464, *assises d'Auch*). — Plusieurs questions, entre autres celle-ci, furent adressées aux experts : 1° L'arsenic, *retiré des organes*, ne provient-il pas du traitement arsénical interne et externe, auquel avait été soumis le sieur Lacoste ? M. Pelouze ne voulut pas se prononcer ; M. Flandin affirma que c'était l'arsenic d'empoisonnement, se fondant sur ce que le patient avait cessé son traitement le 3 mai et succombé le 23, temps nécessaire à l'élimination complète du poison. 2° L'arsenic pris à petites doses peut-il s'accumuler dans l'économie et donner lieu subitement à des accidents d'intoxication ? M. Devergie répondit négativement et M. Flandin affirmativement, en ajoutant, toutefois, qu'une extrême réserve était commandée.

AFFAIRE LAFARGE.— Directeur d'une usine ferrugineuse. comme les minerais de fer contiennent très-souvent de l'arsenic, M. Raspail dit que ce poison aurait bien pu pénétrer par la voie de la respiration. Lafarge n'avait pas paru dans

la fabrique depuis 50 jours, quand il mourut au Glan-
dier ; l'arsenic devait être complétement éliminé, d'après
M. Orfila.

AFFAIRE POUCHON (*assises du Puy-de-Dôme*).—Soupçonné
d'avoir été empoisonné par une préparation p'ombique,
mise dans une salade, comme Pouchon avait été soumis,
15 mois auparavant, et à diverses reprises, à l'usage du
sous-acétate de plomb en lavement, pour un cancer d'estomac, il fut demandé si le plomb retiré des organes ne
provenait pas de cette source Dupaquier et Orfila, pour
résoudre cette question, administrèrent à un chien,
chacun de son côté, de l'acétate de plomb par la bouche et
par l'anus, et trouvèrent ce poison 15 jours, 1 mois après
dans le tube intestinal de ces animaux. Cette affaire, sous
le point de vue des effets, des lésions, du mode d'administration, de l'analyse, a donné lieu à des questions très-
importantes que nous avons exposées, discutées, tome Ier,
page 684. Les expériences de M. Louis Orfila, sur l'élimination du plomb. n'étaient pas encore connues.

Cet exposé succinct démontre combien ces questions sont
difficiles à résoudre, et avec quelle réserve, quelle sagacité,
il faut discuter, interpréter le peu de faits que possède la
science.

V.—Quest. Poison d'imbibition.

Les expériences de MM. Collard de Martigny, Fodera,
Magendie, Muller, etc., l'observation journalière démontrent que l'imbibition est plus active dans les tissus morts
que dans les tissus vivants, surtout privés d'épiderme. Il
n'est pas douteux que la coloration jaune, la réaction fortement acide que présentent quelquefois la face inférieure
du foie et interne de la rate, le diaphragme, la base du
poumon, dans l'empoisonnement par l'acide azotique, quoique l'estomac n'offre pas de perforation, ne soient dús, en

grande partie, à l'imbibition de la portion de poison encore renfermée dans cet organe après la mort.

Orfila ayant injecté dans le rectum d'un chien, 6 heures après l'avoir pendu, 2 grammes d'acétate de cuivre, dissous dans 250 grammes d'eau; 8 jours après, le gros intestin, la vessie, le rein droit étaient verdâtres, donnaient du cuivre à l'eau froide et à l'eau bouillante, de même que le foie, les poumons, le cœur, carbonisés par l'acide azotique, quoiqu'ils ne fussent pas colorés. Le même auteur introduit dans l'estomac d'un chien 3 grammes de sulfate de cuivre, dissous dans 120 grammes d'eau ; 10 jours après, les parois stomacales, la face inférieure du foie, le côté gauche du diaphragme, la partie interne de la rate, le rein gauche sont colorés en bleu, donnent du cuivre à l'eau froide, tandis que les parties des mêmes organes non colorées, le poumon droit, le cerveau, les muscles des jambes n'en donnent pas, même à l'eau bouillante. Pourquoi ne pas essayer la carbonisation par l'acide azotique comme dans l'expérience précédente? Avec ces poisons, à l'état solide, le résultat est le même, mais plus lent. Il en a été à peu près ainsi en portant ces poisons dans l'estomac des chiens vivants (œsophage lié) et autopsiés 10 à 12 jours après.

Ces expériences prouvent qu'un poison étant introduit dans le tube intestinal après la mort, pour simuler un suicide, un homicide, ou dans tout autre but, les organes, soumis ordinairement à l'expertise, pourraient donner des traces du poison, faire croire à un empoisonnement criminel.

Pour éviter ces causes d'erreur, distinguer le poison d'imbibition de celui d'empoisonnement, deux moyens sont invoqués : 1° *les lésions locales*, 2° *l'analyse chimique*. Si c'est un poison caustique, introduit dans le tube intestinal immédiatement ou 1, 2 heures après la mort, il laisse des traces d'inflammation comme pendant la vie, mais ces lésions, au lieu d'être uniformes, générales, sont disposées

par zones, par bandes, et, assez souvent, la musculeuse,
la séreuse ne participent pas à cet état congestionnel, sont
même quelquefois moins colorées que dans l'état normal ;
ensuite il y a une ligne de démarcation parfaitement tranchée entre les parties atteintes par le poison et celles qui
ne le sont point. Si le poison a été introduit au contraire
plusieurs heures après la mort, ou lorsque la chaleur est
presque complétement éteinte, alors les lésions sont les
mêmes que celles qu'il produit sur les tissus privés de vie,
il n'y a pas de traces de congestion, d'inflammation.

Quant à l'*analyse chimique*, le poison n'étant pas expulsé
par le vomissement, les selles, comme dans l'état vivant,
se rencontrera en nature et en bien plus grande quantité
sur les parties où il aura été déposé, surtout si c'est à
l'état solide ; ensuite, dans les cas d'empoisonnement,
les organes les plus éloignés du tube intestinal, les muscles, etc., contiendront le poison également disséminé
dans toutes leurs parties, tandis que le poison d'imbibition
envahit d'abord les organes ou parties d'organes les plus
rapprochés du lieu d'application, n'arrive que successivement aux plus éloignés , aux parties centrales , n'est pas
également réparti dans toute leur masse; aussi faut-il
analyser comparativement les organes les plus éloignés
(muscles de la cuisse, du bras, etc.), et les plus rapprochés
du tube intestinal, et, si c'est le foie, la rate, les poumons, etc., agir séparément sur les parties externes et internes. M. Orfila traite ces organes, ces parties : 1° d'abord
par l'eau froide, qui dissout seulement le *poison d'imbibi-*
tion ; 2° puis par l'eau bouillante seule ou acidulée, qui
leur enlève le *poison d'absorption ou d'empoisonnement.* On
pourrait, pour ce dernier, d'après MM. Devergie, Barse,
Follin, employer aussi l'un des procédés de carbonisation, pourvu qu'il ne soit pas poussé jusqu'à incinération;
3° enfin, pour obtenir le poison dit normal ou accidentel,
il les soumet ensuite à l'incinération, ou à tout autre pro-

cédé qui détruise complétement la matière organique. Ces données s'appliquent aussi au poison d'imbibition qui a pénétré par la peau ou par toute autre voie. Si le cadavre était en putréfaction, décomposé, ces questions seraient bien difficiles à résoudre, et ce n'est que par l'analyse comparative du détritus des diverses cavités, des os, de la terre des cimetières, etc., qu'on arriverait, peut-être, à établir des soupçons.

V.—Question de quantité.

La question de quantité est souvent invoquée dans les cas d'expertise toxicologique, soit qu'on demande : 1° si cette substance est toxique et à quelle dose? 2° si la quantité de poison retirée des organes est en quantité suffisante pour expliquer la mort, ne peut être attribuée au poison normal, accidentel? 3° si un poison, mêlé aux aliments, etc., l'a été en assez grande quantité pour donner lieu à tels accidents? 4° si les modifications qu'il a subies n'en ont pas apporté dans les effets?

I.—*Telle substance est-elle toxique?*— Les effets délétères de la plupart des poisons ayant été constatés par l'observation chez l'homme et les expériences sur les animaux, cette question n'est guère adressée que pour un petit nombre de substances, encore fort peu connues sous ce point de vue. Pour la résoudre, il faut se diriger d'après 1° la dose la plus élevée à laquelle on puisse la donner comme médicament; 2° les expériences sur les animaux; 3° les effets produits chez la personne intoxiquée. C'est d'après ces données que MM. Orfila, Devergie, sont parvenus à établir la nocuité de l'alun, du sulfate de fer, dans des cas de médecine légale.

II.—*A quelle dose tel poison est-il toxique?* — Rien d'aussi variable que la dose toxique. Il n'y a qu'à comparer l'acide cyanhydrique avec la plupart des autres poisons. Dans les cas ordinaires, en raison de la portion qui est éliminée par les vomissements, les selles ou toute autre voie, il est bien difficile de la déterminer; aussi voyons-nous des doses très-fortes d'un même poison, 1 gram. de sublimé, d'acétate de morphine, ne pas être mortelles, mais encore, dans quelques cas, donner lieu à des accidents moins intenses que des doses plus faibles. En ne tenant compte que de la portion du poison absorbée, on peut, à priori, fixer la dose toxique d'après les trois données que nous avons indiquées dans le paragraphe précédent. Dans l'impossibilité de répondre à cette question d'une manière absolue, nous renvoyons à chaque poison en particulier.

III.—*La quantité de poison retirée des organes est-elle suffisante pour expliquer la mort?* — En négligeant la portion de poison qu'on peut trouver en nature dans le tube intestinal, ne tenant compte que de la partie retirée des organes où il a pénétré par absorption, si celle-ci est supérieure à celle du poison normal, surtout si l'on a employé les réactifs, un procédé convenable et pour éviter toute cause d'erreur, on peut affirmer que le poison provient d'un empoisonnement, que la quantité est suffisante pour donner la mort. Lorsque la quantité de poison obtenue est égale ou inférieure à celle qu'on trouve normalement, il faut rester dans le doute, surtout si l'on n'a aucun renseignement sur les antécédents, si le malade, par exemple, n'a pas éprouvé des accidents aigus d'intoxication, s'il n'a pas employé la substance toxique comme médicament, depuis combien de temps il a cessé le traitement, sa profession, etc., circonstances très-importantes que nous avons déjà discutées (page 231). On trouvera d'autant moins de poison que le malade aura survécu plus longtemps, en raison de son élimination constante. Si le malade n'avait succombé que le dixième, quinzième, vingtième jour, il pourrait

même n'en rester aucune trace dans les organes; par conséquent, par cela seul qu'on n'aurait pas obtenu du poison, il ne faudrait pas en conclure qu'il n'y a pas empoisonnement.

IV.—*La quantité de poison introduite dans telle ou telle matière alimentaire, médicamenteuse, etc., est elle suffisante pour
donner la mort?*— Cette question a été assez souvent posée,
et les experts ont eu à constater la nature, la quantité de
poison introduite dans du vin, du café, un potage, etc. Il
faut en ces cas faire à la fois l'analyse qualitative et quan-
titative, s'assurer, autant que possible, en quel état s'y
trouve le poison, s'il n'a pas été modifié par les matières
alimentaires.

Pour connaitre la quantité d'un poison contenu dans un
ou plusieurs organes, dans les matières suspectes, les
moyens analytiques diffèrent selon sa nature, celles des
matières. Tantôt on le sépare soit par distillation si c'est
un poison volatil; soit à l'aide d'un véhicule, l'alcool,
l'éther, le chloroforme, les acides étendus, dont on le
sépare ensuite en vaporisant le véhicule ou en le précipitant à l'aide d'une base (alcalis végétaux) ; soit en transformant le poison en sulfure, chlorure, en sel insoluble,
dont le poids, soustraction faite du soufre, du chlore, de
l'acide, donne celui du métal ; soit enfin en le transformant en gaz hydrogène-arsénié, antimonié, lequel est
décomposé à chaud dans un tube, dont l'augmentation
de poids indique celle du métal. Ces deux derniers procédés servent ordinairement à doser les poisons minéraux
de la 4me section. Lorsque c'est un poison acide, alcalin,
qui ne forme pas des sels insolubles avec les bases, les
acides, on le dose d'après la quantité de soluté titré de
base ou d'acide qu'il faut pour les neutraliser.

M. Chevallier, ayant à déterminer si la quantité d'ammoniaque ajoutée à du vin était suffisante pour donner la

mort, en distilla un décilitre dans une cornue, avec addition de potasse, pour retirer la portion d'ammoniaque qui aurait pu se combiner avec l'acide du vin. Il obtint 2/3 d'un liquide limpide, offrant les réactions de l'ammoniaque, qui exigea 1 gramme 5 décigrammes d'acide sulfurique à 36° pour être saturé; ce qui représente 2 grammes 2 décigrammes d'ammoniaque, ou 26 grammes par litre de vin, dose assez forte pour déterminer des accidents ; mais il est difficile de croire qu'on ait pu en faire usage.

Dans un empoisonnement par l'oxalate de potasse, mêlé à du sulfate, pour apprécier la proportion des deux sels, MM. Chevallier et Lassaigne les dissolvent dans 30 fois leur poids d'eau, et précipitent le soluté par le chlorure de baryum. Le précipité traité par l'acide chlorhydrique faible, desséché à + 100, donna 0 gramme 105 de sulfate de baryte, ce qui représente 0 gramme 075 de sulfate de potasse ou 7 et 1/2 pour 100 de ce sel.—D'autre part, pour connaître le degré de saturation de l'oxalate de potasse, ils le purifient par la cristallisation, en décomposent 2 grammes dans un creuset de platine, saturent le résidu (carbonate de potasse) par l'acide sulfurique, évaporent, sèchent au rouge obscur, et obtiennent 0 gramme 950 de sulfate, ce qui représente 0 gramme 513 de potasse. — 2 autres grammes d'oxalate sont précipités par l'acétate de plomb; l'oxalate, séché à l'étuve, pesait 3 grammes 621, représentant 0 gramme 910 d'acide oxalique, qui est à la quantité de 0 grammes 513 comme 1 équivalent d'acide oxalique est à 1 équivalent de potasse.

S'il s'agissait de déterminer, de doser la quantité d'arsenic, d'antimoine, etc., dans un organe, on le pèse, on agit sur le 1/3, le 1/4, par l'un des procédés indiqués; le poids du métal obtenu, multiplié par 3 ou par 4, donne la totalité contenue dans cet organe : c'est ainsi que MM. Chevallier et Lassaigne sont parvenus à déterminer la quantité absolue d'arsenic, de cuivre, renfermée dans tel ou tel viscère.

Barruel, trop peu cité, excellait aussi dans ces sortes d'analyses quantitatives.

VI.—Quest. En quel état le poison a-t-il été administré?

La plupart des poisons réagissent sur les matières organiques solides et liquides, sont modifiés dans leur état de combinaison, forment avec elles des composés insolubles, sont neutralisés par les contre-poisons; aussi, si ce n'est avec les poisons volatils, quelques acides et alcalis, il est rare qu'on les obtienne tels qu'ils ont été administrés, ou mêlés aux matières suspectes. Pour la solution de cette question, il faut tenir compte des effets, des lésions, du nouveau composé trouvé dans le tube intestinal. Si dans l'empoisonnement par l'acide sulfurique, la magnésie avait été donnée comme contre-poison, le sulfate de cette base, obtenu par cristallisation des liquides de l'estomac, les traces d'inflammation, de cautérisation, ainsi que les effets, donneraient à supposer que l'intoxication a été produite par cet acide. — Si le poison avait formé un composé insoluble, comme dans l'empoisonnement par l'acide oxalique, la présence de l'oxalate de chaux, qui serait transformé en oxalate soluble et en carbonate de chaux par le carbonate de potasse, puis par le sous-acétate de plomb en oxalate de ce métal, dont on séparerait l'acide oxalique par le gaz sulfhydrique, combinée aux effets, aux lésions, servirait à tirer la même déduction que pour l'acide sulfurique; mais on ne saurait si c'est avec l'acide oxalique ou l'oxalate acide de potasse, à moins qu'on n'emploie l'alcool (affaire Kappler).

Les poisons de la 4me section formant des composés insolubles avec les matières organiques, dans presque toutes les expertises, on n'en retire guère que le métal ou le radical. S'ils avaient formé un composé insoluble avec le contre-poison, l'hydrogène sulfuré provenant de l'altéra-

tion spontanée des matières organiques, du chlorure de
sodium des aliments, avaient été transformés en sous-sels
insolubles ; la présence de ces nouveaux composés, qui sont
inertes et qu'on réduirait par l'hydrogène ou le flux noir,
coïncidant avec des lésions, des effets graves, donnerait à
supposer que l'intoxication a eu lieu par une préparation
soluble du même métal.

VII.—Quest. Valeur toxicologique des expériences et observations
sur les animaux.

Les poisons sont délétères pour tout ce qui a vie, pour
les plantes comme pour les animaux ; c'est même cette
propriété anti-vitale qui les constitue tels ; par conséquent,
les expériences et observations sur les animaux, trop van-
tées ou trop dépréciées, peuvent, étant bien institués, bien
interprétées, éclairer la toxicologie humaine. Il nous parait
inutile de retracer ici les progrès qu'elles ont imprimés à
cette partie des sciences médicales, à une époque où elle
était encore dans l'enfance, ainsi que de nos jours, surtout
pour la recherche du poison absorbé. Comment savoir
autrement si une substance, jusqu'alors inconnue, est
toxique et même *à priori* à quelle dose? Mais, dira-t-on, il
est des substances qui, étant toxiques pour l'homme, pour
telle espèce animale, ne le sont pas pour d'autres, et l'on
cite, à cet égard, les faits suivants : *l'aconit* tue les loups,
non les chevaux (Virey) : *la petite ciguë* est poison pour
l'homme, non pour les autres animaux ; *la phellandre aqua-
tique* l'est pour les chevaux, non pour les bœufs (Plenck).
Les étourneaux se nourrissent de graines de ciguë ; *les fai-
sans* de celles de la pomme épineuse ; *les cochons* des racines de jusquiame, substances qui sont toxiques pour
l'homme. D'après Gohier, les ruminants sont peu accessibles
à de fortes doses d'arsenic, de ciguë, de belladone, de noix
vomique, d'opium, etc. Trois onces d'acide arsénieux, ou
d'acide cyanhydrique, mêlées à 40 onces d'eau-de-vie, n'ont

pu intoxiquer un éléphant (Anglada). Les singes, les gallinacées supportent des doses énormes de morphine, etc.

Ces faits, tout extraordinaires qu'ils paraissent, dont plusieurs pourraient être contestés, demanderaient vérification, pourraient s'interpréter autrement, s'expliquer, 1° par la différence d'organisation du tube intestinal, car c'est spécialement chez les ruminants, les granivores que s'observent ces anomalies ; 2° par le volume de l'animal, son degré de sensibilité ; 3° par le degré d'activité, la structure, l'état des diverses surfaces absorbantes ; le curare, les venins, très-actifs par les cellules pulmonaires, restent inertes dans l'estomac. En outre de ces circonstances, la dose toxique, comme nous l'avons vu, à chaque poison, diffère selon l'espèce animale, l'âge, la résistance vitale, le mode d'administration, etc. Il importe de ne pas négliger ces diverses circonstances quand on veut déduire des animaux à l'homme. Ces différences et anomalies, d'après l'étude attentive des faits, nous paraissent de beaucoup exagérées, et bien certainement, tout ce qui est poison pour l'homme l'est pour les autres animaux, pourvu qu'il soit absorbé, qu'il pénètre dans la circulation ; en cela, je crois, M. Bernard partage notre opinion.

De nos jours où les observations d'empoisonnement, les matériaux divers abondent en quelque sorte, la toxicologie expérimentale doit être placée en seconde ligne, et pour corroborer les faits recueillis chez l'homme, élucider quelques questions, étudier un poison jusqu'alors inconnu, etc. *Les muqueuses pulmonaire, gastrique, intestinale, rectale, rarement les autres, le tissu cellulaire, les veines, les artères,* telles sont les voies d'expérimentation. Il importe de bien instituer ces expériences, de les rendre autant que possible comparatives, d'appliquer le poison sur des surfaces également absorbantes, quand il s'agit d'apprécier la dose d'une manière absolue, et nous entendons par là celle qui est nécessaire pour intoxiquer par voie d'absorption ;

enfin de choisir, autant que possible, les animaux les plus rapprochés de l'homme, ceux chez lesquels l'observation a démontré que les poisons agissent à peu près de même, tels que le chien, le chat, surtout quand on expérimente par la voie gastrique. Sans doute, sur ces animaux on n'observe pas tous les effets produits chez l'homme ; les mutilations nécessaires pour ces expériences, le défaut d'influence morale pourront en modifier la nature ; cependant, au fond, un toxicologiste exercé démêlera ce qui appartient exclusivement au poison.

I.—*Voie pulmonaire.*—Elle sert à expérimenter les poisons gazeux ; c'est ainsi qu'on est parvenu à analyser les effets des agents anesthésiques. à bien connaître les accidents qui offrent le plus de gravité, leur siége et même le traitement pour les combattre. Aux matières gazeuses, tome II, page 660, nous avons indiqué les divers modes d'expérimentation, et combien il est souvent difficile de distinguer les phénomènes d'intoxication de ceux de l'asphyxie ; c'est ce dont il faut se préoccuper, dans ces sortes d'expériences, pour ne pas en déduire des conclusions erronées. Les substances très-actives, liquides ou solides, la nicotine, la conéine, la strychnine et autres alcalis végétaux, l'acide cyanhydrique, peuvent aussi l'être par cette voie, pour déterminer la dose toxique d'une manière absolue. Le curare, les venins, inertes par les autres muqueuses, sont très-actifs par celle-ci. D'après MM. Magendie et Bernard c'est par la muqueuse pulmonaire que se fait surtout l'absorption, car elle est plus vasculaire que la trachéale et pourvue d'épitelium pavimenteux, ce qui explique la rapidité d'action des poisons par cette voie.

II.—*Voie gastrique.*—On peut porter le poison dans l'estomac à l'aide d'une sonde, surtout s'il est caustique, le mélanger aux matières alimentaires, comme l'ont fait

MM. Millon, Laveran, Orfila neveu, Duméril, Demarquay et Lecointe, etc., le renfermer dans une anse intestinale, le donner en boulettes afin que les animaux avalent sans mâcher, ou en dissolution dans les boissons. Par ce mode d'expérimentation on peut s'assurer si une substance est toxique, mais non à quelle dose d'une manière absolue, parce qu'elle peut être rejetée en totalité ou en partie, à moins que, dans ce dernier cas, on ne constate la quantité qui a été expulsée. Afin d'obvier à cet inconvénient on propose de lier le museau de l'animal, mais on n'y remédie qu'incomplétement, et les matières peuvent alors passer dans le larynx, ce qui complique singulièrement l'expérience. Orfila était très-partisan de la ligature de l'œsophage après l'introduction du poison par la gueule ou par une ouverture pratiquée à ce conduit, se fondant sur ce que cette ligature ne donne lieu à aucun accident grave, que les animaux ne succombent que vers le 7ᵉ jour ; par conséquent, si la mort à lieu en 24, 48 heures ou les premiers jours, elle doit être attribuée au poison. Sans être partisan de ce mode d'expérimentation, nous pensons que si Orfila en a abusé en quelque sorte, d'autres l'ont trop décrié. On peut ainsi, en graduant la dose, déterminer celle qui est toxique.

III.—*Voie intestinale*. Les chiens pouvant vivre en bonne santé avec une ouverture stomacale, le poison pourrait être introduit par cette voie, soit dans l'estomac, ou mieux encore, à l'aide d'une sonde, comme le conseille M. Segond, dans les petits intestins, cet organe étant la partie absorbante du tube intestinal dans les diverses espèces animales, chez les carnassiers comme chez les ruminants (page 19) ; en ce cas on aurait moins à craindre l'expulsion par les vomissements, et l'on pourrait mieux apprécier la dose toxique.

IV. — *Voie rectale*. Préalablement vidé de matières fécales, le rectum absorbe bien plus rapidement que l'estomac (page 16) ; aussi ce mode d'expérimentation n'est point à dédaigner, d'autant plus que par le tamponnement ou autres moyens , l'on pourrait s'opposer à l'expulsion du poison. Les autres muqueuses servent rarement à l'expérimentation, si ce n'est l'oculaire, la buccale pour les poisons très-actifs. Dans un cas d'empoisonnement arsénical par le vagin, les experts ont expérimenté sur une jument par la même voie.

V.—*Tissu cellulaire.* Voie d'expérimentation assez souvent employée, surtout pour les poisons très-actifs. Étant moins modifiés que par la voie gastrique, non expulsés, on peut, en quelque sorte, mieux apprécier la dose absolue, soit en la graduant, soit en défalquant la portion de poison non absorbée. L'absorption n'est pas également active dans toutes les parties du tissu cellulaire (Orfila). C'est ordinairement sur celui de la partie interne des cuisses, du cou, du ventre, du dos qu'on dépose le poison.

VI.—*Injection des poisons dans les veines.* Ce mode d'expérimentation est employé pour s'assurer si une substance est toxique, et à quelle dose, car tous les poisons sont délétères par cette voie ; mais il représente moins bien les faits d'intoxication chez l'homme. Il faut tenir compte de leur solubilité dans le sang, de leur action chimique ; les sels d'étain, de bismuth, de plomb, qui sont toxiques, injectés à la dose de quelques centigrammes, ne le sont pas par la voie gastrique, à dose bien plus forte. Nysten a observé que plusieurs gaz, considérés comme poisons par les voies de la respiration, ne l'étaient pas par les veines ; fait que quelques auteurs ont expliqué par leur peu de solubilité, leur prompte élimination par l'expiration. M. Bernard nous disait dernièrement que, probablement, les poisons qui étaient éliminés ainsi sans pénétrer dans le sang artériel, ne produisaient pas d'effet toxique. Les substances insolubles, non miscibles au sang, les huiles fixes, etc., quoique non toxiques, peuvent déterminer la mort, en interceptant la circulation.

VII.—*L'injection des poisons dans les artères* est peu usitée, si ce n'est pour connaître leur rapidité d'action, et surtout sur quel organe ils agissent primitivement ou spécialement; on les injecte alors dans l'artère qui se rend le plus directement à l'organe.

VIII.—*Le cerveau, les nerfs, la peau non dénudée, les muscles* ne servent comme voie d'expérimentation que pour résoudre quelques questions physiologiques ou toxicologiques relatives à la sensibilité, à la contractilité, etc. Plusieurs poisons ne sont même pas absorbés, ou que très-lentement, par les trois premières voies.

En outre des expériences sur les animaux pour la solution des questions de toxicologie générale, nous en citons quelques-unes qui ont servi à élucider des questions de toxicologie spéciale dans l'empoisonnement *par l'acide tartrique, par la nicotine,* et autres poisons (voyez *Rapports*). De l'extrait de belladone avait été donné pour de l'extrait de genièvre : MM. Bussy et Chevallier, n'en ayant pas assez pour l'analyser, conclurent comparativement et expérimentalement sur les chiens, que c'était l'extrait de belladonne, par la dilatation des pupilles, la démarche vacillante, la perte momentanée de la vue, etc.

Les observations sur les animaux, spécialement sur les chiens, les chats, ne sont pas à dédaigner comme moyen diagnostique de l'empoisonnement ; bien souvent même elles ont mis sur la trace du crime. Une famille mange une omelette aux champignons, en donne le restant à un de ces animaux, qui meurt dans les convulsions, avant que les accidents toxiques se soient déclarés chez les personnes. Le traitement aurait donc pu être institué à temps d'après cet indice. Un homme trouvant

rès-amère la soupe préparée par sa femme, la donne à
un chien qui, après l'avoir mangée, succombe promptement dans un accès tétanique. La nature des accidents
provoqua une expertise, qui démontra la présence de la
noix vomique dans l'estomac du chien, par conséquent
tentative d'empoisonnement criminel. Dans un soupçon
d'empoisonnement par le laudanum (assises du Rhône),
les experts, M. Rousset, etc., n'ayant pas trouvé ce poison,
poussèrent plus loin leurs recherches, par cela seul que
les mouches qui se déposaient sur les matières suspectes
mouraient promptement. Ils trouvèrent de l'arsenic. Des
volailles succombent presque immédiatement après avoir
mangé d'une soupe mêlée à de la pâte phosphorée, et
destinée à intoxiquer le sieur B. Ces faits, assez nombreux dans la science, choisis à dessein parmi des animaux de classes très-diverses, n'ont pas besoin d'interprétation.

Les observations avec les matières des vomissements,
des selles, des personnes soupçonnées d'être empoisonnées, données aux animaux, ou mangées par eux, sont
moins concluantes, parce que, d'une part, elles peuvent
subir dans le tube intestinal des altérations qui les rendent
toxiques ; qu'ensuite en se combinant avec ces matières,
les poisons peuvent donner lieu à des composés inertes.
Ces circonstances, invoquées par les auteurs, nous paraissent exagérées, et doivent se présenter rarement s'il
faut en juger d'après les faits d'empoisonnement par le
cuivre, les champignons, l'arsenic, etc.; ensuite les cas
dans lesquels le suc gastrique acquiert des propriétés
toxiques sont excessivement rares, et il est bien peu de
composés organiques et d'un poison qui ne soient attaqués
dans l'estomac ; ajoutons que les effets peuvent offrir quelque chose de spécial au poison.

VIII.—Quest. Valeur des symptômes, des lésions, des recherches chimiques.

Les symptômes, les lésions, la présence du poison dans les organes, tels sont les trois ordres de faits sur lesquels le toxicologiste doit établir ses convictions pour résoudre une question d'empoisonnement criminel ; nous les considérerons d'une manière absolue et relative.

Les symptômes, considérés dans leur invasion, leur succession, leur caractère, la période de la maladie, peuvent donner, sinon des preuves certaines d'empoisonnement, du moins de grandes probabilités, si ce n'est spécifiquement, au moins génériquement. D'après les détails dans lesquels nous sommes entrés aux chapitres de la pathologie et du diagnostic, il nous semble qu'avec un peu de sagacité on pourrait délimiter chaque groupe spécial, distinguer les phénomènes d'intoxication de tout autre état morbide, par conséquent accorder plus de valeur toxicologique aux symptômes, aux effets, même dans un cas criminel, qu'on ne l'a fait jusqu'ici. Dans l'affaire Praslin, (page 257), M. Andral, appelé le troisième jour, par les accidents antérieurs, le froid actuel de la peau, la faiblesse des battements du cœur et du pouls, quoique les autres symptômes fussent peu graves, soupçonna un empoisonnement et recommanda de recueillir les urines, les matières des évacuations. M. Devergie, dans un empoisonnement mutilple (page 258 s'exprime ainsi) : ce sont bien là les symptômes caractéristiques d'un empoisonnement arsénical. Trois femmes sont prises de délire, d'hallucinations avec dilatation pupillaire, sécheresse à la bouche, difficulté d'avaler, de parler. Un officier de santé méconnaît la maladie. Le médecin ordinaire diagnostiqua un empoisonnement par une plante vireuse: c'était avec de la pommade de belladone, mêlée, par inadvertance, aux aliments Qui méconnaîtrait l'intoxication par les strychnées, les poisons caustiques, les acides, les alcalis ? Il est vrai que, dans la plupart des cas, il ne serait guère possible de spécifier si on ne s'aidait des caractères organoleptiques des matières des vomissements, de l'air expiré qui, en ces cas, peuvent etre considérés comme des signes diagnostiques, en outre des effets propres à certains poisons, les cantharides, le phosphore, le plomb, etc.

Les lésions offrent, d'une manière absolue, des signes bien moins certains que les symptômes : ainsi l'état congestionnel du cerveau, de ses membranes, des poumons, s'observent dans bien d'autres cas que dans les empoisonnements par les narcotiques. Les lésions de la moëlle, l'engouement pulmonaire, produits par les strychnées, seraient-elles suffisantes pour affirmer qu'il y a empoisonnement ? Quelles lésions caractéristiques laissent les agents anesthésiques, même les poisons septiques, quand l'autopsie est différée? Il n'y a donc que les poisons caustiques, les acides, les alcalis, le sublimé qui laissent des *traces de lésions caractéristiques*, et encore d'une manière générique, sauf dans quelques cas. Sur une personne, trouvée morte dans la rue, M. Chevallier, quoiqu'il n'ait pu constater la présence de l'acide sulfurique dans l'estomac, dit que les lésions, par elles-mêmes, étaient assez caractéristiques. Comme pour les symptômes, ce ne serait donc que par quelques caractères organoleptiques, l'aspect, la couleur, la nature des lésions, des vêtements, etc., qu'on pourrait spécifier l'empoisonnement.

L'extraction du poison des organes, des matières suspectes est la preuve la plus certaine d'un empoisonnement; mais considérée d'une manière *absolue, abstraite,* elle est peut-être moins positive que celle des symptômes, parce que le poison peut provenir d'une autre source; aussi, pour qu'elle ait toute sa valeur, faut-il éloigner toutes les causes d'erreur que nous avons signalées quant à l'origine du poison.

Il résulte donc que, considérés d'une manière *abstraite*, *absolue*, les symptômes, les lésions, l'extraction du poison des organes, ne donnent pas une certitude complète d'empoisonnement, qu'il faut combiner , associer ces éléments toxicologiques.

V.—Quest. La viande des animaux empoisonnés est-elle toxique ?

Nous citons des cas où *le miel des abeilles* qui avaient butiné sur des plantes toxiques, *le lait* d'une chèvre qui avait bu du bouillon cuivreux, *la chair*, *le sang* d'un cochon qui avait mangé du blé chaulé, ont produit des accidents très-graves. Malheureusement ces matières alimentaires, ainsi que celles des déjections des personnes intoxiquées, n'ont pas été analysées. Nous en dirons autant pour des poissons, des anguilles empoisonnés par la coque du Levant. Des perdrix sont trouvées mortes dans un champ ensemencé de blé chaulé avec de l'arsenic; leur chair, privée de tube intestinal, a produit l'intoxication des animaux; il en a été de même sur les chats avec la chair des souris empoisonnées par ce poison Il y aurait donc de l'inconvénient à manger la chair des animaux qui auraient succombé à un empoisonnement aigu, et même qui seraient soumis à un traitement arsénical; puisque, d'après MM. Flandin et Danger, chez les moutons, qui supportent des doses bien plus fortes d'arsenic que l'homme, l'élimination ne serait complète que trente-trois jours après en avoir cessé l'usage. Des chiens ont éprouvé des accidents pour avoir mangé le foie, la rate des moutons qui avaient succombé le sixième jour de l'empoisonnement arsénical, tandis que des personnes ont mangé impunément la chair des moutons tués le trente-huitième jour après la cessation du traitement. Dans le département de l'Ourthe, la municipalité a fait jeter des dindons qui s'étaient empoisonnés dans un champ avec du blé chaulé. Il faut tenir compte cependant de l'activité, de la nature du poison, du volume de l'animal, puisque la chair de ceux qui ont été tués par des flèches empoisonnées peut être mangée impunément. (Voyez *Animaux venimeux et empoisonnement par les matières alimentaires.*)

La chair, les liquides sécrétés d'animaux atteints de maladies contagieuses (rage, morve, maladies charbonneuses, à sang de la rate, typhus, péripneumonie des bêtes à corne) ne sont pas nuisibles aux carnivores, aux omnivores, et le sont aux herbivores. Des chiens, des poules, des porcs en ont mangé la viande, même crue, sans inconvénient. A Saint Germain, 300 chevaux morveux ont servi à alimenter les pauvres. Il en a été de même à Alfort, ainsi qu'en Alsace, avec les animaux morts de typhus. La coction paraît modifier le virus (M. Regnault). Ces faits ne concordent pas avec ceux qui sont rapportés par M. Hammon, tom. 2, (page 636).

Les plantes peuvent se développer dans un terrain rendu accidentellement arsénical, cuivreux, les unes sans dépérir, les autres en y dépérissant. Leurs organes renferment-ils des traces de ces poisons? Pour le cuivre, cela a été démontré par MM. Boutigny, Verdier, etc. Quant à l'arsenic, MM. Orfila, Regnault, Chevallier, etc., n'en ont pas trouvé dans le grain des plantes provenant du blé chaulé. M. Audouard en a retiré de petites quantités; il s'y trouvait à l'état insoluble dans l'eau bouillante. Il l'a aussi retiré des tiges et M. Legrip des racines. Quoi qu'il en soit la quantité d'arsenic, de cuivre absorbés par les plantes, paraît insuffisante pour déterminer des accidents d'intoxication.

CHAPITRE IX.

Rapports toxicologiques.

Un rapport est un acte dressé à la requête des autorités administratives ou judiciaires, par un ou plusieurs hommes de l'art, dans lequel on expose le résultat d'une mission, un ensemble de faits et les conclusions qui en découlent. D'après la nature des faits, les magistrats par lesquels on est requis, les rapports sont dits *d'estimation*, *administratifs*, *judiciaires*.

Un rapport ne peut être fait qu'autant qu'il y a délégation d'un magistrat, et après prestation de serment, de le faire *en honneur et conscience*. Il est exigible quand il y a urgence, flagrant délit. Dans tout autre cas, si le médecin se sent incapable de remplir sa mission, il doit se récuser ou demander qu'il lui soit adjoint un expert plus versé en cette matière.

I.—RAPPORTS ADMINISTRATIFS. Ils ont pour objet une enquête sur la convenance d'un établissement public ou privé, sur telle mesure hygiénique ou de police médicale, etc., concernent plutôt l'hygiène publique que la médecine légale, sont provoqués ou réclamés par une autorité administrative (préfets, sous-préfets, conseillers, maires, adjoints, etc.).

II.—RAPPORTS D'ESTIMATION. Ils ont pour but de vérifier si les honoraires réclamés par un médecin, le prix des médicaments sont estimés à leur juste valeur, etc. La formule est la même que celle des rapports judiciaires. Dans l'appréciation des honoraires, il faut avoir égard à la nature, à la gravité, à la durée de la maladie, à la proximité, à l'éloignement du malade, à sa position, sa fortune, au nombre de visites et si elles étaient absolument nécessaires, à l'importance de l'opération, etc. S'il s'agit de médicaments, on adopte le prix moyen, on marque en marge de chaque article si l'estimation est bonne, ou la réduction qu'on juge convenable ; on rapporte le total de la somme au bas du mémoire et on le certifie.

III.—RAPPORTS OFFICIEUX. M. Devergie, se fondant sur l'art. 30, *Cod. inst. crim* : « Toute personne qui aura été témoin d'un attentat, soit contre la sûreté publique, soit contre la vie ou la propriété d'un individu, sera pareillement tenue d'en donner avis au procureur impérial, soit du lieu du crime ou du délit, soit du lieu où le prévenu pourra être trouvé », pense que si un médecin, dans l'exercice de sa profession, découvre un empoisonnement, il doit en donner connaissance à l'autorité judiciaire, afin de ne pas laisser le crime impuni. La loi lui en fait un devoir. Il les nomme *officieux*, comme étant l'accomplissement de ce devoir. Il n'assimile pas ces rapports à ceux que prescrit l'art. 1er : « Tout officier de santé de Paris, etc., qui aura administré des soins, des secours à des blessés, sera tenu d'en faire sur-le-champ la déclaration aux commissaires de police, etc., sous peine de 300 francs d'amende ; » ordonnance du 17 ventôse an XI, » qu'on a essayé de remettre en vigueur à l'occasion de complots politiques, et à laquelle, avec juste raison, les médecins ont refusé d'obtempérer, parce que ce serait forfaire à l'honneur en dénonçant le blessé qui a réclamé vos soins.

Nous sommes de l'avis de M. Devergie, et toutes les fois qu'on aura acquis la certitude d'un empoisonnement criminel, par les symptômes, les lésions, l'analyse, les circonstances concomitantes, on serait coupable de ne pas en donner avis à l'autorité. Dans les cas de soupçon, il faut recueillir les matières des déjections, éloigner autant que faire se peut les individus soupçonnés; charger une personne de confiance de préparer, d'administrer elle-même les médicaments, les aliments; recommander au malade de ne pas les prendre s'il leur trouve une saveur insolite.

IV.—RAPPORTS JUDICIAIRES. Les seuls qui doivent nous occuper, en particulier ceux qui concernent *la toxicologie*: ils connaissent des faits relatifs à la juridiction criminelle, ont pour but d'éclairer le jury, les juges, sur l'existence ou la non-existence d'un crime, d'un délit. Les autorités requérantes sont *les procureurs*, *juges d'instruction*, et, à leur défaut, dans les cas de flagrant délit, *les officiers de police judiciaire ou auxiliaire, tels que juges de paix, maires, adjoints, commissaires de police, officiers de gendarmerie, les présidents des cours royale et de première instance;* les premiers en matière criminelle, les seconds en matière civile.

Les *rapports judiciaires toxicologiques*, comme du reste tous les autres, se composent de trois parties : 1° *le préambule;* 2° *l'exposé des faits ;* 3° *les conclusions.*

A.—*Préambule, protocole, formule d'usage.* C'est la partie du rapport où sont indiqués : 1° les noms, prénoms, qualités et domicile des experts ; 2° les nom, siége et qualité du magistrat requérant, de celui qui assiste à l'expertise ; 3° l'heure à laquelle on a été requis, on s'est rendu chez le magistrat, sur le lieu et procédé à l'expertise; 4° la nature de la mission, qu'il faut *souligner ;* 5° la prestation du serment. La formule, quoique au fond la même, peut varier dans la forme.

B.—*Exposition des faits, narration, description.* Un paragraphe est d'abord consacré à la description des lieux, des objets, du sujet de l'expertise, aux renseignements fournis sur le corps du délit, sur les circonstances qui l'ont précédé, en tant qu'elles se rattachent à la cause, etc. On procède ensuite à l'exposition des faits, dans autant de paragraphes distincts qu'il doit y avoir d'expériences, d'analyses, de recherches distinctes. Comme les cas où l'expert est appelé à faire des rapports toxicologiques sont très-variés, il est impossible d'indiquer l'ordre dans lesquels on doit exposer les faits. On suit en général celui qui est tracé dans la nature de la mission. Ces cas cependant peuvent se réduire aux suivants : 1. relation des effets; 2. levée de corps; 3. autopsie; 4. exhumation; 5 contre-expertise; 6. falsification des aliments, des médicaments; 7. taches de sang, de sperme, etc , coloration des cheveux; 8. altération des actes, des monnaies, etc. — L'exposition étant la partie la plus importante du rapport, les faits doivent y être classés, décrits avec soin, clarté, précision. S'il est nécessaire d'instituer quelques expériences pour corroborer les résultats obtenus, élucider les faits qui paraissent douteux, il faut, autant que possible, se placer dans des conditions analogues.

C. — *Conclusions.* Elles sont la conséquence rigoureuse des résultats de l'exposition. On peut tirer une conclusion générale, déduite de l'ensemble des faits, ou bien, et c'est ce qui a lieu habituellement, consacrer une conclusion à chaque fait important, et terminer par une conclusion générale, qui les résume en quelque sorte.

Comme nous consacrons à chacun des cas énoncés un article dans lequel nous indiquons la manière de procéder, les difficultés qui peuvent se présenter, avec un rapport spécial à l'appui, cela nous dispense d'entrer dans plus de détails sur la rédaction des rapports.

Le plus ordinairement, l'expert est mandé auprès du magistrat, par lettre, qu'il faut conserver, joindre au rapport, et sur laquelle sont fixés les honoraires. S'il doit procéder à l'expertise en l'absence du magistrat, il prête serment entre ses mains. S'il en est accompagné, ou de son subdélégué, c'est sur le lieu même et en présence du corps du délit, et, dans l'un et l'autre cas, après avoir pris connaissance de l'ordonnance dans laque'le est exposée la nature de la mission. L'expert doit se renfermer dans les questions qui lui sont posées ; toutefois il peut s'en écarter, si, pendant les recherches, s'offraient des faits imprévus, qui puissent éclairer l'instruction. S'il y a eu déjà une ou plusieurs expertises, on lui en communique les pièces. D'ailleurs il peut les réclamer à titre de renseignement. Il peut aussi, pour éclaircir certains faits, demander l'exhumation du restant du cadavre, de la terre du cimetière. Les dit-on, les renseignements indirects, les preuves morales, ne doivent avoir aucune influence sur les recherches, les conclusions Il serait même à désirer que l'expert ne connût de la cause que ce qui est nécessaire pour la direction à donner à l'analyse, et qu'il établit seulement ses convictions d'après le résultat de l'expertise.

I.—Relation des effets.

L'expert est bien rarement appelé à constater les effets toxiques, à suivre la maladie, à en diriger le traitement, parce que, dans la plupart des cas, lorsque l'instruction commence, le crime est consommé. Cependant nous en citons des exemples dans les empoisonnements multiples, à la suite d'un repas, par l'usage de boissons plombiques, le séjour dans un milieu où plusieurs personnes se trouvent incommodées, éprouvent des accidents insolites. MM. Chevallier, Ollivier d'Angers, Roger, ont eu à constater si les accidents éprouvés par trois enfants, habitant le troisième étage, n'étaient pas dus aux vapeurs du mercure, en distillation dans la cour. Darcet a été appelé à faire des rapports sur la nature des accidents produits par les vapeurs mercurielles, le gaz de la combustion.

M. Andral, dans l'affaire Praslin, commis le troisième

jour, à l'effet de constater la nature des symptômes, de suivre la maladie, s'exprime à peu près ainsi : « Le malade, couché dans son lit, dit qu'il se trouve mieux ; sa parole est ferme, l'intelligence nette ; pas de douleur à la région épigastrique, même à la pression ; langue naturelle ; respiration normale ; toutefois avec cet ensemble rassurant, deux symptômes fixent surtout notre attention, la petitesse extrême et l'irrégularité du pouls et des battements du cœur, qui sont à peine appréciables, le froid glacial des extrémités. Ces symptômes, qui ne sont pas sans inquiétude, peuvent bien provenir d'une forte affection morale, mais dépendre aussi de l'ingestion d'un poison. Je pense qu'il est nécessaire, à l'avenir, de conserver toutes les matières des évacuations, afin qu'elles soient soumises à l'analyse. » Ces matières donnèrent en effet de l'arsenic.

Dans tous les cas où des symptômes graves, insolites, ne peuvent recevoir d'autre interprétation, même dans ceux où il s'élève des soupçons, on doit, à l'exemple de M. Andral, recueillir les matières des déjections, les urines, la présence du poison dans ces matières étant un des signes le plus certain de l'empoisonnement. Voici un rapport où les experts ont été requis à l'effet de suivre la maladie, de diriger le traitement dans un empoisonnement multiple par des petits gâteaux feuilletés, au centre desquels se trouvait de la confiture saupoudrée d'acide arsénieux, et envoyés par le sieur Aimé à ses deux maîtresses, dans le but de se venger de leur dédain. Par des circonstances particulières, plusieurs autres personnes en ont été victimes.

RAPPORT (*Relation des Effets*).

Le 3 janvier 1848, en suite d'une ordonnance de M. le procureur de la république, qui nous invite, non-seulement *à visiter diverses personnes qui auraient été empoisonnées par l'arsenic, mais encore à leur donner des soins avec le médecin trai-*

tant, nous nous sommes rendus rue de la Victoire, n° 33, chez le concierge de ladite maison, où nous avons trouvé trois personnes malades, père, mère et un enfant de dix ans, nommés Legorjeu.

Renseignements.—La demoiselle Emma, logée au quatrième étage, avait l'habitude d'envoyer des gâteaux à la famille Legorjeu, quand elle en recevait ou en achetait. En ayant reçu plusieurs, à six heures de l'après-midi, elle en fit descendre quelques-uns par sa bonne, demi-heure après. A peine chacun d'eux avait-il mangé environ la moitié d'un gâteau, que la fille Emma leur fit dire de s'en abstenir, attendu qu'elle se trouvait incommodée depuis qu'elle en avait mangé.

Demi-heure après le repas, la femme Legorjeu est prise de vomissements, et le mari de malaise. Cependant il peut aller chercher un médecin pour secourir son enfant, chez lequel les vomissements étaient incessants. Le père en eut bientôt après. Tous éprouvèrent, en outre des évacuations alvines, les symptômes suivants : prostration, abattement, crampes, coliques, engourdissement des membres, altération profonde des traits, à un point tel qu'on eût dit la femme atteinte du choléra le plus violent ; oppression très-grande, difficulté extrême de respirer, battements tumultueux du cœur, petitesse extrême du pouls, refroidissement des extrémités.

Chez l'enfant, les vomissements et les évacuations alvines ont été nombreux et ont persisté pendant trente-six heures, mais le calme est survenu. Les autres symptômes ont peu à peu perdu de leur intensité, et aujourd'hui, 3 janvier, le malade est levé, se trouve bien, a commencé à prendre des aliments.

Les vomissements et les évacuations alvines ont été moins nombreux chez le père, mais il a perdu la sensibilité de la moitié du corps. Aujourd'hui il est levé, assis, dans un état de faiblesse très-marqué : il sent son bras et sa jambe, mais le bras est encore lourd, sans force. Le malade a pris un peu de bouillon.

Chez la femme, les accidents ont été plus intenses : elle a, dit-on, vomi plus de cent fois, a eu des crampes, des convulsions continuelles, ce n'est qu'aujourd'hui qu'elle se trouve un peu mieux ; cependant elle est au lit, très-prostrée, abattue, le pouls petit et faible, sans chaleur notable à la peau.

La demoiselle Emma, qui a mangé deux gâteaux et demi, a

eu, depuis ce moment, des vomissements, des évacuations alvines incessantes; elle a été encore deux fois à la garde-robe. Aujourd'hui, elle ne peut supporter aucun liquide sans le vomir aussitôt son ingestion dans l'estomac. Elle est au lit, avec une certaine réaction. Il y a de la chaleur à la peau; le pouls est élevé, fébrile. Il est encore lent chez les trois autres malades.

Le 4 janvier, nous nous sommes réunis à MM. Roussel et Dufour, pour nous entendre sur les soins à donner aux malades de la rue de la Victoire.

L'enfant Legorjeu est complétement rétabli. L'état du père et de la mère s'est amélioré. La secrétion urinaire s'est rétablie chez la femme, et chez les deux la réaction s'est décidée et le pouls relevé.

La demoiselle Emma, fille Yvert, est un peu mieux Nous avons fait recueillir les urines, qui commencent à se montrer, afin de les analyser. La diarrhée a cessé, les vomissements ont diminué. Nous convenons du traitement à suivre et prenons rendez-vous pour le 6, à une heure.

Le même jour, nous nous sommes transportés à l'hôpital Beaujon, pour visiter la fille Restaut, salle Sainte-Marie, n° 38, âgée de vingt à vingt-deux ans, domestique chez la fille Yvert. Quoiqu'elle n'ait mangé que la moitié d'un gâteau, le 31 décembre au soir, elle est en proie aux accidents les plus graves, a eu des évacuations alvines, des vomissements incessants. Les crampes, les convulsions, la difficulté de respirer, les battements impétueux du cœur, n'ont pas cessé d'amener une violente perturbation dans sa santé; cependant la secrétion urinaire a eu lieu aujourd'hui pour la première fois, ce qui dénote une extrême amélioration, mais sa figure est encore fort altérée.

Le 6 janvier, à une heure de l'après-midi, nous nous sommes réunis pour visiter la famille Legorjeu et la fille Yvert. L'amélioration est très-marquée chez tous. La fille Yvert entre en convalescence; elle a pris hier un bouillon. Il en est de même du sieur Legorjeu, chez lequel les accidents se sont presque complétement dissipés. L'état de la femme s'est aussi amélioré; elle entre en convalescence. Il ne saurait donc plus exister de craintes sur la vie de ces individus, que nous laissons aux soins du docteur Roussel. La fille Restaut est aussi beaucoup mieux qu'il y a deux jours; elle commence à uriner: les

vomissements ont cessé à partir d'hier onze heures du matin.
Son état actuel ne nous laisse plus de crainte.

Conclusions.—Toutes les personnes que nous avons visitées,
et dont il est fait mention dans ce rapport, ont présenté les
symptômes d'un empoisonnement arsénical. Toutes ont été
gravement malades, surtout la fille Restaut, la femme Legorjeu,
la fille Yvert. Nous avons fait mettre de côté les matières des
vomissements, l'urine de la fille Restaut, ainsi que les urines de
la femme et du mari Legorjeu, de la fille Emma, pour que
le tout soit soumis à l'analyse.

ORFILA, DEVERGIE.

Paris, 6 janvier 1830.

Afin d'abréger, nous avons modifié la rédaction du rapport, sans l'altérer au fond, et supprimé la relation de la
maladie de trois autres personnes, auxquelles le même individu avait aussi envoyé des gâteaux arsénicaux ; l'une
d'elles a succombé. Deux autres faits d'empoisonnement,
par l'envoi de gâteaux ou pâtés arsénicaux, se sont passés
l'un à Villefranche, l'autre à Sulzbach ; dans ce dernier,
6 personnes ont été gravement indisposées.

II.—Levée de corps.

Le médecin, requis par une simple lettre du magistrat,
se rend sur les lieux du délit, où il reçoit communication
de sa mission, prête serment et se livre aux investigations.
Lorsqu'il s'agit d'un grand crime, tel que empoisonnement,
assassinat, ordinairement le procureur, le juge d'instruction ou leurs subdélégués se rendent sur les lieux avec un
ou plusieurs hommes de l'art, qui, après avoir rempli les
formalités d'usage, procèdent comme il suit.

1. — Quel que soit le genre de crime, de mort, l'expert
doit s'informer des circonstances qui l'ont précédé, se ren-
seigner auprès des personnes sur les habitudes, le caractère de l'individu, s'il avait ou non manifesté l'intention de
se détruire, sur les circonstances enfin qui peuvent faire

18

connaître la nature du délit, établir s'il y a suicide ou homicide.

II. — Examiner si, sur la cheminée, la table de nuit, dans les armoires, les vêtements, etc., n'existent pas des paquets ou fioles contenant des poudres, des liquides dont on constaterait les caractères physiques, et, *à priori*, la quantité, sur lesquels on apposerait une étiquette indicative et le sceau du magistrat.

III. — Constater l'état des vêtements, des souliers ou pantoufles, s'ils sont dans leur position habituelle, n'ont point été dérangés.

IV. — Voir si le parquet, les draps du lit, les vêtements, les couvertures, etc., n'ont point été salis par les matières des vomissements, n'offrent pas des taches spéciales; si, dans le pot de nuit ne se trouvent pas d'urine, les matières des évacuations. Tous ces objets, après en avoir donné les caractères physiques, seraient recueillis, étiquetés et scellés.

V.—Dans les cas d'asphyxie, d'empoisonnement par les matières gazeuses, il faut noter avec soin l'état des lieux, des ouvertures (portes, fenêtres, cheminée, poêle, etc.), la capacité de la chambre, la position du fourneau, du poêle, du foyer; si la matière gazeuse ne provient pas des pièces voisines; la quantité de cendre, de charbon qui reste encore dans le fourneau; l'état des chandelles, des flambeaux, et leur position relativement à celle du corps du délit, du foyer asphyxiant.

VI. — Constater avec soin la position du corps du délit, de chacune de ses parties, des ouvertures naturelles, l'expression de la figure, l'état des vêtements qui l'entourent, l'âge, le sexe de la personne; s'il n'existe pas de traces de lésions extérieures; donner son signalement, si elle est inconnue, les signes externes qu'elle peut présenter, naturels ou relatifs à sa profession; le genre de mort, et si elle est réelle; enfin il faut indiquer s'il y a lieu ou non à faire l'autopsie pour connaître la cause de la mort.

VII. — Les *signes de la mort* sont immédiats ou éloignés. Les premiers sont au nombre de trois : 1° *l'absence des bruits du cœur*, sur chaque point de la région précordiale où ils peuvent être perçus, naturellement ou accidentellement, et cela pendant l'espace de 5 minutes, ce qui exige en tout 25 ou 30 minutes : une tumeur placée au-devant du cœur, une hydropéricardite peuvent s'opposer à la perception des battements. 2° *La dilatation des pupilles avec flaccidité de l'œil, obscurcissement de la cornée ; 3° le relâchement des sphincters.* Ces signes réunis, d'après M. Bouchut (rapport de M. Rayer), permettent d'affirmer que la mort est réelle.

Les signes éloignés sont : 1° *l'absence générale et complète de toute contractilité musculaire* sous l'influence des stimulants, surtout du galvanisme, signe infaillible, car il ne s'observe que sur le cadavre ; 2° *la roideur ou rigidité cadavérique*, qui, une fois vaincue, les articulations reprennent leur mobilité ; 3° enfin *la putréfaction générale*.

RAPPORT (*Asphyxie*).

Sur l'invitation du commissaire de police du..., nous, X..., docteur en médecine, demeurant à..., rue de..., nous sommes transportés, aujourd'hui 4 février 1855, à 1 heure, rue de..., n°..., dans une chambre, au deuxième étage, donnant par une croisée sur ladite rue, et par une porte en face de l'escalier.

M. le commissaire, après nous avoir donné connaissance du but de notre mission, fait prêter serment, nous a dit que le portier ne voyant pas M. D.... descendre à son heure habituelle, avait été frapper à sa porte, que, n'obtenant pas de réponse, il s'était transporté chez lui pour lui donner connaissance du fait; qu'à son arrivée, à midi et demi, il avait fait ouvrir la porte et la croisée, que, du reste, rien dans la chambre, n'avait été dérangé

L'air de la chambre offre encore l'odeur du charbon. La cheminée est pourvue d'un paravent. Au centre de la pièce est un fourneau en terre, de la capacité d'environ..., renfermant des cendres et quelques fragments de charbon incomplétement brûlés. Les vêtements, déposés sur une chaise, auprès du lit, ne paraissent pas avoir été dérangés. Les pantoufles sont dans leur position habituelle. Une chandelle en suif, placée sur la cheminée, est éteinte, à moitié fondue et à moitié brûlée.

M. D.... est couché au milieu de son lit sur le dos, ayant encore sa chemise. La face est violacée et n'exprime aucune souffrance. La partie antérieure de la poitrine, des autres parties antérieures du corps sont de couleur rosée. Tout le long du dos existent de nombreuses lividités cadavériques. Il y a un peu d'écume sanguinolente à la bouche. Le corps est froid. L'oreille, appliquée sur les diverses parties de la région du cœur, et sur chacune pendant cinq minutes, ne perçoit aucun bruit. La rigidité cadavérique est très-marquée. L'avant-bras ne peut être fléchi que par de grands efforts ; après, l'articulation reste souple. L'anus est relâché.

Conclusions. — 1° La mort de M. D...., est réelle, et date d'environ vingt heures ;

2° L'état, la disposition des lieux, des vêtements, du fourneau, l'absence de toute violence extérieure, nous portent à penser qu'elle est le résultat d'un suicide par asphyxie.

Paris, ce....   (Signature.)

Ce rapport, joint à la lettre d'avis, est remis à M. le commissaire de police, qui le transmet, ainsi que le procès-verbal, à M. le juge d'instruction, lequel donne suite à l'affaire s'il y a lieu.

III.—Autopsie toxicologique.

I.—S'il n'y a pas de rapport sur la levée du corps, avant de procéder à l'autopsie, l'expert doit prendre les renseignements, se conformer aux préceptes indiqués dans l'article précédent, et, dans les cas où le lieu ne serait pas convenable, faire transporter le cadavre ailleurs, en ayant soin d'éviter les grandes secousses, afin que les matières ne s'échappent pas par les ouvertures naturelles. Si le trajet était un peu long, on les tamponnerait.

II. — Quelquefois les prévenus assistent à l'autopsie, et les magistrats leur montrent, au fur et à mesure, les lésions pour voir l'impression que cela produit sur eux. L'expert doit rester impassible en face d'une épreuve qui pourrait intimider les personnes les plus innocentes, n'exprimer aucune induction verbale de ce qu'il observe, se borner seulement à son rôle, c'est-à-dire *noter avec soin* les lésions, *bien préciser* leur siége, leur étendue, leur nature, leur forme, etc.

III. — L'expert doit se munir des instruments nécessaires, des vases pour mettre les matières suspectes, d'alcool s'il le juge convenable à leur conservation, de bouchons neufs, de parchemins, des vessies ou linges bien propres, de la ficelle pour les fixer, d'éponges. Les vases, autant que possible, seront en verre, faïence ou porcelaine ; il ne faut pas se servir de vases en poterie, ceux en grès conviendraient mieux. Enfin il doit avoir du papier blanc, plumes, encre, cachet, cire à cacheter, pour etiqueter, numéroter, cacheter chaque objet.

IV. — Au fur et à mesure qu'il procède à l'autopsie, et après avoir constaté les lésions, la nature des matières, etc., l'expert les renfermera, ainsi que les organes, dans autant de vases séparés qu'il doit y avoir d'analyses distinctes : 1° les parties externes, les seins, etc., sur lesquels une pâte, une poudre toxiques auraient été appliquées ; 2° les parties de la bouche, de la langue, du pharynx, de l'œsophage, etc., qui offrent des traces de lésion ; 3° l'estomac, les petits et gros intestins, chacun avec leur contenu dans trois vases distincts ; 4° le foie, la rate ; 5° les reins ; 6° les urines ; 7° environ 250 grammes de muscles psoas et iliaque ou fessiers. L'analyse séparée de ces organes, de ces matières, même du tube intestinal et son contenu, du foie, des

muscles, peut suffire pour résoudre toutes les questions de
toxicologie légale ; ce n'est que dans quelques cas particuliers qu'il est nécessaire de recueillir les autres organes , les
poumons, le cœur, le sang, le cerveau, etc., comme dans
l'empoisonnement et l'asphyxie par les matières gazeuses,
les agents anesthésiques, ou lorsqu'ils présentent des
lésions spéciales. Le poison, qu'il ne faut jamais oublier de
chercher avec beaucoup de soin, trouvé en nature dans
l'estomac, les matières suspectes, serait mis à part dans
une fiole.

Si l'on se servait d'alcool pour la conservation des matières, ce qui est le plus souvent inutile, pourvu que les
vases soient bien fermés, on le choisirait pur et on en déposerait environ 200 gram. dans un vase étiqueté et scellé,
afin qu'on puisse s'assurer ultérieurement de sa pureté. A
la ficelle de chaque vase sera fixée une étiquette indicative
du contenu, revêtue de la signature des experts, paraphée
par le magistrat et scellée de son sceau.

Manière de procéder à l'autopsie.

I.—*Examen de la tête.*—Étant relevée et fléchie sur la
poitrine, coupez et rasez les cheveux ; divisez les tissus
épicraniens par deux incisions cruciales, l'une s'étendant
de la racine du nez à la partie postérieure et supérieure du
cou ; l'autre aux deux oreilles. Sciez circulairement le crâne
au niveau du point du départ des incisions précitées, de
manière à éviter les grandes secousses ; enlevez la calotte
osseuse ; incisez la dure-mère sur les côtés du sinus lon-
gitudinal supérieur et transversalement ; rabattez-en les
lambeaux ; coupez l'attache antérieure de la grande faux
cérébrale et renversez-la en arrière ; laissez le cerveau en
place ; notez l'état de sa surface, des membranes, des vaisseaux ; coupez-le par tranches horizontales pour en observer les altération et celles des ventricules ; incisez la tente
du cervelet pour l'examiner, ainsi que la protubérance

annulaire ; renversez la tête en arrière pour recueillir le
liquide rachidien ; examinez les sinus cérébraux.

II.— *Examen de la face, du cou, de la poitrine.* — Faites
1° deux sections latérales depuis la commissure des lèvres
jusqu'aux conduits auditifs ; 2° une incision qui divise la
lèvre inférieure à sa partie moyenne, et se prolonge jusqu'au sternum ; 3° une autre qui longe toute la partie supérieure des clavicules , et coupe la précédente à angle
droit ; 4° deux incisions partant de chaque côté du tiers
externe des clavicules et se rendant obliquement en dehors à la base de la poitrine, vers l'extrémité antérieure
de la quatrième fausse côte ; disséquez les lambeaux de la
peau du cou et rejetez-les en dehors ; sciez l'os maxillaire
inférieur à sa partie moyenne, pour examiner la langue, la
bouche et le pharynx ; coupez les muscles du cou ; sciez
les clavicules et toutes les côtes dans les parties correspondantes aux deux incisions, et rabattez le lambeau sur
l'abdomen. Après avoir noté l'état des poumons, du cœur,
des plèvres, des liquides épanchés, incisez le péricarde,
puis les deux cavités du cœur par deux incisions parallèles à leur axe ; enlevez le cœur et le péricarde ; incisez
perpendiculairement le larynx, la trachée artère, les bronches ; coupez en divers points le tissu pulmonaire pour en
observer les altérations.

III.—*Examen des organes abdominaux.*— Examinez avec
soin l'abdomen à l'extérieur, s'il est tendu, bosselé, contracté, etc. Divisez-en les parois dans toute leur circonférence inférieure et latérale, en longeant l'épine antérieure
et supérieure, la crête des os des isles et des branches du
pubis ; relevez le lambeau sur la poitrine ; notez l'état des
divers organes, du péritoine, des matières liquides qu'il
peut contenir, et qu'on recueille dans un vase à l'aide des
éponges bien propres ou d'une petite soucoupe. Envelop-
pez d'une compresse assez large et fixez à l'aide de deux

ligatures les portions du tube intestinal qui seraient perforées. Examinez le foie, la rate, la vessie, les reins, le vagin, la matrice; divisez le diaphragme; liez à leur terminaison inférieure l'œsophage, l'estomac, les petits et les gros intestins; détachez tout le tube intestinal; étendez-le sur une table ou sur une planche bien propre; incisez longitudinalement et successivement chacune de ses parties, pour en observer les altérations pathologiques et les matières qu'elles contiennent; enfin, examinez le sang des gros vaisseaux artériels et veineux de la poitrine, de l'abdomen et des membres. S'il était nécessaire de le recueillir pour le soumettre à l'analyse, il faudrait, avant d'isoler ces vaisseaux des organes (foie, cœur, etc.), les lier à leur origine.

IV.—*Examen de la moelle épinière.*— Retournez le corps et placez sous l'abdomen un billot ou pavé, afin de rendre le dos bombé; incisez profondément les muscles des gouttières vertébrales, depuis l'occiput jusqu'au sacrum; divisez avec une scie convexe ou un rachitome les lames vertébrales aussi près que possible des apophyses transverses; enlevez les portions qui ont été sciées; incisez longitudinalement la dure-mère, et, après avoir examiné en place la moelle épinière, ses membranes, coupez les racines antérieures et postérieures des nerfs, pour l'enlever en totalité et l'examiner dans chacune de ses parties.

Dans les autopsies toxicologiques, l'examen porte habituellement sur le tube intestinal, les organes thoraciques. On peut s'en tenir à ces parties lorsqu'elles offrent des lésions suffisantes pour expliquer la mort. Dans tout autre cas, surtout lorsque le malade a présenté des symptômes narcotiques, convulsifs ou tétaniques, l'examen du système nerveux est nécessaire. Il faut aussi ne pas négliger les organes génitaux dans les cas d'empoisonnement par le vagin, d'avortement attribué à l'ingestion des sub-

stances abortives, l'état des parties externes, des seins, etc.,
sur lesquelles le poison a été appliqué. Après l'autopsie,
les organes ou parties d'organes qui ne doivent pas être
soumis à l'analyse, seraient placés en leur lieu et place,
et le corps exactement renfermé dans le cercueil.

RAPPORT (*Asphyxie avec brûlure*).

Le 28 décembre 1836, en vertu d'une ordonnance de M. le
juge d'instruction, qui nous commet à l'effet de rechercher les
causes de la mort de la femme **X...**, nous, docteur médecin, etc.,
nous sommes transporté à la Morgue, où, en présence de M. le
commissaire de police du quartier de la Cité, et, après serment
prêté, avons procédé à cet examen, dans le but de résoudre la
question suivante : *Déterminer si la femme **X....** a succombé à
l'asphyxie par le charbon, ou si, au contraire, la mort a été le
résultat d'une brûlure fort étendue à la surface du corps.*

Exposé des faits.—Sur toute l'étendue de la face, de la partie
antérieure du tronc, la presque totalité du membre supérieur
gauche, l'épaule du côté droit, et enfin tout le long de la partie
antérieure des cuisses, des genoux, s'observent des traces de
brûlures qui varient en profondeur : ici, l'épiderme a été soulevé, des vésicules ont été formées ; là, le corps muqueux, la
peau et une partie du derme ont été envahis ; ailleurs, le tissu
même de la peau est carbonisé ; enfin, en d'autres points, la
peau s'est fendue, les bords de la déchirure se sont écartés,
le tissu cellulaire a été brûlé. Dans le fond de quelques vésicules le corps muqueux est rouge injecté ; dans d'autres, au
contraire, il est blafard. La circonférence de ces brûlures est
pâle dans une grande étendue, en sorte que, de la peau saine à
la peau brûlée et carbonisée, il y a une transition presque brusque. Dans d'autres parties, on voit une rougeur très-vive envi-
ronnant la brûlure. Cette rougeur a même jusqu'à un et deux
pouces d'étendue. Elle est évidemment le résultat d'une injection du réseau capillaire du tissu de la peau, opérée pendant la
vie. Dans les points les plus carbonisés, la brûlure ne s'étend
pas au delà du tissu cellulaire, en sorte que, malgré cette cir-
constance, l'étendue de la brûlure exclut toute idée de combustion
spontanée, et démontre, évidemment, que les vêtements dont
était couverte cette femme ont amené, par leur combustion,

les désordres que nous venons de signaler. Du reste, ce qui tend encore à le prouver, c'est que dans la main droite existent les débris carbonisés d'un mouchoir que tenait cette femme. Il n'y a pas de coloration rosée à la surface du corps, ainsi que cela a lieu dans l'asphyxie par le charbon ; mais la brûlure envahissant le tronc et les cuisses, cette rougeur a pu exister primitivement sur une surface qui, par la suite, a été brûlée.

Intérieur.—Cuir chevelu gorgé de sang, ainsi que les vaisseaux veineux des membranes du cerveau ; substance cérébrale piquetée ; rougeur de la membrane muqueuse qui tapisse la base de la langue, l'épiglotte et la partie supérieure du larynx ; pas d'écume et absence de corps étrangers dans la trachée artère, qui est blanche à l'intérieur ; poumons volumineux, gorgés de sang, à tissu rouge brunâtre postérieurement, et d'un rouge moins foncé antérieurement ; cavité droite du cœur et troncs veineux pleins d'un sang assez liquide, sans caillot ; un peu de sang dans l'oreillette gauche et dans l'origine de l'aorte ; estomac vide, plissé, contracté sur lui-même ; intestins légèrement injectés ; vessie vide ; pas de traces de violences, de blessures autres que celles que nous avons signalées.

Conclusions.—1° La mort a été le résultat de l'asphyxie par le charbon ;

2° Une partie des brûlures a été opérée alors que la vie n'était pas entièrement éteinte, et la majeure partie après la mort.

Paris, ce....   DEVERGIE.

Dans l'asphyxie par le charbon et par les autres matières gazeuses, il se présente souvent des cas très-complexes où il est difficile de se prononcer sur la source de la matière asphyxiante, sur la cause de la mort. A Belleville, les époux Droton sont trouvés morts dans leur lit ; les premiers experts, MM. Tardieu et Bayard, concluent à l'asphyxie par le gaz provenant de la carbonisation d'une poutre d'une chambre du même étage, tandis que, théoriquement et expérimentalement, MM. Chevallier et Lassaigne combattirent cette assertion et attribuèrent une toute autre origine au gaz. (*Ann. d'hygiène,* 1843.)

La femme Dalke, septuagénaire, est trouvée morte sur

son lit, les matelas sont en partie carbonisés, et une partie
de son corps brûlée. Il y avait supposition de mort accidentelle. MM. Coqueret et Bayard concluent à l'asphyxie
par suffocation, parce que cette femme portait des traces
violentes de compression sur la bouche, les narines, la
joues; que l'étendue des brûlures, la pàleur des bords
indiquaient qu'elles avaient été faites après la mort; enfin
par l'existence d'une écume sanguinolente dans la bouche,
la trachée, des ecchymoses sous-pleurales, la liquidité du
sang, indices d'une mort prompte, violente.

Une femme, âgée de 30 ans, gisait sur son lit, la respiration stertoreuse, le pouls et le cœur battant avec force;
visage gonflé, paupières tuméfiées, face bleue, yeux à demi-
fermés, immobiles, languissants, abattus; pupilles dilatées, insensibles à la clarté du jour; état complet de stupeur, d'immobilité, membres relâchés, suivant toutes les
impulsions. Un grand fourneau refroidi est au milieu de la
chambre. Les sympômes n'étant pas ceux de l'asphyxie par
le charbon, l'attention se porta sur une cuillère en fer et
une petite bouteille, déposés sur une petite table, ayant
contenu 18 gram. de laudanum et d'extrait d'opium, car la
substance était gluante. Les soins administrés furent inutiles. Le refroidissement ne tarda pas à gagner le tronc, et
la malade expira en une heure.

Conclusion. Cette femme a succombé plutôt à l'empoisonnement par un narcotique qu'à l'asphyxie par le charbon, car, dans ce dernier cas, la torpeur n'existe pas, la
chaleur se conserve longtemps, est quelquefois plus marquée que pendant la vie, les membres sont très-flexibles,
le visage gonflé, rouge, les yeux vifs, luisants, des mucosités sanguinolentes sont rejetées par la bouche, le nez, et
les excréments involontaires, le corps est couvert de sugil-
lations, de taches violettes. Aucun de ces phénomènes
n'existent chez la femme Dalke. Au bout d'une heure, les
membres étaient raides, froids, et plusieurs phlyctènes.

dues à l'action du feu, existaient aux bras et aux genoux.
(Dr Gorgeret, 1855.)

Ces conclusions, en grande partie fondées , mais peut-
être par trop exclusives, qui auraient dû être validées par
l'autopsie et l'analyse, prouvent qu'il n'est pas facile, en
ces sortes de cas, de distinguer si la mort dépend seule-
de l'asphyxie ou d'un narcotique, ou de l'une et l'autre
cause. Il en est de même chez une personne ivre, trouvée
morte dans un milieu asphyxiant. D'après M. Devergie,
dans l'ivresse, le cœur, le cerveau, les poumons n'offrent
pas d'altération locale limitée; il y a, au contraire, plénitude générale du système vasculaire, tant des vaisseaux,
des membranes du cerveau que des principaux troncs veineux qui se rendent au cœur, coloration rouge brique plus
ou moins foncée du tissu pulmonaire; lésions auxquelles
M. Tardieu ajoute une espèce d'apoplexie méningée, et
M. Rœch une hémorrhagie séreuse dans les ventricules et le
cerveau, une espèce d'hydroencéphalie. Ces altérations
pathologiques ne diffèrent pas beaucoup de celles de l'asphyxie, mais il est rare que l'estomac ne présente pas de
traces des boissons. Nous citons plusieurs cas où le cerveau et autres organes, le sang, offraient une odeur d'alcool qu'on a séparé par distillation.

A Nancy, un homme est trouvé en état de mort dans sa
chambre. Le médecin appelé, croyant avoir affaire à une
apoplexie, emploie des remèdes sans résultat, dit que la
mort est réelle et se retire. Il trouve le docteur Harmand,
qui avait été aussi appelé, lui dit que l'individu est mort,
que c'est inutile d'y aller. Ce médecin s'y rend cependant.
La lividité, le gonflement du visage, la vivacité, la saillie
des yeux, qui étaient à demi ouverts, l'occlusion de la bouche, le serrement des dents, la tension du cou , la météo-
risation du ventre, la souplesse des membres, quoiqu'il y
eût absence du pouls, de la respiration, lui font supposer
que c'est une asphyxie par le charbon, ce qui fut confirmé

par les circonstances antérieures. En effet, cet homme,
bien portant la veille, avait fait monter dans sa chambre ,
au moment de se coucher, un brasier de charbon. Le lendemain, comme il ne paraissait pas à son heure, on avait
été l'appeler, et on l'avait trouvé dans cet état. M. Harmand
voyant son diagnostic confirmé, employa les soins convenables et le rappela à la vie.

L'asphyxie par le charbon et autres matières gazeuses ,
les anesthésiques , etc., peuvent soulever des questions
très-importantes : 1° l'influence de l'âge, du sexe, des professions, de l'état normal ou morbide sur la production de
l'asphyxie ; 2° si une chandelle peut encore brûler dans
une chambre où s'est produite l'asphyxie ; 3° si la vapeur
du charbon est également répartie dans toute la pièce où
s'est opérée la combustion ; 4° si la digestion est retardée
ou suspendue par l'asphyxie ; 5° si la clôture de la pièce
est nécessaire pour sa production ; 6° quelle quantité de
braise, de charbon on a brûlés pour rendre un espace
donné asphyxiable ; 7° si par les cendres on peut savoir la
quantité de charbon brûlée. Nous avons discuté ces questions et plusieurs autres dans l'empoisonnement par les
matières gazeuses, ainsi que par les émanations plombiques, mercurielles.

RAPPORT (*Soupçon d'empois.ᵗ et d'avortement*).

Le 12 juillet 1848, nous, soussigné, A. Tardieu, etc., avons
été commis par le commissaire de police du quartier de...,
pour pratiquer l'autopsie de la fille P..., décédée chez la sage-
femme D..., demeurant rue..., n°..., *à l'effet de constater la
cause de sa mort*, etc.

État extérieur.—La putréfaction est très-avancée, la face mé-
connaissable, la constitution robuste, l'embonpoint remarquable ; pas de traces de blessures, de contusions.

État interne.—Il n'y a pas de lésion dans les parois du crâne.
Les méninges sont injectées sans épanchement, ni extrava-

sation. La substance cérébrale, ferme, pointillée, rouge, n'offre ni caillot, ni foyer sanguin, ainsi que l'arachnoïde ; un peu de sérosité rosée dans les ventricules.

Pas d'épanchement dans les plèvres, le péricarde ; quelques adhérences pleurétiques. Les poumons sont sains, affaissés, mous, engoués. Le cœur est volumineux, flasque ; le ventricule gauche vide, le droit tapissé par une couche peu épaisse de sang noir, en partie coagulé. L'endocarde présente des taches violacées, dues à l'imbibition du sang.

L'estomac contient une petite quantité d'un liquide jaunâtre ; sa muqueuse, dans toute son étendue, est rouge, épaisse, mamelonnée ; le long de la grande courbure et vers le pylore, il y a six larges taches noires, au niveau desquelles la muqueuse n'est ni escarrifiée, ni détruite, mais seulement ramollie ; pas d'altération de l'œsophage. L'*intestin* n'offre ni escarre, ni ulcérations à la partie supérieure ; sa face interne est tapissée par une matière d'un jaune éclatant ; vers l'iléus, par places, il y a une coloration rosée très-remarquable ; pas de plaques de Peyer.

Putréfaction très-avancée des organes extérieurs de la génération. La matrice a doublé de volume, son tissu ramolli, sans traces d'inflammation, de produit de la conception ; sa face interne est tapissée d'une couche pultacée, provenant des débris des enveloppes d'un fœtus récemment expulsé ; pas de caillots altérés ; le col de l'utérus est dilaté, sa cavité élargie ; lèvres profondément ramollies, sans déchirure, ni plaie pouvant faire supposer l'action d'un instrument vulnérant ; ovaires sains ; pas d'épanchement, d'inflammation du péritoine, même aux environs de la matrice.

Conclusions.—1º Le cadavre de la fille D.... porte les traces d'un avortement récent, pouvant remonter à deux ou trois jours, survenu vers le deuxième ou troisième mois de la grossesse ;

2º Il existe dans l'estomac et les intestins des altérations qui peuvent être attribuées à l'ingestion d'une substance toxique, à laquelle est due vraisemblablement l'avortement ;

3º L'analyse chimique des viscères est nécessaire pour déterminer d'une manière précise la nature des lésions et l'existence d'une substance vénéneuse ;

4º Il est également utile d'apprécier les dires de la sage-femme et les dépositions des témoins, relativement aux symptômes, à la marche de la maladie.

Nous avons renfermé dans autant de vases distincts, numérotés et scellés :

1° L'estomac, les intestins et leur contenu ;

2° La moitié du foie ;

3° La matrice et ses annexes.

A. Tardieu.

Paris, ce...

IV.—Exhumation toxicologique.

Il est inutile de faire ressortir l'utilité des exhumations toxicologiques, puisque nous rapportons des cas où l'on a décelé le poison dans le détritus, les os du cadavre, après cinq, six ans d'inhumation. Aux *assises de la Haute-Vienne*, un des coupables ayant révélé l'empoisonnement après dix ans, le squelette de la victime donna de l'arsenic ; un autre squelette, placé à côté, n'en donna pas. Aux *assises de la Meurthe*, 1854, MM. Braconnot, Blondlot et Simonin, après seize ans d'inhumation, par le procédé de carbonisation par l'acide sulfurique, ont retiré l'arsenic : 1° des débris osseux et graisseux d'un cadavre, disséminés dans la terre ; 2° de 360 grammes du cerveau d'un autre. La terre du cimetière, dans les deux cas, n'était pas arsénicale. Ils ont cassé la portion du tube sur laquelle s'était condensé l'arsenic, et constaté sur les fragments sa volatilisation, l'odeur alliacée, les réactions par l'hypochlorite de soude, par l'acide azotique et l'azotate d'argent.

C'est ordinairement le juge d'instruction, accompagné d'un substitut, du greffier et d'un ou plusieurs experts, qui préside à ces expertises. Après avoir rempli les formalités d'usage, fait reconnaître le lieu de la sépulture par le fossoyeur, les parents ou amis de la victime, il communique l'ordonnance aux experts, leur fait prêter serment, et ceux-ci procèdent comme il suit :

I.—Faire circonscrire le lieu de la sépulture par quatre tranchées parallèles, en notant au fur et à mesure la nature du terrain, sa plus ou moins grande perméabilité. Arrivé à la bière, recueillir au-dessus et tout autour 2 à 4 kilogrammes de terre; constater sa position, son état de conservation; l'enlever avec précaution et la déposer sur une table préalablement dressée dans le lieu le plus élevé, le plus aéré du cimetière; enfin recueillir 2 autres kilogrammes de terre, au-dessous de la bière, et dans un endroit éloigné où il n'y a pas eu de sépulture. Ces diverses portions de terre seront renfermées dans autant de vases distincts, étiquetés, scellés, numérotés, etc.

II.—Après avoir constaté l'état des planches, de la serpilière, des vêtements, en avoir déposé quelques fragments dans un vase, surtout les parties humides salies par les matières des ouvertures naturelles, reconnu l'identité, constaté l'état extérieur du corps, le degré de putréfaction, on procède à l'autopsie, comme il est dit page 266.

III.—Si la bière est effondrée, en partie détruite, ainsi que les vêtements, si enfin les parties molles du corps ne formaient qu'une sorte de détritus, de cambouis, de manière à ne pouvoir distinguer les organes les uns des autres, il faut recueillir séparément, dans la fosse même, les portions de bière, des vêtements, du détritus correspondant à chaque région du corps, de l'abdomen, du bassin, de la poitrine, de la tête, même les os, surtout les grosses extrémités de l'humérus, du fémur, et les renfermer dans autant de vases distincts.

IV.—Lorsque les matières sont en pleine décomposition gazeuse, dans les cas d'autopsie, d'exhumation, même d'analyse, il y a quelques précautions à prendre pour être le moins incommodé que possible : 1° procéder le matin, si c'est en été, après avoir pris quelques aliments ou boissons toniques stimulantes; 2° les faire dans un lieu bien

aéré, de manière à ce que le vent puisse emporter les matières gazeuses. On pourrait établir une espèce de ventilation,
à l'aide d'un fourneau allumé, muni d'un tuyau d'appel, qui
plongerait dans la fosse ou dans l'air méphitique, comme
nous l'avons indiqué pour le curage des égouts, précaution
indispensable dans une fosse commune; 3° Se munir
de quelques kilogrammes de chlorure de chaux sec, en
dissoudre environ 32 grammes par kilogramme d'eau,
soluté avec lequel on arroserait le sol, on se laverait par
intervalles les mains. On pourrait en suspendre un petit
flacon au cou. Des capsules de chlorure, légèrement humecté, seraient déposées sur la table. Dans les exhumations, les fossoyeurs doivent se remplacer ou suspendre
de temps en temps le travail. Avec ces précautions, on
peut les faire sans être incommodé. Dans les cas d'autopsie, chez les noyés, elles ne remplissent qu'incomplétement
le but; d'après M. Devergie, l'odeur du chlore, associée à
celle des matières gazeuses, les rend plus désagréables.
Dans tous les cas, il importe de donner préalablement
issue aux gaz condensés dans les cavités du corps, les
vases, etc.

<h3 align="center">RAPPORT (Exhumation).</h3>

Le 6 juin 1853, à 5 heures du matin, sur la réquisition de
M. X..., juge d'instruction du tribunal civil de Metz, nous,
A. Dieu et Thomas, pharmaciens en chef de l'hôpital militaire,
nous sommes transportés au cimetière de Belle-Croix, *à l'effet
de procéder à l'exhumation du cadavre Daudin.* Arrivés audit lieu,
avec M. X..., commissaire de police, le sieur X..., gardien,
nous a conduits à la fosse dudit Daudin, laquelle offrait une
pierre tumulaire portant l'inscription suivante : *Ici repose le
corps de Jules Daudin, âgé de 49 ans, décédé le 6 décembre 1850.*
Après les formalités d'usage et serment prêté entre les mains de
M. le commissaire, nous avons procédé à l'expertise.

Nous avons fait circonscrire la fosse par quatre lignes parallèles. Le sol est argilo-calcaire, difficile à manier; aussi l'exhumation a-t-elle été longue et accompagnée d'éboulements.

Souvent remué, il se laisse pénétrer par les eaux pluviales, qui, à une certaine profondeur, ne trouvant pas d'issue, forment des flaques souterraines, qui inondent les bières pendant plusieurs mois de l'année, comme dans le cas actuel, ce qui explique le peu de résistance des planches formant le dessus de la bière, et l'introduction d'une certaine quantité de terre dans le cercueil.

La bière étant extraite sans secousses dans sa position horizontale, et déposée sur une tombe voisine, il s'en écoula, par une fente du côté de la tête et vers le fond, une eau noirâtre, qui fut recueillie avec soin dans le vase n° 1.

La bière renfermait un squelette à peu près complétement privé de parties molles, n'exhalant aucune odeur fétide. La tête, placée sur un lit de copeaux, la face dirigée en haut, était garnie de cheveux châtains en assez grande quantité. Les côtes, détachées du sternum et des vertèbres, étaient inclinées du haut en bas les unes sur les autres; le sternum appliqué sur la colonne vertébrale, et les membres supérieurs croisés au-devant de l'épigastre. Le petit bassin était rempli de détritus organique. Le long de la courbure du sacrum, il y avait une matière jaunâtre, analogue aux excréments humains. Les membres inférieurs, maintenus dans leur rectitude naturelle par des restes de ligaments, baignaient, ainsi que la colonne vertébrale, dans une masse demi-fluide, noirâtre, exhalant une odeur de vase plutôt que fétide, composée de débris organiques méconnaissables. Il n'existait aucun vestige d'organes mous. Le cerveau, examiné par le trou occipital, paraissait avoir échappé à cette destruction générale, ce qui a été reconnu plus tard.

Les objets suivants ont été déposés dans autant de vases distincts, scellés, numérotés, paraphés, avec étiquette indicative:

1° Dans un pot neuf, n° 1, la matière noire qui s'est écoulée de la bière;

2° Dans un pot de grès, n° 2, plusieurs vertèbres, le sacrum et la matière jaunâtre placée au-devant;

3° Un vase en verre, n° 3, a été rempli de détritus organique;

4° Dans une caisse en bois, munie de son couvercle, le squelette ainsi que la tête;

5° Dans trois pots de grès distincts, environ 2 kilogr. de terre prise 1° au-dessus, 2° au-dessous de la bière, 3° et dans un lieu du cimetière où il n'y avait pas eu encore de sépulture.

Metz, ce   DIEU. THOMAS.

V.—Analyses toxicologiques.

I.—Les médecins procèdent aux expertises précédentes, mais pour la recherche des poisons on leur adjoint des pharmaciens, des chimistes, lesquels sont chargés ordinairement de l'analyse des matières alimentaires, des médicaments falsifiés, des taches, etc.

II.—Les experts, sur la réquisition du juge d'instruction, se rendent dans son cabinet, où il leur donne connaissance de la nature de leur mission, leur fait prêter serment, leur remet les rapports, les objets, qui sont transportés dans le laboratoire de l'un d'eux, où, après avoir constaté l'intégrité des scellés, collationné ces objets, les avoir renfermés sous clef, ils consacrent ensuite le nombre des vacations nécessaires à l'analyse. Pendant ces recherches, aucune personne étrangère ne doit pénétrer dans le laboratoire.

III.—*Les réactifs* doivent être purs ; il faut s'en assurer préalablement, les essayer expérimentalement à blanc avec la même quantité de matières vierges et de réactifs qu'on suppose devoir être employés, parce qu'ils pourraient contenir des corps qui n'y ont pas encore été soupçonnés, même le poison à rechercher, comme cela est arrivé pour le zinc, les acides sulfurique, chlorhydrique, etc. dans la recherche de l'arsenic. *L'eau distillée, l'alcool, les acides azotique, chlorhydrique, sulfurique*, évaporés à siccité, ne doivent laisser aucun résidu ; additionnés ou saturés par les carbonates de potasse, de soude, évaporés de nouveau et convertis en sulfate acide, ils ne doivent pas précipiter par le gaz sulfhydrique, ni donner de l'arsenic, de l'antimoine à l'appareil de Marsh. On s'assure ainsi en même temps de la pureté *des carbonates alcalins. Le nitrate de potasse* serait aussi converti en sulfate acide et essayé par les mêmes réactifs. Quant *au zinc, à l'eau, à l'acide sulfurique*, on peut les soumettre directement à l'appareil de

Marsh. Le sulfate acide de zinc, resté dans le flacon, serait soumis a un courant de gaz sulfhydrique, qui précipite les autres métaux en sulfures noirs ou jaunes. 50 à 200 grammes de chaque réactif seraient déposés dans des vases scellés, afin que, dans les cas de contre-expertise, on puisse s'assurer de leur pureté (voyez tom. Ier, page 356).

IV.—*Les vases, les instruments,* etc., seront neufs et bien propres; *les capsules, les creusets,* autant que possible en porcelaine dure; *les tubes* sans défauts et préalablemen t essayés, le plomb du verre, des capsules pouvant être réduit par le charbon, l'hydrogène, et donner lieu à des taches analogues aux arsenicales. Dans un cas de contre-expertise, M. le professeur Bérard, de Montpellier, a constaté que les taches obtenues par les premiers experts étaient plombiques, quoiqu'elles eussent les apparences des taches arsénicales. *Les linges* doivent être propres de lessive et non plucheux. *Plusieurs papiers à filtrer* contenant du plomb, du cuivre, du fer, il faut les laver préalablement à l'eau distillée, acidulée avec l'acide chlorhydrique ou azotique, jusqu'à ce que l'eau des lavages ne se colore, ne précipite pas par le gaz sulfhydrique, le cyanure jaune, le nitrate d'argent; ou bien mieux encore se servir du papier Berzélius. *Le charbon, le sable, le verre pilé* destinés à réduire, à diviser les matières, seront préalablement lavés, puis chauffés au rouge, pour les priver des matières organiques ou salines. D'après M. Vander Broeck, *la poussière cendreuse de la braise des boulangers* contenant de l'arsenic, il faut éviter les erreurs auxquelles elle pourrait exposer. *Les tables* seront lessivées, puis frottées avec du sable et ensuite lavées à l'eau distillée.

VI.—*Les matières alimentaires, les boissons, les condiments, les organes, les vases* dans lesquels on les a conservés ou préparés, pouvant renfermer des traces de poison naturel ou accidentel, il faut éviter ces causes d'erreur, et si la quantité de poison obtenue est faible, ne dépasse pas celle qu'on trouve normalement, établir des expériences comparatives avec d'autres matières, comme l'ont fait MM. Chevallier, Payen, etc ,pour le cuivre, page 229. On doit s'assurer enfin si le poison ne provient pas de ces aliments, de ces vases, etc.

VII.—Si on ne peut disposer que d'une petite quantité de matières, il faut agir sur la totalité pour ne pas trop fractionner les opérations ; dans le cas contraire, en conserver pour les recherches ultérieures : 100 à 200 grammes suffisent ordinairement. Dans les affaires Glœckler, Malaret, etc., 10 à 30 grammes de matières, renfermées dans l'estomac, les intestins, ont donné des taches arsénicales caractéristiques.

VIII.—Il faut employer le procédé qui a reçu la sanction de l'expérience, des corps savants, celui qui donne les meilleurs résultats dans les cas les plus variés. Si l'expert est incertain sur le choix, s'il s'offre un cas imprévu, il doit préalablement faire quelques essais, les comparer entre eux, en opérant sur la même quantité de matière additionnée d'une petite quantité du poison soupçonné. Si par l'un des procédés les résultats étaient négatifs, il faudrait en essayer un autre (voyez *Affaire Glœckler*).

IX.—Lorsqu'il est nécessaire d'instituer quelques expériences, soit pour vérifier, confirmer des résultats qui paraissent douteux, soit pour la solution de quelques questions toxicologiques, on doit les faire dans les circonstances, les conditions aussi identiques que possible, tenir compte de l'espèce animale, de la dose, si c'est relativement aux effets, aux lésions (voyez *Affaire Bocarmé*).

X.—Les plus petites circonstances peuvent éclairer sur la direction à donner aux recherches chimiques. Aux assises des Bouches-du-Rhône, les experts, M. Rousset, etc., ayant à constater un empoisonnement par le laudanum, et obtenu des résultats négatifs, poussèrent plus loin leurs recherches, par cela seul que les mouches qui se déposaient sur les matières suspectes mouraient à l'instant : ils en retirèrent de l'arsenic. Barruel, par la nature des symptômes, fut porté à chercher les cantharides dans du chocolat. La saveur amère d'une soupe, les accidents tétaniques mortels éprouvés par un chien qui l'avait mangée, servirent à établir des soupçons d'empoisonnement par la noix vomique, ce qui fut confirmé par l'analyse (page 293). Dans d'autres cas, c'est la couleur, l'odeur, la phosphorescence des matières suspectes, les lésions spéciales qui ont mis sur la voie.

XI.—On doit toujours analyser séparément les matières des déjections, le tube intestinal et son contenu, surtout les organes où le poison a pénétré par absorption, le foie, la rate, les muscles, etc., afin de faciliter la solution des questions incidentes sur l'origine du poison.

XII.—Il faut, autant que possible, retirer le poison des matières suspectes dans un état de pureté assez complète pour le caractériser physiquement et chimiquement ; c'est ce qu'on ne fait pas, même à notre époque, et, le plus souvent, on se prononce sur l'absence ou la présence des alcaloïdes, par cela seul que les liquides, le résidu très-impur des manipulations rougissent ou non par l'acide azotique, se colorent ou non en bleu par les sesqui-sels de fer, présentent ou non une saveur amère, âcre. Ces réactions sont insuffisantes, trompeuses même, parce qu'elles n'appartiennent pas à tous les alcalis végétaux, que plusieurs autres substances peuvent les offrir. A Metz, dans un empoisonnement par le décocté de feuilles de laurier-rose, les experts constatèrent les deux réactions propres à la morphine par l'acide azotique, le sesqui-chlorure de fer. Il serait à désirer qu'on puisse porter la perfection analytique au même degré que M. Stass dans l'affaire Bocarmé.

XIII.—Dans beaucoup d'expertises légales, on perd la portion du poison destinée à en constater les réactions. Il faut conserver comme preuve à conviction non seulement le poison obtenu à l'état pur, les composés inaltérables dans lesquels il a été engagé, mais encore l'extraire des autres combinaisons, comme l'a fait M. Stass pour la nicotine (page 305), si c'est un alcaloïde; ou bien en le réduisant au flux noir, ou à l'appareil de Marsh, après l'avoir oxydé par l'acide azotique, si c'est un poison minéral.

XIV.—Les circonstances dans lesquelles l'expert est appelé à faire des rapports d'analyse toxicologique sont des plus variées : tantôt c'est pour déceler le poison dans les organes, les matières des évacuations, les aliments, les boissons, les condiments ; tantôt pour reconnaitre la nature des taches, la falsification des actes, des monnaies, la coloration des cheveux, etc. Nous donnerons d'abord un rapport analytique, et nous présenterons ensuite un résumé succinct de ceux qui nous paraitront les plus importants sous le point de vue chimique, médical et légal, de manière à représenter les principaux cas, à initier autant que possible à la toxicologie pratique.

RAPPORT (Empoisonnement arsénical).

Nous, soussignés, F. Acarie, docteur médecin, E. Masade et J. Darutz, pharmaciens, domiciliés à Valence (Drôme), sur l'invitation de M. Urtin, juge d'instruction, nous sommes rendus, le 27 janvier 1854, dans le cabinet de ce magistrat, où il nous a donné lecture d'une ordonnance, datée du 26 du même mois, qui nous commet: *à l'effet de procéder à l'analyse des divers organes extraits du cadavre du nommé F. Roux, de Bouvante, présumé empoisonné à la suite de l'application d'un emplâtre sur un ulcère de la face, remède qui aurait été administré par le nommé Bompard, menuisier à Beaufort, inculpé d'exercice illégal de la médecine, et d'homicide par imprudence.*

Après avoir prêté serment, M. le juge d'instruction nous a remis

une caisse contenant les restes de François Roux. Cette caisse a
été immédiatement transportée dans une des salles du palais
de justice, qui devait nous servir de laboratoire. La clef a été
remise à la garde de l'un de nous.

La lecture attentive des pièces de la procédure, qui nous ont
été remises pour faciliter nos recherches, nous ayant fait pré-
sumer que l'emplâtre, appliqué sur la face de Roux par Bompard, pouvait être arsénical, nous avons dirigé nos recherches
en conséquence.

La caisse contenant les restes de Roux était en sapin, parfaitement scellée. Elle a été déclouée, et nous en avons extrait
quatre pots recouverts en parchemin, exactement scellés, étiquetés n°ˢ 1, 2, 3 et 4. Le pot n° 1 contenait l'œil et la face,
c'est-à-dire la partie des restes de Roux sur laquelle Bompard
avait appliqué l'emplâtre; c'est par là que nous avons commencé nos recherches. Après nous être assurés de la pureté de
nos réactifs, nous avons opéré dans l'ordre suivant.

I.—*Une portion de l'œil et de la face*, du poids de 220 gram.,
a été carbonisée par 50 gram. d'acide sulfurique concentré et
pur. Le charbon, sec et friable, a été traité par l'eau bouillante,
pendant 45 minutes. Le soluté, filtré et rapproché, était limpide, peu coloré. Introduit, par petites portions, dans l'appareil de Marsh (dressé selon les préceptes de l'Institut, et fonctionnant à blanc depuis 40 minutes, sans donner lieu à aucune
réaction suspecte), bientôt il s'est formé un anneau noir, brillant, dans l'intérieur du tube condenseur, à une petite distance de la partie chauffée, et nous avons pu, en même temps,
recueillir de larges et nombreuses taches, sur des soucoupes en
porcelaine, du jet du gaz enflammé.

L'hydrogène arsénié se dégageait avec une telle abondance,
qu'il échappait en partie à l'action décomposante de la chaleur.
L'opération a été suspendue; le restant de la liqueur soumise à
un courant de gaz sulfhydrique lavé, a donné du sulfure jaune
d'arsenic, qui, lavé et desséché, a été déposé dans le tube n° 1.

Caractères de l'anneau et des taches. — L'anneau se dissout
dans l'acide azotique pur et concentré. Le soluté, évaporé à
siccité, laisse une poudre cristalline, dont une partie, mise en
contact avec un cristal d'azotate neutre d'argent et humectée
d'une goutte d'eau, a donné un précipité rouge-brique. L'autre
partie, dissoute dans un peu d'eau acidulée d'acide chlorhy-

drique et soumise à un courant de gaz sulfhydrique lavé, a formé, au bout de quelques heures, un précipité jaune-serin, soluble dans l'ammoniaque, lequel a été lavé, desséché et conservé sous le n° 2.

Les taches, recueillies sur les soucoupes, ont été reconnues arsénicales aux caractères suivants :

1° A leur couleur d'un brun fauve et à leur éclat métallique ;

2° A leur disparition prompte et complète, avec odeur alliacée, à la flamme du gaz hydrogène ;

3° A leur dissolution instantanée dans l'hypochlorite de soude ;

4° A ce qu'elles se dissolvent dans l'acide azotique pur et concentré ; que le soluté, évaporé à siccité, laisse un résidu qui, par l'azotate d'argent, le gaz sulfhydrique, donne les mêmes réactions que l'anneau.

II. — *Analyse du foie.* — Il est renfermé dans le pot n° 3, mêlé à du liquide sanguinolent. 340 gram. sont carbonisés par 110 gram. d'acide sulfurique pur et concentré. Le charbon, sec et friable, est mis à bouillir dans 45 gram. d'eau distillée, pendant 45 minutes, en renouvelant l'eau au fur et à mesure. La liqueur, filtrée et concentrée, était limpide, peu colorée. Versée peu à peu dans un appareil de Marsh (selon les préceptes de l'In-titut, et fonctionnant à blanc depuis 40 minutes, sans donner lieu à aucune réaction suspecte), il s'est déposé, à peu de distance de la partie chauffée du tube, un anneau noir, brillant. Lorsqu'il a été bien formé, nous avons cessé de chauffer le tube et enflammé le gaz, et recueilli des taches sur plusieurs soucoupes de porcelaine, dont trois sont conservées sous le n° 3.

L'anneau et les taches retirés du foie nous ont donné absolument les mêmes réactions que l'anneau et les taches décrits plus haut.

Le résultat de l'analyse étant si décisif, nous avons jugé inutile de pousser plus loin nos investigations, et avons laissé intacts les pots n°* 2 et 4 dans la caisse, à côté desquels ont été déposés les vases n°* 1 et 3, renfermant les restes de la face et du foie de François Roux.

Dans cette même caisse, scellée et cachetée, se trouvent aussi, comme preuve à conviction, les pièces n°* 1, 2, 3, ainsi que

100 gram. de zinc et d'acide sulfurique, réactifs qui nous ont servi dans nos expériences.

Conclusions.—1° Le nez et la portion du visage de François Roux contiennent une quantité considérable d'arsenic ;

2° Le foie du même individu contient aussi de l'arsenic en quantité très-appréciable.

F. ACARIE, ÉMILE MASADE, J. DARUTZ.

Les experts ont traité le charbon sulfurique par l'eau, sans le soumettre préalablement à l'action de l'acide azo·tique ou chloro-azotique,. se fondant sur ce que, d'après M. Chevallier, cela est parfaitement inutile : cependant le charbon sulfurique, d'abord épuisé par l'eau, peut encore céder de l'arsenic à ce liquide, lorsqu'il est traité par ces acides (voyez page 330).

Dans plusieurs expertises on néglige une réaction qui nous paraît très-importante, la volatilisation d'une portion de l'anneau arsénical, et sa conversion en acide arsénieux ; c'est un moyen de séparer l'arsenic de l'antimoine, de s'assurer si l'anneau est à la fois arsénical et antimonial (voyez page 81).

Nous rapportons plusieurs cas d'empoisonnement par les pâtes ou poudres arsénicales, mercurielles ; en voici deux, analogues au précédent, qui présentent quelques particularités. Les époux Delisle appliquent un emplâtre arsénical sur une tumeur du sein, chez deux femmes, après incisions préalables : l'une d'elles, la femme Gérard, éprouve des symptômes d'intoxication 12 heures après et succombe le quatrième jour. On ne trouve rien de particulier dans les viscères, si ce n'est une perforation du duodénum, qui se fait sous les yeux de l'opérateur, à travers laquelle s'échappa l'extrémité d'un lombric, ce qui donna lieu aux questions indiquées page 187. La carbonisation par l'acide sulfurique démontra l'arsenic dans *le sein droit, la rate, le cœur, les poumons,* et bien plus dans *le foie* que dans ces organes réunis.

Chez l'autre personne, la fille A., les accidents se déclarèrent 2 heures après ; les symptômes nerveux et cérébraux furent bien plus intenses, et elle succomba le huitième jour. A l'autopsie, rien de notable dans le tube intestinal ; sang noir, liquide, dans les organes parenchymateux. Le sein et la tumeur, du poids de 105 grammes, carbonisés par l'acide sulfurique, donnèrent de l'arsenic à l'appareil de Marsh. On n'en retira ni *des matières fécales, ni des urines* rendues pendant la vie, ni *de l'estomac, des intestins, des poumons, du foie.*

Un résultat analytique si différent, dans des cas aussi identiques, tient-il à ce que, la fille A., ayant vécu plus longtemps, le poison a pu être éliminé? Mais alors comment expliquer son absence dans les urines pendant la vie? Ou bien l'inflammation du sein, qui s'est déclarée 2 heures après, s'est-elle opposée à l'absorption du poison à une certaine période de la maladie? MM. Bayard et Chevallier (*Ann. d'hyg.*, 1845) rapprochent ce cas de celui d'une femme qui fut prise tout à coup de douleurs de ventre, d'évacuations gastro-intestinales, de prostrations, de symptômes nerveux très-intenses, et succomba en 10 heures. Les linges tachés par les déjections, les liquides de l'estomac, cet organe et les intestins, qui, d'ailleurs, n'offraient aucune lésion, carbonisés séparément par l'acide sulfurique, donnèrent un anneau à la fois arsenical et antimonial. *Avec le foie, les poumons, le sang, le tube intestinal,* les résultats furent négatifs. Ces toxicologistes pensent que la mort est due à l'action du poison sur le système nerveux ; mais, sans nul doute, c'est après avoir été absorbé, et, par conséquent, transporté dans les organes.

L'emplâtre était de toile gommée, offrait à la loupe, ainsi que la tumeur, des points cristallins. On le fit bouillir dans l'eau distillée ; la liqueur fut évaporée à siccité ; le résidu, traité par l'alcool pour séparer la matière grasse, repris par l'eau et filtré, donna un liquide dans lequel on constata l'arsenic par l'hydrogène sulfuré et l'appareil de Marsh.

La *poudre* qui avait servi à saupoudrer l'emplâtre était orangé rougeâtre, répandait l'odeur d'ail sur les charbons ardents ; chauffée dans un tube, elle se volatilisait presque en totalité en acide arsénieux et sulfure jaune d'arsenic, ou en arsenic, si, préalablement, elle était mélangée du flux noir ; ne cédait rien à l'alcool, preuve qu'elle ne contenait pas de sang-dragon ; elle était composée de sulfure d'arsenic, d'un peu d'oxyde ferrique, et de 75 parties sur 100 d'acide arsénieux.

ASSISES DE LA MARNE.—*Cuivre.*

La fille A..., idiote, recueillie chez ses parents, y dépérit peu à peu, tombe malade le 2 février 1848 et succombe le 15. Ses parents sont accusés de l'avoir empoisonnée pour hériter d'une somme de 242 francs. MM. Chevallier et Lassaigne, experts.

1° 256 *grammes de tube intestinal* sont carbonisés par l'acide sulfurique ; le charbon est traité par l'acide azotique, desséché, repris par l'eau bouillante ; la liqueur filtrée, d'un bleu de ciel, fait supposer la présence du cuivre, ce qui fut démontré par l'ammoniaque, le cyanure jaune, la lame de fer. Une autre portion de liqueur, soumise à l'appareil de Marsh, ne donna ni arsenic ni antimoine.

Pour apprécier la quantité de cuivre contenue dans cette portion d'intestin, ils précipitent la liqueur par l'ammoniaque en excès, évaporent le soluté ammoniacal à siccité, dissolvent le résidu dans l'acide azotique, précipitent le soluté par le carbonate sodique, traitent le carbonate de cuivre par une faible dissolution d'acide oxalique, décomposent l'oxalate cuivrique dans un tube de verre pesé d'avance, et obtiennent 0 grammes 144 de cuivre, qu'ils représentent sous le n° 1.

La liqueur surnageant, le carbonate est précipité par l'acide sulfhydrique ; le sulfure, desséché et calciné, laisse 0 gramme 180 de protosulfure, représentant 0 gramme 130 de cuivre, ce qui donne 0 gramme 274 de cuivre pour 250grammes de tube intestinal.

2° 27 *grammes de matières excrémentielles* sont carbonisées, puis incinérées dans un creuset de porcelaine neuf, les cendres traitées par l'acide azotique, et, après évaporation, reprises par l'eau ; le soluté a donné, par l'acide sulfhydrique, 0 gramme 115 de protosulfure, représentant 0 gramme 091 de cuivre, ou 0 gramme 113 de deutoxide.

3° 100 *grammes de foie*, traité de même, donnent 0 gramme 080 de protosulfure, représentant 0 gramme 078 de deutoxyde, ce qui ferait 1 gramme 170 pour la totalité du foie, en admettant qu'il pèse 2 kilogrammes 1/2.

MM. Chevallier et Lassaigne font remarquer : 1° que le foie n'a pas cédé de cuivre à l'eau bouillante ; 2° que, traité ensuite par l'eau aiguisée d'acide acétique ou chlorhydrique, le cuivre n'était pas décelé dans le décocté par l'acide sulfhydrique, l'ammoniaque, qu'il fallait préalablement détruire la matière organique par la calcination ; 3° que le foie, soumis à ces opérations, donnait, par l'incinération, des cendres bleues et une plus grande quantité de cuivre que par l'eau acidulée. Dans ce dernier procédé, adopté par Orfila, on perd donc une quantité très-notable de cuivre.

4° *Le cœur, les poumons, l'estomac, les reins, les muscles,* soumis aux mêmes opérations, ont fourni une plus ou moins grande quantité de cuivre.

5° Voulant s'assurer en quel état le cuivre se trouvait dans les organes, ils traitent les matières renfermées dans le tube intestinal, d'abord par l'eau froide, puis par l'eau chaude, et enfin par l'eau acidulée d'acide acétique ; les liqueurs ne précipitent pas par les réactifs de cuivre, ni par le chlorure de baryum.

6° La terre prise à la tête et aux pieds du cercueil était humide, brunâtre, d'une odeur cadavéreuse et de moisissure. Chaque échantillon, de 100 grammes, est soumis, séparément, à l'action de l'eau distillée froide, pendant un quart d'heure ; la liqueur filtrée n'éprouve aucun changement par l'acide sulfhydrique, le cyanure jaune. La même quantité de terre est calcinée dans un creuset neuf de porcelaine, bouillie ensuite dans l'eau aiguisée d'acide azotique ; la liqueur, filtrée, donne par l'ammoniaque un précipité abondant, ocré (oxyde de fer et d'alumine) ; évaporée à siccité, le résidu, traité par l'acide azotique, puis par le cyanure jaune, se colore en bleu, ce qui indique la présence du fer.

Les experts *concluent* : 1° à la présence du cuivre dans les organes de la fille A... ; 2° qu'il a été ingéré avant la mort ; 3° que la terre n'en contient pas. La défense a fait valoir le cuivre physiologique. Acquittement. (*Ann. d'hyg. et de méd. lég.*, 1848.)

D'après M. George (thèse de pharmacie, 1853), comme dans l'incinération simple il se volatilise du cuivre à l'état de chlorure de cuivre ammoniacal, il serait mieux de carboniser 100 parties de matières par 40 grammes d'acide sulfurique et 20 grammes d'acide azotique. Le charbon sec et friable, qui ne cède pas de cuivre à l'eau, en cède à ce liquide acidulé par l'acide azotique et surtout chlorhydrique, serait ensuite incinéré dans un creuset de platine, et les cendres traitées par l'acide azotique. En défalquant la quantité de cuivre normal on aurait celle qui a été ingérée. Puisque le charbon sulfurique ne cède pas de cuivre à l'eau, on pourrait s'assurer avant s'il ne contient pas d'arsenic, en soumettant ce liquide à l'appareil de Marsh.

M. Risler, pour constater le cuivre dans les matières

organiques, les acidule d'abord et y plonge une pile composée d'une aiguille en acier, dans le trou de laquelle il passe un fil de platine qu'il enroule plusieurs fois autour de l'aiguille.

Assises de la Seine. — (*Laudanum*).

MM. Chevallier et Devergie, vu la procédure qui s'instruit contre la femme Z., inculpée d'empoisonnement sur son nourrisson, sont chargés de déterminer : 1° *Si les organes de l'enfant Martin, âgé de 44 jours, contiennent des traces d'un toxique quelconque, notamment du laudanum? 2° Si la dose du poison qui lui a été administrée a pu occasionner la mort? 3° Si les linges réputés tachés de laudanum, le sont en effet par ce médicament?* Voici les objets examinés.

1° *Petite bouteille à goulot renversé.* Elle contient encore 50 centigrammes de laudanum ; pleine jusqu'au goulot, elle en aurait contenu 2 grammes 5 centigrammes. La couleur, l'odeur, la saveur, la réaction par le sulfate de fer, l'acide azotique, employés comme il est dit au paragraphe suivant, démontrent que le liquide saisi est bien du laudanum de Sydenham, dont 20 gouttes, qui pèsent 79 centigrammes, renferment 5 centigrammes 3 milligrammes (1 grain) d'extrait d'opium.

2° *Mouchoir de batiste.* Sur l'un des coins il porte la lettre M., en blanc, offre un grand nombre de taches jaunes, qui sont enlevées et mises à macérer, pendant 24 heures, dans l'eau distillée aiguisée d'acide acétique ; les liqueurs réunies sont jaunes ; filtrées, évaporées à l'aide de la vapeur d'eau, elles dégagent, vers la fin, l'odeur manifeste du safran. Le résidu a une saveur amère très marquée ; dissous dans l'eau, mis dans un vase conique, et neutralisé par l'ammoniaque, il donne un léger précipité, qui a été lavé, chauffé avec un peu d'acide acétique dans une capsule, puis évaporé a siccité. Le résidu 1° a une saveur amère ; 2° est rougi par l'acide azotique ; 3° bleui par un un soluté d'acide iodique amidonné. Le liquide ammoniacal, surnageant le précipité, saturé par l'acide acétique, puis traité par le sous-cétate de plomb, donne un léger dépôt (méconate de plomb), qui est séparé par filtration, suspendu dans l'eau et décomposé par le gaz sulfhydrique. La liqueur, filtrée, évaporée à siccité, a laissé très-peu de résidu (acide méconique), qui, par le sulfate de fer, prend une couleur tirant sur le rouge.

Comme *contre-épreuve*, MM. les experts tachent le mouchoir avec du laudanum ; au bout de quelques jours, l'odeur du safran avait disparu. Les taches soumises aux mêmes réactions que celles indiquées ci-dessus, donnent les mêmes résultats.

3° *Estomac de l'enfant Martin.* Il est coupé par petits morceaux, mis à digérer, pendant 48 heures, dans l'alcool à 25, aiguisé d'acide acétique. Le liquide, filtré, évaporé à l'aide de la vapeur d'eau, laisse un résidu à odeur d'osmazome, sans amertume. Dissous dans l'eau aiguisée d'acide acétique, évaporé de nouveau, il forme un extrait qui n'offre aucune des réactions de la morphine.

4° *Canal intestinal.* Soumis aux mêmes réactions que l'estomac, il donne les mêmes résultats négatifs. Il en est de même de *la langue, du foie, de la rate, des reins, du cœur, des poumons, du thymus de l'enfant,* après les avoir coupés par petits morceaux, et desséchés avec le sang qui les humectait, à la vapeur d'eau.

5° *Recherche des métaux.* Les organes, provenant du traitement précédent, sont carbonisés par l'acide sulfurique ; le charbon, épuisé par l'eau, ne donne à l'appareil de Marsh aucune trace d'arsenic, d'antimoine. Il est incinéré, et les cendres sont traitées par l'acide azotique à chaud, l'excès d'acide évaporé. Le produit repris par l'eau, essayé par l'acide sulfhydrique, la potasse, l'ammoniaque, le cyanure jaune, l'iodure de potassium, ne donne aucun indice de poison métallique.

Conclusions : 1° La petite bouteille à goulot contient du laudanum ;

2° Les taches jaunes sur le mouchoir de batiste, marqué de la lettre M., sont produites par le laudanum ;

3° Les analyses des organes de l'enfant Martin n'ont pas démontré la présence du laudanum, ni de ses principes constituants, ni de substances toxiques minérales.

CHEVALLIER, DEVERGIE.

Paris, ce 15 mai 1848.

ASSISES DES BOUCHES-DU-RHÔNE.—*Noix vomique.*

Le 12 avril 1849 une soupe, préparée avec une galette, est servie par la femme X. à son mari, qui, la trouvant trop amère, la donne à son chien, lequel, après l'avoir mangée, succombe en 10 minutes dans un accès tétanique des plus violents. Dans le *Rapport d'autopsie,* la saveur amère de la soupe, la nature des accidents, la promptitude de la mort du chien, etc., portent les experts à conclure que la mort est due probablement à la strychnine, mais qu'on ne peut en avoir une preuve certaine que par l'analyse.

Rapport analytique. — On trouva dans les matières de l'estomac des fragments cornés, irréguliers, de consistance de cire, présentant, sur l'une des faces, l'apparence d'une écorce. Par dessiccation ils prennent l'aspect corné. Bouillis dans l'eau aiguisée d'acide sulfurique, le décocté, filtré, précipite en blanc sale par la teinture de noix de galles, en flocons brunâtres par l'ammoniaque, prend une couleur rougeâtre par l'acide azotique. Les liqueurs concentrées sont traitées par un léger excès de chaux. Le précipité est lavé, desséché, épuisé à plusieurs reprises par l'alcool à 38° bouillant. Le soluté filtré, évaporé en consistance sirupeuse, est brunâtre, d'une saveur légèrement amère. Soumis à l'action de l'alcool froid, il se divise en deux par ties : l'une en poudre jaunâtre, et l'autre grisâtre, de consistance visqueuse. La première se dissout dans l'alcool bouillant, l'autre à peine. Après évaporation, l'alcool laisse un résidu jaunâtre qui, repris par l'alcool bouillant à 38°, filtré et évaporé, donne un résidu jaunâtre d'apparence cristalline. Ce résidu 1° *rougit* par l'acide azotique ; 2° *prend une couleur violette* par l'acide sulfurique additionné de 1/000 en poids d'acide azotique et d'une très-petite quantité de peroxyde de plomb ; 3° *se colore en violet* par un mélange d'acide sulfurique, nitrique, et de chromate de potasse ; 4° *acquiert une teinte rouge vineuse* avec l'acide iodique.

Les experts, par le même procédé, constatèrent la présence de la noix vomique dans la galette qui avait servi à préparer la soupe. Les viscères du chien, carbonisés par l'acide sulfurique, ne donnèrent aucune trace de poison minéral (*Jour. de chim. méd.*, 1850).

ASSISES DE VAUCLUSE.—*Cantharides.*

Le 22 janvier 1849, J. B., cultivateur, est inhumé. Le bruit court qu'il a été empoisonné par sa femme, à l'aide de cantharides. A l'autopsie, bouche tapissée de mucosités blanchâtres, épaisses ; deux ulcérations aphteuses sur les deux côtés de la langue et sur la lèvre inférieure ; amygdales profondément ulcérées, en partie détruites, couvertes d'un pus épais, abondant, jaunâtre ; traces d'inflammation dans toute l'étendue de l'œsophage ; dans l'estomac, çà et là, une foule de petites paillettes ayant l'aspect de poudre de cantharides, libres ou incrustées dans la muqueuse, qui, dans toute son étendue, est enflammée, comme gangrenée ; duodénum d'une teinte rouge tirant sur le jaune, offrant, à sa partie inférieure, qui est plus rouge, trois petites paillettes visibles à l'œil nu. L'intestin, rouge brunâtre à l'extérieur, est le siége d'une vive inflammation, mais n'offre aucune trace de paillettes. La muqueuse rectale, transformée en une espèce de bouillie purulente, présente l'aspect d'un immense vésicatoire réitéré pendant plusieurs jours. Les matières fécales, délayées dans l'alcool, filtrées, desséchées sur des plaques de verre, offrent au soleil un nombre considérable de paillettes. 2 ou 3 crotins desséchés sont conservés comme preuve à conviction. La vessie, colorée en brun, racornie, très-épaisse, est tapissée de taches noirâtres, fongueuses, formées du sang extravasé; mêmes lésions dans les reins. La seringue, qui a servi à donner les lavements, contient des parcelles brillantes, verdâtres, paraissant appartenir à des fragments de cantharides plutôt divisées que pulvérisées.

MM. Arreal, Boussol et Michel concluent : 1° à l'empoisonnement par les cantharides; 2° que leur ingestion s'est faite d'une manière lente, successive, et date au moins d'une douzaine de jours.

Barruel, dans un cas d'empoisonnement, dirigé par les symptômes, constata que du chocolat offrait de petites paillettes brillantes, d'un vert doré, évidentes au soleil, non à la lumière diffuse. L'ayant mis à macérer dans de l'éther, celui-ci, par évaporation, laissa une matière butyreuse qui détermina la vésication des lèvres. Les matières fécales desséchées, traitées par le chloroforme, comme l'indique M. Procter (page 103), auraient-elles donné de la cantharidine? Il y a eu une discussion à cet égard; malheureusement elle n'est pas rapportée dans le *Journal de chim. méd.*, 1850.

ASSISES DU HAINAUT.—AFFAIRE BOCARMÉ.—*Nicotine.*

Le comte de Bocarmé épouse la sœur de Gustave Fougnies, espérant que celui-ci, d'une faible constitution et d'ailleurs amputé de la jambe droite, ne se marierait pas. Trompé dans son attente, il se livre dès lors à diverses manipulations pour l'extraction de *la nicotine*, dont il essaye d'abord l'effet sur les animaux, et, avant que son beau-frère n'ait mis son projet à exécution, il l'invite à diner, le 21 novembre 1850; étant seuls avec sa femme, les domestiques et les enfants momentanément absents, Fougnies succombe en 5 minutes. Une instruction a lieu contre M. et Mme Bocarmé.

I.—RAPPORT D'AUTOPSIE, 22 novembre 1850. Contusion profonde à la partie antérieure du nez, avec infiltration sanguine au centre; nombreuses égratignures semi-lunaires, formées par des coups d'ongle, à convexité externe, à la joue gauche; trois petites au niveau de la mâchoire inférieure droite; sous la région maxillaire gauche, corrosion n'entamant que l'épiderme, lequel, soulevé, détaché dans une étendue d'environ 2 centimètres, s'enlève par le plus léger frottement dans toute cette région et une partie de la région cervicale supérieure du même côté.

Lèvres blafardes, racornies, couvertes de croûtes brun-grisâtres, ainsi que les interstices dentaires; langue presque doublée de volume; la muqueuse, d'un gris noirâtre, détruite dans toute l'étendue de la face supérieure et le long de ses bords, s'enlève à l'aide du scalpel en lambeaux très-peu consistants; face inférieure rouge et injectée; tout le reste de la muqueuse buccale est rouge, cautérisé, se détache avec la plus grande facilité. Il en est de même des muqueuses palatine et de l'arrière-gorge, qui sont d'un blanc grisâtre; liquide glaireux assez abondant dans la bouche. Les amygdales, surtout la gauche, ont augmenté de volume, perdu leur consistance, se divisent avec la plus grande facilité. La muqueuse de la partie supérieure du pharynx est rouge, injectée; son épiderme s'enlève facilement; celle de la partie moyenne et inférieure, de même que l'œsophagienne sont rosées, mais saines. L'estomac, rouge, injecté, offre quelques plaques noirâtres, sans ulcération, ni perforation, et renferme une assez grande quantité d'aliments sous forme de bouillie gris-blanchâtre ; poumons un peu gorgés de sang. Les autres organes sont sains.

Conclusions. 1° Il y a eu introduction dans la bouche de Fougnies d'une substance corrosive liquide, en raison de la cautérisation uniforme des muqueuses buccale et linguale, de la partie latérale gauche du cou. 2° l'étendue des lésions, sans ligne de démarcation, leur profondeur indiquent qu'elle a été ingérée pendant la vie et depuis le dernier repas de Fougnies, car l'estomac n'aurait pu fonctionner en cet état. 3° Fougnies a succombé à une mort violente. 4° la contusion du nez a été faite par un instrument contondant. 5° les lésions de la face indiquent que des manœuvres ont été faites pour étouffer les cris de la victime. 6° c'est à la chimie à découvrir la substance toxique.

MM. Marouzé, Zoude et Gosse.

Péruvelz, 2 novembre 1850.

II.—Rapport d'analyse. Le 27 novembre 1850, M. Stass est chargé de procéder à l'examen analytique des matières cadavériques de Fougnies, à l'effet de rechercher et de constater : *1° s'il y a eu ingestion d'une substance vénéneuse ou morbifique quelconque ; 2° de quelle nature est cette substance, notamment si ce n'est pas d'acide sulfurique ; 3° en quelle quantité elle a été ingérée ; 4° si elle n'était pas mélangée à un autre liquide au moment de l'ingestion ; 5° si la couleur noire de la lèvre inférieure, de la langue, de toute la muqueuse buccale, de l'arrière-bouche, du pharynx, n'est pas due au passage d'un acide quelconque, notamment le sulfurique ?* M. le juge d'instruction lui remet 4 bocaux contenant : 1° les poumons; 2° l'estomac, les intestins, les liquides y contenus, la vessie; 3° le foie, la rate; 4° la langue, la mâchoire inférieure, l'arrière-bouche, le pharynx.

1° *Examen de la langue*, etc. En outre des lésions indiquées, à droite, depuis les deux tiers environ de la partie
flottante, elle est d'un noir bleuâtre, et, à gauche, elle porte
l'empreinte de deux coups de dents; la muqueuse s'en détache facilement à la partie supérieure et inférieure; le tissu
en est fortement ramolli, si ce n'est la partie centrale, qui
a sa consistance naturelle; les dents ne sont pas altérées,
ce qui exclut toute idée de contact d'acide minéral; la langue, ainsi que l'arrière-bouche, le pharynx exhalent l'o-
deur forte de vinaigre, rougissent fortement, sur les deux
faces, le papier tournesol. La langue, soumise aux mêmes
analyses que l'estomac, pour y déceler la substance toxique, a donné les mêmes résultats.

2° *Examen de l'estomac*. Il est lavé à l'eau distillée, l'eau
des lavages mêlée à la moitié de son contenu, qui consis-
tait en une bouillie très-infecte, composée de débris de
viandes et de carottes en voie de digestion, puis filtré. La
liqueur est limpide, verte par réflexion, rouge-sale par
réfraction, d'une odeur infecte, rougit fortement le papier
tournesol. Distillée d'abord à 100° au bain-marie, elle se
coagule, se décolore, donne un produit infect, légèrement
alcoolique et acide; quand elle a cessé de bouillir, on continue la distillation au bain saturé d'eau salée, jusqu'à ce
que la liqueur soit réduite aux 2/5 de son volume. La moitié de la liqueur est retirée pour s'assurer si elle contient
un poison minéral ou organique. Une portion, évaporée
dans un verre de montre en consistance sirupeuse, est
brunâtre, très-acide, d'une odeur de vinaigre de vin, se
dissout en partie dans l'alcool concentré. Le soluté, réduit
à siccité, délayé dans l'acide azotique concentré et froid,
se transforme, au bout de 1/4 d'heure, en une matière jaunâtre d'apparence résineuse. Une autre portion, traitée
par l'alcool, filtrée et évaporée, ne donne lieu à aucune
réaction caractéristique par l'acide sulfhydrique, le sulfhydrate d'ammoniaque, l'acide sulfurique, l'eau de baryte,

l'azotate d'argent. Enfin un soluté concentré de potasse, versé sur une autre portion, la brunit, en dégage *une odeur animale et vireuse.*

Pour découvrir la matière qui donne lieu à cette odeur, M. Stass extrait une autre portion plus forte de liquide de la cornue, le mêle à deux fois son volume d'alcool anhydre. Au bout de 24 heures, il se dépose une faible quantité de masse gluante. La liqueur surnageante est rougeâtre. Décantée, évaporée aux 3/4, sans faire bouillir, et additionnée d'un soluté concentré de potasse caustique, elle se colore fortement en brun, exhale une odeur ammoniacale, vireuse, rappelant celle de la ciguë, ou plutôt de la souris, quoique cependant celle d'ammoniaque prédomine. Les liqueurs des deux essais par la potasse sont introduites dans un petit flacon à éprouvette bouché à l'émeri, et agitées avec de l'éther pur. Après un repos suffisant, la moitié de l'éther, décanté dans une petite capsule de verre, laisse, par évaporation spontanée, tout autour de la capsule, un petit anneau liquide, incolore, de 2 centimètres de diamètre, à odeur animale, piquante, excessivement désagréable, prenant fortement à la gorge, bleuissant intensément le papier rouge tournesol. Repris par l'éther, évaporé de nouveau, il se forme un nouvel anneau incolore, qui se divise en stries et se condense au fond du vase en une gouttelette huileuse, laquelle, en outre des caractères énoncés, a une saveur âcre, brûlante, très-persistante, se propageant dans la bouche, le pharynx, l'œsophage. Elle se dissout immédiatement dans l'eau. Deux bandes de papier imprégnées, l'une de ce soluté, l'autre d'ammoniaque étendu, placées à distance sur une plaque métallique chauffée à + 150°, celle-ci reprend promptement sa couleur rouge, la première seulement au bout de 15 minutes : l'alcalinité n'est donc pas due à l'ammoniaque. M. Stass traite de nouveau la liqueur potassique par l'éther, sature le produit de l'évaporation éthéré avec de l'eau acidulée de 1 millième de son volume d'acide sulfurique, l'abandonne dans un verre de montre, pendant 24 heures, sous une cloche, à côté d'une capsule d'acide sulfurique, dissout le résidu sirupeux dans un peu d'eau, sur-sature par la potasse, reprend par l'éther, qui, par évaporation spontanée, laisse des stries huileuses, dépouillées d'odeur animale, offrant tous les caractères déjà indiqués et une saveur rappelant celle du tabac, ou plutôt du liquide condensé dans une pipe. La découverte de cet alcali l'engage à en déterminer avec précision la nature, à renoncer au dosage de l'acide acétique, dont il avait constaté la présence dans le produit distillé, en le saturant par l'eau de baryte et faisant cristalliser l'acétate.

Le restant de la liqueur de la cornue, formant à peu près les 4/5 du résidu de la distillation de la moitié du contenu de l'estomac, est introduit dans un flacon bouché à l'émeri, neutralisé d'abord par 9 grammes 9 décigrammes de potasse caustique, puis additionné de 7 grammes. La liqueur devient fortement alcaline, brunit, dégage à la fois une odeur animale, ammoniacale et vireuse. Agitée vivement avec la moitié de son volume d'éther et abandonnée au repos pendant 1/2 heure, l'éther ne se sépare pas. L'addition d'une nouvelle quantité d'éther fait prendre la liqueur en masse gélatineuse. 5 grammes de potasse caustique, en solution concentrée, fluidifient le mélange sans que l'éther se sépare. Enfin, mélangée avec moitié de son volume d'eau distillée, la séparation commence au bout de 1/4 heure; elle n'est complète qu'après 10 heures de repos. La difficulté de la séparation de l'éther dépend, dit M. Stass, de ce qu'il n'a pas préalablement précipité les matières organiques par l'alcool anhydre, ce qu'il n'a pas manqué de faire dans les recherches ultérieures, et ces difficultés ne se sont plus présentées. Après avoir décanté l'éther dans un flacon à l'émeri, la liqueur est soumise à 6 lavages successifs, chaque fois avec 1/8 de son volume d'éther, l'éther des trois premiers et des trois derniers lavages introduit dans deux flacons distincts.

L'éther des trois premiers lavages est évaporé dans le vide, à la température ordinaire, en condensant dans l'eau acidulée par l'acide sulfurique les traces d'alcaloïde que peuvent entraîner les vapeurs éthérées. L'appareil se compose 1° d'une cornue A, bouchée à l'émeri, dans laquelle est introduite la liqueur éthérée ; son col s'engage, à frottement, dans la tubulure d'une cornue B, renversée, ayant les parois humectées d'eau acidulée de 1/10 d'acide sulfurique, dont le col est soudé à un tube en verre coudé, de 76 centimètres de long, qui se rend dans une éprouvette à pied à mercure. Dans la cornue B, on introduit environ 10 grammes d'éther pur, qu'on porte à l'ébullition. L'air de l'appareil, chassé par la vapeur éthérée, s'échappe à la fois par le tube à mercure, par la tubulure de la cornue A, dont le bouchon est momentanément enlevé. Lorsque l'air est complétement chassé, on ferme la cornue A. La cornue B est refroidie d'abord avec de l'eau froide, puis à l'aide d'un mélange réfrigérant à moins de 20°, formé de glace et de sel. Le liquide éthéré de la cornue A se vaporise peu à peu (50 centimètres cube environ en 30 minutes), se condense dans la cornue B, et il reste vers le tiers inférieur un anneau huileux, incolore, qui se divise en stries et se rend au fond en une gouttelette huileuse. Pour en séparer complétement l'éther, on plonge la cornue A dans un bain d'eau bouillante, pendant que la seconde est encore entourée du mélange réfrigérant. La gouttelette jaunit, mais ne diminue pas sensiblement de volume. En débouchant la cornue, il s'en exhale une odeur excessivement désagréable qui prend à la gorge. On aspire la gouttelette dans une très-petite ampoule effilée, dont les bouts sont ensuite soudés à la lampe, et qui est conservée comme pièce à conviction. L'aspiration doit se faire avec beaucoup de précaution, car les vapeurs sont très-caustiques.

Le liquide éthéré des trois derniers lavages du produit de l'estomac, soumis à la même opération, laisse une quantité assez notable d'alcaloïde. Le contenu de la cornue B est introduit dans un flacon à l'émeri. L'éther, séparé par décantation, ne bleuit pas le papier tournesol, ne précipite pas l'eau de baryte, preuve qu'il ne contient aucune trace d'acide sulfurique. La liqueur acide est mêlée à un fort soluté de potasse caustique, agitée ensuite avec l'éther. Celui-ci, séparé et évaporé, laisse un anneau huileux très-sensible, qui est de nouveau dissous dans l'éther, mêlé à l'eau des lavages de la cornue A, évaporée, etc.

Caractères de l'alcaloïde.

En outre des caractères physiques et organoleptiques indiqués : 1° il se déplace dans l'ampoule à la manière des huiles essentielles; 2° conserve sa fluidité, quoique l'ampoule soit plongée dans un mélange réfrigérant de moins de 20°; 3° chauffé dans un verre de montre, il se colore fortement, dégage des vapeurs blanches, alcalines, que l'acide chlorhydrique rend plus épaisses; 4° abandonné à l'air libre, en 24 heures il perd sa fluidité, se convertit en une matière sèche d'un brun rougeâtre; 5° le liquide d'une ampoule versé dans un flacon long et étroit, renfermant 2 centimètres cubes d'eau distillée, tombe au fond sous forme de stries qui se dissolvent complétement. Le soluté est jaune, transparent, bleuit le papier rouge tournesol, brunit le curcuma, verdit le sirop de violette, fournit des vapeurs alcalines à 100°. 6° saturé *par l'acide oxalique*, il donne, en 24 heures, dans l'air sec, une masse cristallisée en feuilles de fougère, et *par l'acide chlorhydrique*, un liquide incolore qui, dans le vide sec, cristallise en aiguilles fines, allongées, déliquescentes, laissant dégager l'acide à 100° et un résidu d'un beau rouge.

Le chlorhydrate de nicotine forme des sels doubles qui, par évaporation spontanée ou dans le vide sec, cristallisent : 1° *avec le bichlorure de mercure*, en aiguilles très-allongées blanches, brillantes ; 2° *avec le chlorure de platine*, en prismes rhomboïdaux, quadrilatères, jaunes, insolubles dans l'alcool, l'éther ; 3° *avec le protochlorure de palladium*, en prismes rouge de sang, aplatis, très-volumineux ; 4° *avec le chlorure de cobalt* en prismes aplatis d'un bleu foncé ; 5° *avec le chlorure de nickel*, en aiguilles déliquescentes d'un vert tendre. 6° enfin le soluté de nicotine, neutralisé par *l'acide iodhydrique* et mêlé à quelques gouttes de solution aqueuse de *bi-iodure de potassium*, dépose des gouttelettes huileuses d'un rouge très-foncé, qui, lavées à l'eau distillée et abandonnées à elles-mêmes, se prennent en masses cristallines, formées d'aiguilles enchevétrées, solubles dans l'alcool, qu'elles colorent en rouge de sang, dans l'éther, qu'elles colorent en rouge foncé. Ces solutés laissent, par évaporation spontanée, une espèce de vernis cristallin, rouge de sang.

Ces caractères distinguent *la nicotine* de *la conéine*, principe actif de la ciguë, ainsi que de *la picoline*, de *la pétinine*, alcalis qui peuvent se former à chaud par la réaction de la potasse sur les matières organiques. M. Stass, fixé sur la nature de l'alcaloïde, parvint à le retirer des liquides des organes suivants :

3° *Liquide alcoolique dans lequel avait séjourné l'estomac.* Il l'additionne de 2 grammes d'acide oxalique cristallisé, évapore, sans faire bouillir, en consistance de sirop, qu'il dissout dans très-peu d'eau ; filtre, évapore de nouveau en consistance sirupeuse ; traite, à plusieurs reprises, le sirop par l'alcool, qui laisse de la matière animale indissoute ; filtre, évapore avec précaution la liqueur aux 9/10 de son volume ; introduit le résidu dans un flacon à éprouvette de

35 centimètres cubes de capacité; l'additionne d'une forte
solution de potasse caustique; épuise à plusieurs reprises
le mélange par l'éther. Les liqueurs éthérées réunies, évaporées à l'air libre dans une capsule de verre, laissent une
matière huileuse, incolore, alcaline, etc., qui, reprise par
l'éther, s'y dissout intégralement. Le soluté éthéré, évaporé
de nouveau à l'air libre, laisse la même quantité de matière
huileuse, qu'il soumet immédiatement à l'évaporation dans le
vide, dans un verre de montre, à côté d'une capsule d'acide
sulfurique; 10 minutes après il sature le résidu par l'acide
sulfurique dilué, décompose le sulfate par la potasse caustique, épuise le mélange par l'éther, qui, évaporé à l'air
libre, laisse la nicotine incolore, dépouillée de matière
animale, offrant les mêmes caractères que celle retirée de
l'estomac.

4° *Foie.* Le 16 décembre, la moitié du foie, qui avait
séjourné pendant 20 jours dans l'alcool, est découpée en
fragments très-petits, renfermée dans un nouet de linge, soumise, dans un cylindre en cuivre étamé, à l'action d'une forte
presse métallique. Le nouet est retiré, la matière mouillée
avec de l'alcool anhydre de nouveau fortement exprimée;
opération qui est répétée deux autres fois. Les liqueurs, qui
sont rougeâtres, acides, sont mêlées à la moitié des liqueurs alcooliques dans lesquelles plongeait le foie, addi-
tionnées de 2 grammes d'acide oxalique cristallisé, chauffées, à + 50°, et, après refroidissement complet, filtrées. Le
résidu est lavé à l'alcool, et les liqueurs réunies, qui sont
incolores, évaporées à un fort courant d'air, à la température de + 35 à 40°, au dixième de leur volume. Filtrées,
évaporées de nouveau dans le vide sec, sur une capsule à
fond plat, au-dessus de l'acide sulfurique, elles laissent
pour résidu une matière fendillée jaune, qui est divisée et
traitée à plusieurs reprises par l'acool anhydre et froid.
Les solutés alcooliques, après un repos convenable, décantés dans une petite capsule de porcelaine à fond plat,

évaporés à la température de $+$ 25 à 30°, dans un fort courant d'air, donnent un liquide sirupeux, d'une odeur désagréable, à peine coloré en jaune, offrant quelques mamelons cristallins. Ce résidu est dissous dans l'eau. Le soluté et les eaux des lavages de la capsule sont introduits dans une petite éprouvette bouchée à l'émeri, avec 1/4 de leur volume d'une forte solution de potasse caustique, puis agités à plusieurs reprises avec de l'éther. Celui-ci, décanté, évaporé comme il est dit dans le paragraphe précédent, laisse de la nicotine pure.

5° *Poumons, cœur*. Le 27 décembre, les poumons, engorgés d'un sang liquide excessivement noir, soumis aux mêmes opérations que le foie, donnent autant et même plus de nicotine. *Le cœur*, qui contenait du sang noir incoagulé, en donna aussi.

6° Pour réunir, comme preuve à conviction, l'alcaloïde provenant des divers organes et engagé dans les différentes combinaisons, tous les composés, que M. Stass avait conservés dans des verres de montre, sont délayés dans l'eau, introduits dans un flacon éprouvette de 10 centimètres cubes de capacité, additionnés d'une forte solution de potasse caustique, agités et épuisés à plusieurs reprises par l'éther. Les solutés éthérés sont abandonnés au repos dans un flacon bouché, puis décantés, par parties à la fois, dans un gros tube de verre de 10 centimètres de haut et 2 centimètres de diamètre, rétréci, coudé, effilé et fermé à l'une de ses extrémités. En faisant passer un courant de gaz hydrogène pur et sec à travers l'éther, il s'évapore et on le remplace au fur et à mesure. Après son évaporation complète, l'alcaloïde reste dans la partie effilée et coudée sous forme de liquide jaunâtre. Cette partie étant dirigée en haut, on retranche l'extrémité par un trait de lime, on l'adapte, à l'aide d'un petit bouchon percé, à un tube en croissant, de 2/3 de centimètre de largeur sur 5 de long, lequel, effilé à son extrémité, offre successivement un renflement en

boule, puis, à sa partie inférieure, une petite dilatation en
soucoupe, et enfin une petite ampoule. Le tube à nicotine
étant adapté à un appareil à gaz hydrogène et chauffé gra-
duellement à 200°, l'alcaloïde passe dans le renflement en
boule. En chauffant peu à peu celle-ci, il se vaporise et se
condense dans la petite soucoupe, laquelle est séparée
du tube, bouchée au chalumeau à ses deux extrémités
et renfermée dans une boîte.

7° Dans cette longue expertise, qui forme, en quelque
sorte, tout un enseignement toxicologique, M. Stass,
d'après une suite de réquisitoires, a eu à résoudre un
grand nombre de questions, dont voici les réponses :
1° le *foie* d'une personne morte phthisique à l'hôpital de
Bruxelles, soumis à la même méthode analytique que
les organes de Fougnies, ne donne pas de nicotine;
2° la *redingote*, le *pantalon* de Fougnies peuvent avoir été
tachés par la nicotine, mais comme ils ont été lavés, que
l'eau dissout cet alcali, il n'est pas possible de répondre;
3° le *gilet* est taché par une substance corrosive, mais ce
ne peut être par la nicotine, qui n'altère pas les tissus ;
4° le *pantalon* de François de Blicquy, qui a aidé Bocarmé
dans ses expériences, offre, en outre des taches d'acides
sulfurique, chlorhydrique, de potasse, de soude, d'autres
taches brunes, épaisses, visqueuses, formées par l'extrait
de tabac, car elles donnent de la nicotine par le procédé
indiqué. 5° M. Stass a retiré aussi cet alcaloïde de plusieurs
taches faites sur les planches du parquet où avait succombé Fougnies. Après avoir enlevé la partie tachée, il la
met à macérer dans l'eau, qui se colore en jaune brunâtre,
prend une réaction alcaline et l'odeur forte de tabac. Il
l'additionne d'acide oxalique, filtre, évapore aux 3/4 dans
le vide, mêle le résidu à son volume de potasse caustique,
traite par l'éther, etc. 6° d'autres taches, soumises préalablement à l'action de l'eau, sont traitées ensuite par
l'éther, qui, après évaporation, laisse un résidu ayant

l'odeur d'huile de navette : preuve qu'elles sont formées d'huile et de nicotine. 7° enfin d'autres taches avaient été lavées à l'eau de savon, car traitées par l'éther, ce liquide laissa un résidu qui graissa le papier, rougit le tournesol, et qui, repris par l'alcool bouillant, donna, après évaporation, des lames cristallines, fusibles et acides.

8° M. Stass a eu aussi à analyser les organes de deux chats et deux canards renfermés dans une caisse. Sur un des chats, en complète décomposition, le bout de la langue, dont l'épitélium s'enlevait facilement, était noir, le pharynx rempli d'un liquide verdâtre, la bouillie stomacale visqueuse. Toutes ces matières étaient alcalines. Il en retira un liquide volatil, à odeur piquante, qu'il croit être la *nicotine*.

9° Enfin, pour démontrer que la nicotine obtenue dans ces recherches était identique à celle du tabac quant aux effets, et en même temps se rendre compte des lésions trouvées sur Fougnies, du mode d'administration du toxique, des circonstances qui ont précédé la mort, M. Stass a institué les expériences suivantes.

A.—Sur la langue d'un chien, de taille moyenne, il dédépose 2 centimètres cubes de nicotine, à l'aide d'une pipette ; aussitôt cet organe prend une teinte violacée, l'animal agite ses mâchoires, fait des efforts pour rejeter le liquide, tombe immédiatement sur le côté droit, est pris de convulsions tétaniques violentes, avec opisthotonos, dilatation des pupilles, et meurt en 50 secondes. A l'instant il s'écoule de la bouche une assez grande quantité d'un liquide filant, clair. Pendant ces phénomènes la langue est pendante. Aussitôt après la dernière expiration le système musculaire tombe dans le relâchement.

B. — La même expérience, sur un autre chien, donne les mêmes phénomènes locaux et généraux, si ce n'est que les convulsions sont plus violentes, sans écoulement de salive, mais avec émission d'urine et de matières fécales. La mort survient en une demi-minute. Immédiatement après la dernière expiration, on introduit dans la bouche 32 centimètres cubes de vinaigre, saisi au château de Bi-tremont, chez Bocarmé, la langue se décolore aussitôt et le liquide coule dans l'estomac.

C. — Chez un chien adulte, M. Stass injecte une certaine quantité d'air dans la veine jugulaire; bientôt après, quelques gémissements, la respiration devient difficile, s'arrète, les battements du cœur, de plus en plus irréguliers, s'affaiblissent, et l'animal expire en deux minutes et demie.

D. — La langue de deux oiseaux (tarins) est à peine touchée avec un tube capillaire contenant de la nicotine, qu'ils secouent la tête, sont pris de convulsions tétaniques, semblables à celles des chiens, tombent sur le côté droit, et meurent, l'un en 2 minutes 45 secondes, l'autre en 30 secondes. Une gouttelette de nicotine, déposée sur la langue d'un *pigeon* robuste, produit les mêmes effets, chute sur le côté droit et la mort en 15 secondes, quoi-qu'une portion de poison soit rejetée.

A l'autopsie, chez *le premier chien,* léger météorisme; odeur assez forte de putréfaction; langue tuméfiée, sur-tout vers sa base, qui est d'un rouge foncé, recouverte d'une matière gluante; sa partie flottante est d'un terne livide; l'épithélium s'en détache avec le manche du scalpel; le pharynx offre la même nuance ; rien de particulier dans l'œsophage et autres parties du tube intestinal. Le foie est sans action sur les papiers réactifs; larynx et trachée in-tacts ; cavités du cœur obstruées par du sang noir, grume-leux, consistant; poumon droit gorgé d'un sang noir; le gauche offre, en outre, une foule de noyaux apoplectiques; cerveau légèrement ramolli; coloration rouge avec exsu-dation sanguine et léger pointillé de la moelle épinière, de ses membranes, depuis la troisième vertèbre jusqu'au trou occipital.

Sur *le chien de la deuxième expérience*, le ballonnement est considérable, avec odeur de putréfaction ; un liquide sanguinolent s'écoule des naseaux ; langue grisâtre, livide, non tuméfiée ; sa partie flottante, légèrement racornie, porte l'empreinte des dents sur ses bords ; l'épiderme s'enlève très-facilement par lambeaux ; les muqueuses buccale et pharyngée sont pâles, décolorées ; l'estomac contient un liquide couleur lie de vin ; sa muqueuse offre des stries d'un rouge cramoisi. Le foie a une réaction acide très-prononcée ; poumons et cœur congestionnés ; cerveau pointillé ; plexus choroïde injecté. L'état congestionnel de la moelle, plus marqué que chez le premier chien, s'étend de la troisième vertèbre cervicale au niveau du sinus sphéroïde. — *Le pigeon* présente aussi, à la hauteur de la troisième vertèbre cervicale, des stries sanguines s'étendant en avant jusqu'à la moelle allongée. — *Le chien*, tué par l'air, tient le milieu entre les deux précédents quant au degré de ballonnement, de putréfaction. Le cœur droit est distendu par du sang spumeux

10. *Conclusions.* M. Stass, des faits précédents, conclut : 1° que Fougnies a succombé à l'empoisonnement par la nicotine ; 2° que ce poison a été versé dans la bouche pendant que Fougnies était couché sur le côté droit ; 3° que le vinaigre a été administré lorsque la vie était éteinte, etc.

Orfila donne deux procédés pour déceler la nicotine et la conéine dans les matières suspectes, les organes : dans l'un, c'est celui auquel il donne la préférence, il remplace les acides oxalique, tartrique, par le sulfurique, et, après avoir évaporé, saturé le résidu par la potasse, et séparé la nicotine par la distillation. Dans l'autre, il épuise les matières par l'éther, évapore, traite le résidu savonneux de nicotine par la soude, et sépare encore cet alcali par distillation (voyez *Ciguë*).

21

M. Stass critique fortement ces procédés, parce que : 1° l'éther ne dissout pas tous les composés de nicotine, les acétates, les tartrates, etc.; 2° que la potasse, la soude, transforment à chaud la nicotine en un corps oléagineux, d'odeur agréable (Liebig), et, en réagissant sur les matières azotées, produisent *de l'ammoniaque, de la picoline, de la pétinine*, etc., alcalis qui ont beaucoup d'analogie avec la nicotine; 3° parce qu'enfin l'acide sulfurique, à chaud, même très-dilué, résinifie par oxydation, la nicotine, donne lieu, avec les matières azotées, à des alcaloïdes volatils, à odeur piquante et d'une saveur âcre, brûlante (Stenhouse.)

ASSISES DE LA SEINE.—*Acide tartrique*.

I.—RAPPORT D'AUTOPSIE.—Le 14 novembre 1847, le sieur Weber, la fille Kappler et son frère dînent chez un marchand de vin à Courbevoie, avec des carottes, du fromage, trois bouteilles de vin, et, en accompagnant Kappler au chemin de fer, prennent chacun deux petits verres d'eau-de-vie. Ils se couchent à 9 heures; à 10 ils sont encore au lit. A 2 heures du matin, le maître logeur entend des gémissements partir de leur chambre, y entre, les trouve sur le carreau, la fille Kappler sans vie et Weber respirant encore, ses moustaches, ses épaules salies par les matières des vomissements. Le docteur Bouchez lui donne un émétique à 5 heures; dès ce moment il va de mieux en mieux et se rétablit en 24 heures. Il ne peut rendre compte de ce qui s'est passé.

Autopsie.—Écume fine, blanche, *non sanguinolente*, remplissant la bouche et les mains; face pâle; pupilles dilatées; aucune empreinte de liquide corrosif aux mains; muqueuses buccale et œsophagienne *pâles;* épithélium de l'ouverture cardiaque complétement enlevé. L'estomac contient environ 1 litre de matières solides et liquides, violacées; sa muqueuse est rosée avec arborisations et ecchymoses dans une étendue de 2 centimetres; *coloration blanchâtre* de la muqueuse du duodénum et du jéjunum; ramifications bronchiques remplies *d'écume fine non sanguinolente;* tissu pulmonaire gorgé de sang, qui s'écoule à la section. Au moment où on enlève les poumons et le cœur, il s'en écoule *un litre 1/2 environ de sang, liquide, très-poisseux, d'un rouge-groseille;* petit caillot sanguin dans la cavité droite du cœur; à gauche, un caillot fibrineux très-ramolli. Le foie, peu de temps après son exposition à l'air, prend *une coloration rouge groseille toute particulière;* cerveau congestionné; environ 125 grammes d'urine limpide et citrine dans la vessie.

Conclusions.—1° La mort de la fille Kappler est le résultat d'un empoisonnement. 2° d'après la nature spéciale des lésions, les phénomènes *d'asphyxie et de paralysie* de plusieurs organes, nous sommes portés à admettre qu'il y a eu ingestion d'une substance toxique, telle que *l'acide oxalique ou le bi-oxalate de potasse* (sel d'oseille). 3° l'analyse chimique des matières et des organes recueillis est nécessaire pour reconnaître la nature du poison. 4° il n'existe sur le corps aucune trace de violence.

BAYARD, BOUCHEZ.

Paris, ce....

II.—RAPPORT D'ANALYSE (16 novembre 1847).—Les experts sont frappés de la teinte rosée toute particulière du sang, en quelque petite quantité qu'il se trouve mêlé aux organes, le foie, la rate, etc., coloration qui a persisté pendant près de trois semaines, n'a cédé qu'à une putréfaction très-avancée.

1° *Examen et analyse de l'estomac.*—Cet organe contient des matières solides, nettement isolées, d'une teinte *vineuse,* et de matières liquides *décolorées,* qui, séparées par décantation et filtration, rougissent fortement le papier tournesol; une portion étant évaporée devient plus acide, précipite en blanc l'eau de chaux, n'est pas troublée par un courant d'acide sulfhydrique. Le restant du liquide est traité par le sous-acétate de plomb et filtré; le précipité, délayé dans l'eau, est soumis, de même que le liquide, chacun isolément, à un courant de gaz sulfhydrique; le sulfure de plomb étant séparé par filtration, on obtient deux liquides qui ne précipitent plus par le gaz sulfhydrique; évaporés au bain-marie, le produit provenant de la liqueur traitée par le sous-acétate de plomb, ne donne aucun des caractères qui décèlent la présence des alcalis végétaux *par l'acide azotique, le perchlorure de fer, l'acide iodique.* Le produit de l'évaporation du liquide dans lequel on avait délayé le précipité plombique est d'une *acidité persistante,* donne, *avec l'eau de chaux,* un précipité blanc, soluble dans un excès de liquide essayé; il ne trouble pas *le sulfate neutre de chaux.*

2° Toutes les matières contenues dans l'estomac et cet organe, divisé par fragments, sont mis à bouillir dans de l'eau distillée pendant 1/4 d'heure; après refroidissement complet, la graisse est séparée; la liqueur filtrée, qui est acide, ne précipite pas, ne change pas de couleur par l'acide sulfhydrique; traitée par le sous-acétate de plomb, soumise aux mêmes opérations que les liquides de l'estomac, elle donne les mêmes réactions *au papier tournesol, à l'eau de chaux, au sulfate neutre de cette base.*

3° Dès lors on a cherché à obtenir par l'évaporation spontanée des liqueurs la formation des cristaux; le résultat étant négatif, à cause d'une petite portion de matière animale, on les a conservées pour des recherches ultérieures.

4° Les matières solides de l'estomac, cet organe, restés sur le filtre, sont fractionnés en deux parties égales : l'une d'elles est chauffée à 100°, jusqu'à dissolution, dans l'acide chlorhydrique concentré, puis évaporée en consistance d'extrait pour chasser l'excès d'acide. Dans le résidu étendu d'eau, on fait passer un courant de chlore, pour coaguler aussi complétement que possible la matière animale; on filtre, on concentre la liqueur par évaporation, et l'on y plonge une pile de Smithson : la lame d'or conserve sa couleur.

L'autre moitié de l'estomac et de matière animale sont carbonisés par l'acide sulfurique, le charbon additionné d'eau régale, puis desséché, et ensuite traité par l'eau distillée, à la température de l'ébullition. La liqueur filtrée soumise à un courant d'acide sulfhydrique ne change pas de couleur, ne précipite pas, et à l'appareil de Marsh, préalablement essayé pendant 1/2 heure, ne donne pas d'anneau métallique.

Le charbon provenant de la carbonisation sulfurique est incinéré, les cendres sont lavées à l'eau distillée; les eaux des lavages, filtrées, soumises à un courant d'acide sulfhydrique, prennent une teinte légèrement jaunâtre, sans perdre leur transparence, leur limpidité; les cendres, traitées successivement par les acides azotique et chlorhydrique, ne donnent que des traces des métaux qu'on y rencontre à l'état naturel ou normal.

5° *Examen des intestins.*—Traités comme les matières solides de l'estomac et cet organe, les résultats ont été les mêmes.

6° *Examen du foie.*—Coupé en totalité par petits fragments, mis en ébullition dans l'eau distillée, soumis enfin aux opérations détaillées n° 1, on obtient un *liquide acide*, contenant encore de la matière animale, mais se comportant avec *l'eau de chaux, le sulfate neutre de chaux*, comme il a été dit. La moitié de la matière animale solide du foie a été carbonisée par l'acide sulfurique; le liquide, essayé par le gaz sulfhydrique et l'appareil de Marsh, donne des résultats négatifs.

7° *Examen du sang.*—250 grammes de ce liquide, receuilli

lors de l'ouverture du corps, et 500 grammes, provenant du foie et de la rate, sont soumis, séparément, aux essais suivants : additionné d'une petite quantité d'eau distillée, il est porté à l'ébullition jusqu'à coagulation, filtré après refroidissement ; les liqueur sont concentrées pour coaguler la plus grande quantité de matière animale, filtrées, traitées par le sous-acétate de plomb, etc. Le résultat définitif de toutes les opérations ultérieures, détaillées n° 1, a été d'obtenir, pour chaque dose de sang, un liquide contenant encore un peu de matière animale, mais dans lequel on a très-facilement constaté la réaction par *l'eau de chaux*, *le sulfate neutre de chaux*, réactifs propres à déceler l'existence *de l'acide tartrique.*

Le reste de ces deux liquides a été abandonné à lui-même dans deux capsules différentes.

8° *Les liqueurs provenant de l'estomac, des intestins, du foie, du sang*, dans lesquelles on avait constaté isolément l'acide tartrique, sont réunies et traitées par le sous-acétate de plomb. Le tartrate de plomb, soumis à des lavages répétés, est décomposé par un courant d'acide sulfhydrique ; la liqueur, séparée du sulfure de plomb par filtration, évaporée au bain-marie, est *fortement acide*, d'une saveur rappelant d'abord celle de l'acide acétique, puis celle de *l'acide tartrique*; elle donne un précipité très-notable par *l'eau de chaux*, qu'un excès de liqueur dissout, et ne précipite pas le *sulfate neutre de cette base.*

Un soluté de 2 grammes de bicarbonate de potasse dans 8 grammes 5 décigrammes d'eau distillée est ajouté peu à peu à ce liquide, jusqu'à ce qu'il se trouble, sans toutefois lui faire perdre l'acidité. Le mélange, évaporé au bain de sable, donne un *sel solide*, qui est traité à chaud par de l'alcool étendu d'un peu d'eau, pour séparer l'acétate de potasse ; il reste du tartrate acide qui, dissous dans l'eau froide, *rougit le tournesol, précipite l'eau de chaux en blanc, précipité soluble dans l'acide tartrique, et n'en donne pas avec le sulfate neutre de chaux.* Il a été employé le tiers du soluté potassique, ce qui représente 65 centigrammes de bicarbonate de potasse, par conséquent 0 gramme 85 centigrammes d'acide tartrique ; mais une partie de la liqueur suspecte ayant servi à obtenir du tartrate de chaux, la quantité d'acide tartrique peut être portée au double.

9° *Déjections du sieur Weber.*—Elles remplissent les deux tiers d'une demi-bouteille en verre blanc, sont en pleine fermentation ; filtrées, elles rougissent le tournesol, donnent les mêmes réactions par l'eau de chaux, le sulfate neutre, que les matières de la fille Kappler, et quelques traces d'antimoine par l'acide sulfhydrique ; l'acide tartrique est en grande disproportion avec l'oxyde d'antimoine, car, par le soluté de bicarbonate de potasse, elles donnent 1 décigramme de tartrate acide, représentant 0 gramme 0702 d'acide tartrique, par conséquent cet acide ne peut provenir de l'émétique administré à Weber.

10° *Vin saisi chez le marchand de vin.*—500 grammes sont décolorés par le charbon animal ; la liqueur est filtrée, évaporée au bain-marie ; le résidu, traité par un peu d'eau additionnée de vingt fois son volume d'alcool à 36°, ensuite lavé à plusieurs reprises par l'alcool, a laissé un produit salin de tartrate de potasse et de chaux pesant 2 grammes 8 décigrammes, ce qui donne 7 décigrammes de tartrate de potasse pour 125 grammes de vin ; l'alcool du lavage ne donnait qu'une faible réaction avec l'eau de chaux ; il ne contenait donc que des traces d'acide tartrique.

Expériences sur les animaux.

Les experts, comme c'était un cas d'expertise légale nouveau, ont fait des expériences sur les chiens, afin de corroborer les résultats de l'analyse, des lésions spéciales qu'ils avaient observées.

1re expérience.—Le 8 janvier, 4 grammes d'acide tartrique dissous dans 90 grammes d'eau et donnés à un chien, produisent un peu d'abattement, d'écume à la bouche, refus d'aliments pendant trois jours rétablissement le quatrième.

2e expérience.—Le 11 janvier, on fait avaler à un chien de moyenne taille 8 grammes d'acide tartrique dans 25 grammes d'eau; mort en 2 heures, sans nausées ni vomissements; un peu d'écume sort de la gueule. Vingt-deux heures après, coloration brune des muscles; *écume* non sanguinolente, *très-abondante* dans la gueule, la trachée-artère et les bronches; *poumons* crépitants, engoués dans les parties les plus déclives, avec *état ecchymotique* de leur tissu en divers points, dans une épaisseur de 1, 2, 3 centimètres cubes; *sang liquide* dans les poumons, le cœur, les gros vaisseaux veineux; *muqueuse de* la gueule blanchâtre; celle de l'œsophage légèrement excoriée; exsudation mucoso-sanguinolente dans l'estomac, avec ecchymoses superficielles, et, dans quelques points, érosion ou destruction de cette membrane; surface interne des intestins grêles blanchâtre; pas de traces de liquide toxique. Comme *fait principal*, les muscles et les organes parenchymateux prennent une teinte rosée très-marquée après quelque temps de leur exposition à l'air. A peine quelques minutes sont-elles écoulées, que le sang change d'aspect : de noir qu'il était, il devient d'un *rouge-groseille vif.*

3e expérience.—Le 16 janvier, au chien de l'expérience n° 1 on donne 10 grammes d'acide tartrique dans 18 grammes d'eau : mort en 2 heures, sans autre phénomène qu'un abattement très-grand et la production d'écume à la gueule. Mêmes altérations que chez le chien n° 2, si ce n'est que les symptômes de la mort par asphyxie pulmonaire, tels que les congestions ecchymotiques, sont plus dessinés, et le cœur, les vaisseaux plus gorgés de sang.

4ᵉ expérience.—Sur un chien plus fort que les précédents, 12 grammes d'acide tartrique dans 24 grammes d'eau déterminent la mort presque immédiatement. Le tissu pulmonaire est engoué, ferme, compacte, friable, couleur café. Pas d'écume dans la bouche, la trachée ; muqueuse trachéale grisâtre, de même que l'œsophagienne, qui est excoriée ; exhalation sanguinolente dans l'estomac, avec amincissement de la muqueuse, qui est presque détruite en certains points ; vessie distendue par l'urine.

5ᵉ et 6ᵉ expériences. 8 grammes d'acide tartrique, dissous dans 30 ou 45 grammes d'eau, sur deux chiens, donnent à peu près les mêmes résultats que sur celui de la première expérience.

La recherche chimique de l'acide tartrique dans le sang des animaux sacrifiés a donné les mêmes résultats que celui de la fille Kappler et par les mêmes procédés. Le sang d'un chien, auquel on avait administré 2 grammes d'acide tartrique, et dont le sang ne s'est pas coloré en rouge-groseille à l'air, n'a pas donné de ce poison à l'analyse.

Conclusions générales.

En présence : 1° de l'acide tartrique dont l'analyse chimique a démontré l'existence dans *l'estomac, les intestins, le foie, le sang* de la fille Kappler d'une part, et dans le *liquide des vomissements* du sieur Weber ;

2° *Des symptômes* offerts par l'un et l'autre individu dans la nuit du 15 au 13 novembre 1847, et la corrélation de quelques-uns de ces symptômes avec ceux qui ont été observés chez les animaux auxquels nous avons fait avaler de l'acide tartrique ;

3° *Des altérations du sang et des organes* de la fille Kappler, comparées aux altérations que nous avons observées chez les animaux sacrifiés ;

4° Du genre de mort auquel a succombé la fille Kappler,

tout à fait identique avec le genre de mort observé chez les animaux empoisonnés par l'acide tartrique.

Nous sommes conduits à émettre cette opinion, que la fille Kappler et le sieur Weber ont tous deux pris de l'acide tartrique ; que la mort de la fille Kappler a été la conséquence de l'ingestion dans l'estomac de cette substance vénéneuse.

DEVERGIE, BAYARD.

M. Orfila (*Ann. d'hyg. et méd. lég.*, 1852) combat les conclusions aussi affirmatives de MM. Bayard et Bouchez. Les lésions, dit-il, étaient tout au plus de nature à provoquer une analyse chimique, et les phénomènes d'asphyxie, surtout *la paralysie* des divers organes, symptômes qu'ils n'ont pas d'ailleurs observés, ne les autorisaient pas plus à supposer que ce fût plutôt *l'acide oxalique, le sel d'oseille*, que tout autre poison. Cette critique est de toute justesse. Le même auteur attaque, discute successivement les diverses conclusions du rapport analytique de MM. Bayard et Devergie, en déduit que rien ne les autorisait à admettre l'empoisonnement par l'acide tartrique. Voici ses principales objections : 1° les matières suspectes d'un individu qui aurait pris soit de l'acide phosphorique, soit du tartrate acide de potasse, de soude ou de fer mêlés à de l'acide citrique ou sulfurique, soit du vin (ce qui a eu lieu dans le cas présent), traitées comme l'ont fait les experts, donneraient les mêmes réactions. 1/2 litre de vin blanc, évaporé en consistance sirupeuse, devient de plus en plus acide, donne des cristaux de tartrate acide de potasse. Le liquide surnageant, délayé dans l'eau et filtré, rougit le tournesol, trouble l'eau de chaux, non le sulfate neutre de cette base.

Afin d'éviter ces causes d'erreur, Orfila conseille le même procédé que pour ne pas confondre l'acide oxalique avec l'oxalate acide de potasse, l'acide sulfurique avec les sulfates acides, l'acide phosphorique avec les phosphates, etc (voyez ces poisons). 1° Il évapore soit les matières liquides, soit le décocté des organes (estomac, foie, etc.) à siccité; après avoir filtré, épuise le résidu, à plusieurs reprises, par l'alcool absolu à froid, puis à la température de 20 à 30, pour séparer l'acide tartrique des tartrates; concentre à une douce chaleur pour l'obtenir cristallisé: si la matière animale s'y oppose, il s'en débarrasse par l'acétate de plomb, comme l'a fait M. Devergie; 2° ou bien encore il dessèche les organes coupés en morceaux, les épuise à plusieurs reprises par l'alcool absolu, etc. Sur un chien, empoisonné par 20 grammes d'acide tartrique, il a retiré ainsi de ses organes cet acide cristallisé. Si cependant on ne pouvait l'obtenir en cet état, quoiqu'il considère les réactions données par les experts comme caractéristiques, il conseille d'ajouter la réaction par l'azotate d'argent, lequel donne un tartrate qui noircit, se décompose à chaud avec odeur de caramel et sans explosion, comme l'oxalate.

2° Orfila reproche à MM. Bayard et Devergie d'avoir décoloré le vin par le charbon, qui a l'inconvénient d'absorber le poison, et objecte que les réactions par l'acide azotique, iodique, le persulfate de fer, sont insuffisantes pour affirmer que les matières ne contiennent pas d'alcali végétal. En effet, ces réactifs sont tout au plus caractéristiques de la présence de la morphine, et encore peuvent-ils induire en erreur. Cependant, beaucoup d'experts s'en tiennent ordinairement à ces réactions et à la saveur amère, âcre, pour en déduire les mêmes conclusions.

3° Enfin, Orfila dit qu'on ne savait rien des symptômes présentés par la fille Kappler et par Weber. Les animaux empoisonnés par l'acide tartrique n'ont ni vomissements, ni diarrhée. Les lésions observées ne sont pas caractéristiques à ce poison, car il les a observées chez les animaux empoisonnés par le bichlorure de mercure, donné par petites doses, ou étranglés.

Dans une réponse aux objections de M. Orfila, M. Devergie soutient ses conclusions d'après les mêmes données que celles qui résultent de son rapport.

Les analyses, les expériences ont été instituées avec les mêmes soins, la même rigueur que M. Devergie apporte dans les expertises légales. Cependant, dans un cas aussi nouveau, n'ayant pas obtenu le poison à l'état pur, mais seulement quelques réactions que pourraient présenter d'autres poisons, en particulier le tartrate acide de potasse renfermé dans le vin, et la mort étant survenue à la suite d'une orgie de toute sorte, surtout avec un état apoplectique des poumons aussi intense, genre de mort assez fréquent dans l'ivresse, il nous semble que les conclusions, sous le point de vue toxicologique, sont par trop absolues, par trop affirmatives.

V.—Contre-expertises.

La plupart des contre-expertises sont réclamées, soit parce que les premiers experts n'ont pas décrit avec assez de soins les symptômes, les lésions, ou les ont mal interprétés, n'ont pas recueilli les matières suspectes dans autant de vases distincts qu'il doit y avoir d'analyses, procédé aux recherches avec toute la rigueur désirable, employé le procédé le plus convenable, le plus délicat, ou obtenu des résultats négatifs; soit parce que, pendant les débats, s'élèvent des discussions, des questions incidentes qui nécessitent de nouveaux éclaircissements, de nouvelles analyses, etc.

Dans les cas de contre-expertise, d'autres experts sont adjoints aux premiers, ou bien, surtout dans les affaires un peu épineuses, par suite d'une commission rogatoire, le juge d'instruction adresse les pièces, les matières à analyser à un juge d'instruction d'une autre circonscription, qui requiert les experts dans son cabinet, leur fait connaître la nature de leur mission, les questions à résoudre, et, après leur avoir fait prêter serment, constater le nombre, la nature des objets, l'intégrité des scellés, il leur remet les pièces, les rapports, les matières relatives à l'affaire.

Les objets sont transportés dans le laboratoire des contre-experts, où, après avoir de nouveau constaté l'intégrité des scellés, ils les collationnent dans une armoire dont la clef est confiée à la responsabilité de l'un d'eux. Par la connaissance des pièces, des rapports, des objets, ils se dirigent dans l'analyse, déposent, dans autant de vases distincts, les réactifs qui doivent leur servir, prélèvent la quantité à employer dans leurs recherches, après s'être assurés de leur pureté.

Sans doute il est pénible de critiquer les opérations, les expériences qu'on juge incomplètes, mal faites, mal interprétées, mais le contre-expert doit toute la vérité à la justice. Cependant il ne faut pas oublier que souvent les experts adoptent tel procédé parce qu'il est préféré par les hommes haut placés ; qu'ensuite, surtout les experts de province, ne sont pas toujours en position de connaître les progrès de la science, n'ont pas l'habitude de ces sortes de recherches, les instruments, un laboratoire convenables ; aussi la critique doit-elle être bienveillante. Espérons qu'au fur et à mesure que la toxicologie deviendra plus pratique, que les méthodes analytiques se perfectionneront, les contre-expertises seront de moins en moins fréquentes, et que nous n'aurons plus à déplorer, dans le sanctuaire de la justice, ces discussions vives, passionnées, personnelles même, qui ne peuvent que porter atteinte à la dignité médicale.

Ayant été dans la nécessité de faire le dépouillement d'un certain nombre de rapports, il nous sera permis d'émettre le vœu suivant, qui, sans nul doute, sera partagé par nos confrères : le gouvernement devrait charger une ou plusieurs personnes versées à la fois dans les sciences physiques et médicales, les langues vivantes, d'analyser

les faits de toxicologie légale, d'en faire un recueil qui serait déposé dans chaque préfecture, afin qu'il puisse être
consulté au besoin. Ce serait rendre un bien grand service
aux médecins de province. On éviterait ainsi un très-grand
nombre d'erreurs, et les questions incidentes pourraient
souvent être résolues sans l'intervention des experts de la
capitale.

Nous avions l'intention de donner un résumé des *affaires
Mercier, Laffarge*, etc., affaires qui ont eu un si grand re-
tentissement par les circonstances dans lesquelles elles se
sont accomplies, le nombre des contre-expertises, la qualité des experts, les discussions, les questions qu'elles ont
soulevées; mais à quoi bon rappeler des faits qui doivent
être oubliés, puisque, à cette époque, les procédés employés, l'appareil de Marsh, les erreurs auxquelles il peut
exposer, n'étaient encore qu'imparfaitement connus?

Dans la toxicologie spéciale, nous rapportons des cas de
contre-expertise relatifs aux empoisonnements par le
*phosphore, les acides, l'arsenic, le plomb, l'acide cyanhydrique,
le sulfate de fer, l'opium*, etc., ainsi que dans la toxicologie
générale, aux questions toxicologiques. Les cas que nous
analysons ci-après ne sont pas moins dignes d'intérêt sous
le rapport médical, chimique et légal.

ASSISES DU BAS-RHIN.—*Affaire Glœckler*.

RAPPORT D'AUTOPSIE.—Le 24 octobre 1843, le sieur Glœckler ayant, depuis plusieurs jours, un malaise général, du
mal de gorge, des vomissements, fait appeler le docteur
Schmitt, qui constate les symptômes d'une fièvre typhoïde.
Fièvre, délire, langue sèche et brunâtre, deux selles liquides
par jour, épistaxis, éruption miliaire, point de soif, de vomissements, de douleurs dans le ventre. Ces symptômes font
des progrès, le délire continue. Le 3 novembre, la faiblesse
est extrême, le pouls insensible, le malade ne peut plus

montrer sa langue. Le docteur Schmitt déclare qu'il n'a pas 24 heures à vivre. Le même jour, vers cinq heures du soir, sa femme étant restée seule auprès de lui, Glœckler disparaît. Toutes les recherches sont vaines, et ce n'est que le 5 qu'on trouve son corps dans la fosse d'aisance, la tête enfoncée dans les matières et les pieds en haut.

A l'*autopsie*, le 6 novembre, les experts constatent les lésions suivantes, nous notons les plus importantes : une solution de continuité de 0,20 centimètres de long, qui s'étend de l'épigastre au pubis, occupe exactement le milieu et toute l'épaisseur de la ligne blanche, sans intéresser les muscles droits, et contourne l'ombilic à droite ; l'angle supérieur est un peu arrondi ; l'inférieur, très-aigu, se prolonge sur le pubis par cette incision qui porte, en chirurgie, le nom de queue. Les bords des incisions sont nets, grisâtres, ramollis, putréfiés, sans traces de tuméfaction, de rougeur, d'adhérences, de caillots.

La cavité abdominale ne renferme plus aucun viscère. Le tube digestif, le foie, la rate, les reins en ont été enlevés. Elle contient une petite quantité de liquide rougeâtre, fétide, sans traces de caillot ; il en existe aussi dans la vessie, qui est incisée à sa partie supérieure. L'aorte ventrale est intacte, la veine cave déchirée au niveau du foie, le bout inférieur du rectum nettement et transversalement coupé ; les artères rénales sont divisées aux 2/3 de leur trajet.

A la partie moyenne du diaphragme existe une large ouverture, à bords irréguliers, par laquelle on pénètre dans le péricarde. A sa partie postérieure se trouve l'œsophage, nettement divisé à 0,02 centimètres environ au dessus du cardia. Le cœur est enlevé. Les deux poumons sont fortement adhérents ; leur tissu, crépitant, d'un brun-rougeâtre dans toute leur étendue, renferme une très-grande quantité de sang. Trachée et bronches brunâtres et vides. Voile du palais assez fortement injecté, ainsi que la base de la langue. Cet organe est recouvert, à sa partie moyenne et antérieure, d'un enduit jaunâtre assez épais. La poitrine et le crâne n'offrent aucune trace de lésion ; dure-mère fortement injectée ; vaisseaux de la pie-mère gorgés de sang ; cerveau et cervelet fortement sablés et un peu ramollis.

Le tube digestif, la rate, le pancréas, un des reins, ont été trouvés dans la fosse même ; le foie, le cœur et l'autre rein dans le champ où avaient été déposées les matières de la fosse.

Le tube digestif est divisé en deux portions, comprenant, l'une l'estomac et le duodénum, l'autre le reste des intestins. L'*estomac* est vide, ni perforé, ni ulcéré ; sa muqueuse ramollie dans la portion cardiaque, rougeâtre uniformément, avec quelques arborisations ; le reste est brunâtre, moins ramolli. Les *intestins*, colorés en jaune-brunâtre à l'extérieur, offrent six taches noires vers la fin de l'iléum, et renferment une assez grande quantité de matières jaunâtres, qui ont été recueillies et mises à part. La muqueuse est jaunâtre ou brunâtre dans les 2/3 supérieurs ; vers le 1/3 inférieur, aux points qui correspondent aux taches noires, léger pointillé noirâtre, sous forme de disques ronds ou elliptiques, de 4 ou 5 centimètres de diamètre. Ces traces de follicules agminés existent sans hypertrophie de ces organes, sans épaississement, sans rougeur de la muqueuse. Dans les derniers 0,18 centimètres, on distingue quelques petits follicules blancs, à peine saillants, sans injection de la muqueuse, et quatre petites empreintes, arrondies, grisâtres, de 0,01 centimètre de diamètre. Très-légère rougeur de la valvule iléo-cœcale ; deux petites taches noires dans le colon ; rien de particulier dans le rectum, le duodénum, le mésentère.

Le cœur, le foie, la rate, les reins, ramollis, putréfiés, n'offrent rien de particulier, si ce n'est une ou plusieurs incisions à leur face interne, parfaitement régulières, de

0,02 à 0,005 d'étendue en longueur, et plus ou moins
profondes. Les vaisseaux qui en partent ou s'y rendent
sont nettement incisés.

Sont déposés, dans autant de vases distincts, fermés,
cachetés et scellés : 1° les matières intestinales ; 2° l'estomac et les intestins ; 3° le foie, la rate, le pancréas ; 4° le
cœur, les reins.

Conclusions.—Ces objets ayant été analysés et les résultats étant négatifs, les experts concluent : 1° que Glœckler
a succombé à une fièvre thyphoïde, quoique les caractères
anatomiques n'aient pas le développement qu'ils ont à cette
époque de la maladie ; 2° qu'il n'existe aucun caractère
indiquant que la blessure du ventre ait été faite pendant
la vie ; 3° que cette blessure a été faite par un instrument
tranchant ; 4° que les organes ont été extraits par cette
blessure, détachés à l'aide d'un instrument tranchant, et
avec beaucoup d'habileté ; 5° que ces organes appartiennent à Glœckler, car il existe une parfaite concordance
entre leurs incisions et celles des parties du corps dont ils
sont extraits.

Strasbourg , 30 novembre 1845.

II. — RAPPORT ANALYTIQUE.—Après s'être assurés de la
pureté des réactifs, les experts de Strasbourg procèdent à
la recherche des poisons inorganiques et organiques :

1° *Les matières de l'estomac* sont liquides, troubles, jau-
ne-verdâtres, mêlées à des grumeaux. Au fond du vase
existe un grain de sable qui, au chalumeau, se comporte
comme les matières siliceuses. Une partie de ces matières
est réservée, l'autre soumise aux procédés du chlore et de
l'incinération par l'azotate de potasse. 1° On fait passer à
travers un courant de chlore, pendant plusieurs heures, on
chauffe pour dégager le chlore, on filtre, on lave le résidu
à l'eau distillée, aiguisée d'acide chlorhydrique. Les liqueurs
réunies, concentrées, ne donnent aucune réaction caractéristique *par l'hydrogène sulfuré et à l'appareil de Marsh ;* éva-

22

porées à siccité et incinérées, elles laissent des cendres composées de sels calcaires et terreux propres aux matières organiques. 2° les parties solides sont dissoutes à chaud dans l'acide azotique, filtrées, saturées par le carbonate de soude, mêlées à du nitrate potassique, desséchées, puis projetées par portions sur du nitre en fusion. Le résidu salin, repris par l'eau, traité par l'acide sulfurique, est évaporé de manière à chasser complétement les acides azotique et hypo-azotique; le produit dissout dans l'eau ne donne pas de précipité *par l'hydrogène sulfuré*, ni d'arsenic d'antimoine *à l'appareil de Marsh.*

Pour *la recherche des poisons organiques*, ils traitent les matières par l'acide sulfurique, qui ne dégage aucune odeur d'acide cyanhydrique, les font bouillir dans l'alcool aiguisé d'acide chlorhydrique, filtrent, concentrent au bain-marie, neutralisent par l'ammoniaque, et obtiennent un dépôt composé de sels calcaires; l'alcool qui a servi aux lavages, réuni aux liquides, neutralisé par l'ammoniaque et évaporé au bain-marie, laisse un extrait qui offre une saveur salée, piquante, sans traces d'amertume, d'àcreté.

2° *Examen de l'estomac, du duodénum.*—La moitié de ces organes a été réservée, l'autre consacrée aux mêmes expériences que les matières de l'estomac, c'est-à-dire au traitement par le chlore et par le nitre, a donné les mêmes résultats négatifs. Il en a été de même *avec les intestins, le foie, la rate, les reins, le cœur.*

Conclusions.— *Les matières contenues dans le tube digestif de Glœckler, l'estomac, les intestins, le foie, la rate, les reins, le cœur*, ne présentent aucune trace d'arsenic ou de toute autre substance vénéneuse.

III. — RAPPORT DE CONTRE-EXPERTISE.—Nous soussignés A. Devergie, J. Chevallier, C. Flandin, sur l'invitation de M. Lacaille, juge d'instruction près le tribunal civil de première instance de la Seine, nous sommes rendus en son cabinet, où il nous a été donné connaissance d'une ordonnance de M. Kern, juge d'instruction du tribunal de Strasbourg, en vertu de laquelle nous étions désignés pour procéder à l'analyse chimique des restes du sieur Glœckler, présumé mort des suites d'un empoisonnement. Après avoir accepté la mission qui nous était confiée, et prêté serment de la remplir en honneur et conscience, il nous a été remis par M. le juge d'instruction Lacaille, et par M. le greffier en chef du tribunal : 1° une caisse scellée et adressée à M. le procureur du roi de la Seine, par M. le juge d'instruction de l'arrondissement de Strasbourg; 2° diverses pièces ou rapports relatifs à l'affaire Glœckler.

Transportée dans le laboratoire de l'un de nous (M. Flandin), la caisse, après nouvelle constatation des scellés, a été ouverte, et l'on en a retiré successivement huit vases, tous scellés du sceau de M. le juge d'instruction de Strasbourg, et portant les suscriptions suivantes, répétées dans la commission rogatoire : vases de terre n° 1, portion de matières contenues dans le tube digestif; — n° 2, portion des intestins ; — n° 3, portion de foie, rate, reins et cœur; — n° 4, moelle épinière et portion du cerveau ; — n° 5, poumons et trachée-artère ; — n° 6, portion de fémur et de l'humérus avec la peau et la chair musculaire et une portion des muscles du dos; — n° 7, terre adhérente à la bière. Le huitième et dernier vase était un flacon renfermant un échantillon de l'alcool employé pour conserver les matières. Immédiatement tous ces vases ont été renfermés dans une pièce attenante au laboratoire, et la clef de cette pièce a été laissée à la responsabilité de l'un de nous. Lecture faite des rapports qui nous avaient été transmis, il nous a paru que tout d'abord nous devions, sur les restes de Glœckler, nous livrer à la recherche de l'arsenic; en conséquence, et en vue de cette recherche, un essai préalable a été fait de tous les réactifs à employer dans nos analyses.

Essai des réactifs.—Dans 8 flacons neufs et bien lavés,

ils déposent séparément de l'acide sulfurique, azotique, chlorhydrique préalablement purifiés, du zinc en disques, et 10 litres d'eau distillée, prélèvent sur chaque flacon une certaine quantité de ces réactifs pour s'assurer s'ils ne contiennent pas d'arsenic (voyez page 279 et tome 1er, page 357), et les mettent ensuite sous clef.

Analyses chimiques.

1° *Alcool d'échantillon.* — La quantité peut être évaluée à un quart de litre. Il a été évaporé a siccité en contact du bicarbonate de potasse cristallisé, déjà anciennement éprouvé et reconnu pur ; le résidu, repris par l'eau à chaud et filtré. Le liquide, qui était limpide, alcalin, transformé en sulfate par l'acide sulfurique et introduit dans l'appareil de Marsh, monté d'après les indications données par l'Institut, aucun dépôt ne s'est formé dans le tube à condensation.

2° *Analyse du foie.* — 250 grammes, divisés en petits fragments, sont carbonisés par 83 grammes d'acide sulfurique. Le charbon, sec et friable, est pulvérisé dans la capsule même, humecté d'eau distillée, arrosé d'acide chloroazotique, desséché à l'aide de la chaleur, et enfin repris à plusieurs reprises par l'eau distillée bouillante. Le liquide, filtré, est limpide, d'une transparence parfaite. Réduit à 60 centimètres cubes et introduit dans un appareil de Marsh (procédé de l'Institut), fonctionnant à blanc depuis plus de 20 minutes, presque immédiatement il se forma une auréole en partie jaune, en partie rouge, en partie brillante, dans le tube condenseur, à 27 millimètres environ de la partie chauffée, et, au bout de 1/4 d'heure, un anneau dense, long de plus de 50 millimètres, dont la partie antérieure offrait l'aspect miroitant d'arsenic métallique ; la moyenne, celui du sulfure rouge (réalgar) ; la plus rapprochée des charbons, la couleur du sulfure jaune (*orpiment*). Après une demi-heure l'anneau n'augmentant plus, on retire le feu, on coupe, à la lime, la portion du tube qui le renferme, et on le pèse à la balance ; la tare faite, on dissout l'anneau au bain-marie dans quelques gouttes d'acide chloro-azotique. Le soluté, évaporé au bain de sable, dans une petite capsule de porcelaine, laisse, au fond, une série d'auréoles blanches, déliquescentes à l'air (acide arsénique). Le résidu, repris par l'eau froide, s'y dissout immédiatement ; le soluté, divisé en plusieurs parties, donne les résultats suivants :

a. La plus forte portion, introduite dans un petit appareil de Marsh (procédé de l'Institut), préalablement essayé à blanc pendant 15 minutes, donne, *aussitôt*, dans le tube condenseur, un anneau d'arsenic métallique, bien miroitant, d'environ 20 millimètres de longueur, que nous remettons à M. le juge d'instruction, comme pièce à conviction, sous le n° 1.

b. Une autre portion est employée à recueillir des taches d'arsenic, dont nous transmettons un échantillon dans une capsule de porcelaine, sous le n° 2.

3° *Analyse des intestins.*—La portion d'intestins soumise à notre examen pesait 300 grammes ; après évaporation préalable de l'alcool, faite à part, elle a été carbonisée par 75 grammes d'acide sulfurique, selon la méthode déjà suivie ; le liquide, qui était limpide, transparent, presque incolore, introduit dans un appareil de Marsh (procédé de l'Institut), préalablement essayé, donne, au bout de quelques instants, dans le tube condenseur, à 27 millimètres environ du foyer, un petit dépôt de couleur jaune, rappelant l'aspect du sulfure d'arsenic, sur lequel on a constaté les réactions suivantes :

a. Exposé dans le tube même au-dessus d'un flacon de chlore liquide, *il se décolore rapidement ;* placé ensuite au-dessus d'un flacon d'hydrogène sulfuré liquide, *il reprend soudainement sa couleur jaune ; il se dissout et se décolore* dans l'eau légèrement ammoniacale ; l'eau ammoniacale, évaporée à un feu doux, sur un bain de sable, *la coloration jaune a reparu,* ainsi que le montre la capsule de porcelaine inscrite sous le n° 4.

b. Un second lavage du tube avec l'eau ammoniacale nous a permis de reproduire la même réaction ; le sulfure jaune, dissous dans l'acide chloro-azotique, a donné, après évaporation, une auréole blanche (acide arsénique), qui, touchée avec le nitrate d'argent, a pris la coloration rouge brique, bien caractéristique de l'arséniate de cette base.

4° *Analyse des matières contenues dans l'intestin.*—En raison de l'alcool dont ces matières avaient été imprégnées, dans le but de les préserver de la putréfaction, nous n'avons pu savoir rigoureusement quelle en était la quantité ; toutefois, après évaporation du liquide, cette quantité ne pouvait être évaluée à plus de 10 grammes. Le résidu a été carbonisé par quelques gouttes d'acide sulfurique ; le produit donne, à l'appareil de Marsh, un petit anneau jaune qui offre absolument les mêmes réactions *par le chlore, l'hydrogène sulfuré, l'ammoniaque, le nitrate d'argent,* que l'anneau fourni par les intestins.

5° *Analyse des poumons.* — Un seul , du poids de 475 grammes, a été carbonisé, selon la méthode indiquée, par 120 grammes d'acide sulfurique ; le charbon, sec et friable, a été broyé avec soin, puis repris *simplement,* mais à diverses reprises, par l'eau distillée bouillante ; le liquide, filtré et concentré, introduit dans un appareil de Marsh (procédé de l'Institut), préalablement essayé, etc., donne un dépôt mince mais très-appréciable , et semblable , par l'aspect, au sulfure jaune d'arsenic.

Le charbon humide est repris par l'acide chloro-azotique, desséché, puis lavé ; le nouveau liquide, convenablement concentré, introduit dans le même appareil de Marsh, amène, dans le même tube condenseur, un second anneau, qui, ajouté au précédent, le rend plus apparent ; ce double anneau, traité, comme il est dit ci-dessus, *par le chlore, l'hydrogène sulfuré, l'eau ammoniacale, l'acide chloroazotique, l'azotate d'argent,* a offert les mêmes réactions. Une portion de sulfure, obtenu par l'évaporation d'une portion d'eau ammoniacale, est conservée parmi les pièces à conviction, sous le n° 5.

6° *Analyse des terres.*— 100 grammes pris au contact de la bière du sieur Glœckler, préalablement tamisés, sont arrosés d'eau alcaline (25 grammes de potasse à l'alcool, dissoute dans un litre environ d'eau distillée) et mis à macérer pendant quarante heures; puis on fait bouillir et on évapore à siccité; le résidu est repris par plusieurs lavages à l'eau distillée bouillante; les liqueurs, filtrées, sont évaporées à sec, et le résidu carbonisé par l'acide sulfurique. Le charbon, traité par l'eau, donne un liquide incolore, transparent, qui, introduit dans un appareil de Marsh monté comme les précédents et préalablement essayé, a fourni un anneau d'arsenic, miroitant, que nous avons cru devoir joindre aux pièces à conviction, sous le n° 6.

Après ce traitement par la potasse, les terres encore humides sont reprises par l'acide azotique, auquel, après un certain temps d'évaporation sur le feu, on ajoute quelques grammes d'acide chlorhydrique. On évapore de nouveau jusqu'à consistance de bouillie épaisse, et on reprend par l'eau. La liqueur, filtrée, évaporée, laisse un résidu blanc, qui est traité par l'acide sulfurique, en quantité suffisante pour décomposer les nitrates, les chlorures ; puis, au lieu d'être soumise à l'appareil de Marsh, est précipitée directement par l'hydrogène sulfuré, et fournit encore de l'arsenic.

7° *Contre-épreuve à blanc.*—250 grammes de foie d'un bœuf, divisé en petits fragments, carbonisé par 85 grammes d'acide sulfurique et soumis à l'appareil de Marsh, absolument dans les mêmes conditions que les opérations exécutées sur le foie de Glœckler, n'a pas donné d'arsenic, même après 3/4 d'heure.

Conclusions.—1º le foie de Glœckler contient de l'arsenic en quantité notable et appréciable à la balance. 2º les matières contenues dans l'intestin en renferment, mais en proportion également faible. 3º il en existe dans la portion d'intestin sur laquelle a porté l'analyse, ainsi que dans les poumons. 4º les terres prises près du cercueil dudit Glœckler en recèlent des quantités pondérables.

Nous renvoyons à M. le juge d'instruction de Strasbourg, par l'intermédiaire de son collègue près le tribunal de première instance de la Seine :

1º Les matières non employées dans nos opérations;

2º Un échantillon de tous les réactifs qui ont servi aux analyses; savoir : les acides sulfurique, chloro-azotique, l'eau distillée, dans autant de flacons séparés, et un paquet de zinc;

3º Dans une caisse séparée, les pièces à conviction sous les n^{os} I, II, III, IV, V, VI, avec indication de leur provenance.

CHEVALLIER, FLANDIN, DEVERGIE.

Paris, 17 février 1846.

A l'audience du 26 juin 1846, les experts de Strasbourg et de Paris ayant été entendus, et la conviction des premiers sur l'absence de l'arsenic dans le corps de Glœckler paraissant fortement ébranlée, l'un des jurés demanda une contre-expertise par tous les experts réunis. Sur cette demande, ils sont invités à prêter serment, et remise leur est faite des restants des organes de Glœckler, de l'alcool dans lequel ils avaient été conservés. Ils se rendent dans le laboratoire de la Faculté de Strasbourg, carbonisent par l'acide sulfurique, d'abord à blanc, 250 grammes de foie d'un veau, qui donne des résultats négatifs. Les autres expériences, exécutées séparément sur les restes de Glœckler, ainsi que sur l'alcool, fournirent des résultats positifs. Une partie d'arsenic fut soumise aux réactions propres à le caractériser, le reste conservé pour être présenté à la cour. Le rapport fut rédigé et signé par les six experts. Ils se rendirent ensuite devant la cour, où M. Devergie, au nom de tous, déclara que les expériences confirmaient pleinement les résultats obtenus à Paris. M. Chevallier fit passer à M. le président et au jury les pièces à conviction, et chacun des experts, interpellé, déclara adhérer aux conclusions du rapport fait en commun.

L'affaire Glœckler est digne de méditation sous le point de vue du diagnostic, des lésions, des circonstances dans lesquelles le crime s'est accompli, de l'habileté avec laquelle l'incision abdominale a été faite, les organes ont été enlevés du lieu où on les a trouvés. (Les femmes, à Strasbourg, ont l'habitude d'enlever le foie des oies pour les pâtés.) Sous le rapport chimique, les experts, d'ailleurs très-habiles, obtiennent des résultats négatifs par deux procédés préférés par M. Orfila; bien certainement il n'y aurait pas eu de contre-expertise, s'ils eussent employé la carbonisation par l'acide sulfurique; aussi, surtout dans les cas difficiles, il importe de varier les expériences.

Assises de la Côte-d'or. — *Arsenic.*

Rapport d'autopsie.—La femme D., phthisique, offre, du 6 au 13 avril 1834, les symptômes d'une gastro-entérite peu grave. Dans la nuit elle est prise de vomissements violents, de douleurs d'estomac, vives, brûlantes; figure crispée; ventre tendu, ballonné; bras droit et cuisses paralysés. Le lendemain, aggravation de symptômes, mort le 15. Le médecin, frappé de la dernière phase de la maladie et d'autres circonstances, conçoit des soupçons d'empoisonnement et en fait part au maire : une instruction a lieu contre le mari. A *l'autopsie*, 23 avril : poumons fortement adhérents, remplis de tubercules miliaires et de sang noir; 7 à 8 cuillerées d'un liquide visqueux dans l'estomac, dont la muqueuse, excepté dans la région pylorique, est rouge dans toute son étendue, uniformément, sans plaques, ni ramollissement, ni ulcérations; même rougeur, générale dans les gros et petits intestins; foie volumineux, gorgé de sang; un calcul pisiforme dans l'un des bassinets.

Conclusions.— La mort peut dépendre simplement des lésions inflammatoires du tube intestinal, mais comme elles ne rendent pas compte de la paralysie du bras et des deux cuisses sans perte de l'intelligence et des sens, il est nécessaire d'analyser les organes, d'y rechercher un poison narcotico-âcre, de ceux qui enflamment le tube intestinal sans produire la paralysie des membres abdominaux (*belladone, datura, digitale, ciguë, laurier-cerise, aconit, coque du levant, noix vomique,* etc.)

La désignation de la substance toxique à rechercher n'est pas heureuse, car toutes celles qui *sont indiquées* troublent l'intelligence, les sens, ou donnent lieu à des symptômes convulsifs ou tétaniques, et n'irritent pas toujours le tube intestinal; tandis que l'arsenic et autres poisons minéraux peuvent déterminer des paralysies partielles, même de la moitié du corps (page 259), sans troubler le cerveau, les sens. On ne doit donc indiquer le genre de recherches à faire que lorsque les symptômes, les lésions offrent quelque chose *de spécial à certains poisons.*

RAPPORT D'ANALYSE.— Les experts font bouillir l'estomac dans l'eau acidulée par l'acide chlorhydrique, filtrent, concentrent les liqueurs, précipitent la matière organique par l'alcool, chassent celui-ci, et les soumettent à un courant de gaz sulfhydrique et autres réactifs, pour déceler les poisons minéraux et végétaux. Ayant obtenu des résultats négatifs, ils traitent *les intestins* par le même procédé, et obtiennent du sulfure d'arsenic, qu'ils transforment, par l'acide azotique, en acide arsénique, lequel donne à l'appareil de Marsh des taches arsénicales. Comme elles sont peu nombreuses, ils traitent *tous les viscères* par la méthode de M. Malaguti, comme étant la plus délicate ; seulement, au lieu de précipiter le produit de la distillation par le gaz sulfhydrique, ils le saturent par la potasse, transforment le chlorure et le nitrate de cette base en sulfate acide, qu'ils soumettent à l'appareil de Marsh, et obtiennent des taches arsénicales ; ils en retirent aussi de l'une *des taches des linges* (drap, chemise, camisole), et n'en retirent pas *des urines*. Ils constatent que *les taches* sont volatiles à la flamme du gaz hydrogène, se dissolvent dans le chlorure de soude, l'acide azotique, disparaissent par le chlore et réapparaissent jaunes par l'acide sulfhydrique, mais oublient la réaction par l'azotate d'argent. — *Conclusions.* Les réactifs, provenant de la maison Pelletier, nous étant d'ailleurs assurés de leur pureté, *les taches des linges, les intestins, les viscères de la femme* D. contiennent de l'arsenic.

RAPPORT DE CONTRE-EXPERTISE. — Le 9 septembre, MM. Chevallier, Bussy et Reveil sont chargés : 1° *de procéder à l'analyse des restants du cadavre* D. ; 2° *de prendre connaissance des rapports ;* 3° *de dire si les experts ont procédé selon les prescriptions de la science ;* 4° *si les expériences chimiques ont été bien conduites, les conclusions régulièrement tirées.*

1° Les taches des vêtements précités n'offrent aucune trace de corps cristallin, comme l'avaient observé les experts ; l'une d'elles, bouillie dans l'eau, puis carbonisée par l'acide sulfurique, et les deux produits soumis séparément à l'appareil de Marsh, ils obtiennent, du dernier, *des pseudotaches*, qu'ils ne peuvent caractériser.

2° *Restes du cadavre.* Renfermés dans un fût neuf, ils consistent en tronc, tête, bras et jambes, recouverts d'une liqueur sanieuse, qui s'est écoulée sur la table et a été recueillie; il y avait en outre les débris du linceul et un bon net. Tous les viscères internes ayant été enlevés, on a été forcé d'agir sur les matières suivantes : — 200 *grammes de parties musculaires,—200 grammes de liquide trouvé dans la cavité thoracique , — le résidu du liquide sanieux et de l'eau des lavages*, provenant des débris du suaire, d'une chemise, d'un bonnet, imprégnés de cette sanie, carbonisés, *séparément*, par l'acide sulfurique, etc., ne donnent à l'appareil de Marsh ni anneau, ni taches, ne changent pas l'aspect de la flamme.

3° *Les liqueurs* obtenues par le procédé Malaguti des divers viscères, et *réservées par les experts*, soumises à un courant de gaz sulfhydrique pendant 12 heures, donnent un précipité jaune rougeâtre, qui, dissout dans l'acide azotique, puis évaporé à siccité, repris par l'eau, et soumis à l'appareil de Marsh, fournit 36 *taches arsénicales caractéristiques*.

4° *Terre du cimetière*. 500 grammes, pris dans la fosse, mélés à 150 grammes d'acide sulfurique, évaporés à siccité, repris par l'eau, donnent des taches à l'appareil de Marsh ; mémes résultats avec 500 grammes de terre prise à plusieurs mètres de la fosse.

L'absence de l'arsenic par le procédé de carbonisation par l'acide sulfurique, sa présence par le procédé de Malaguti dans les liqueurs réservées, engagent les experts à agir sur les matières suivantes par le dernier procédé.

5° *Le tonneau ou fût* est lavé à l'eau chlorée, de manière à entraîner les matières sanieuses ; 2 litres de cette liqueur sont évaporés en consistance d'extrait, au bain de sable, dans une cornue ; *l'extrait et le produit* traités par la méthode Malaguti , telle qu'elle est indiquée page 53, ne donnèrent ni taches, ni anneau à l'appareil de Marsh.

6° *Le résidu de l'eau des lavages* du suaire et autres linges renfermés dans le tonneau, dissous dans l'eau régale et soumis au procédé Malaguti , donna 55 *taches arsénicales*.

7° *200 grammes de muscles de la partie externe de la cuisse droite, avec quelques lambeaux de peau et du tissu cellulaire,* dissous aussi dans l'eau régale, et soumis au même procédé, fournirent, par l'acide sulfhydrique, après deux jours de repos, du sulfure jaune rougeâtre d'arsenic et 7 *taches arsénicales.*

Les *taches* obtenues sont volatiles à la flamme du gaz hydrogène, se dissolvent dans l'acide azotique ; le soluté, évaporé à siccité, passe au rouge-brique par l'azotate d'argent. Ces caractères paraissent suffisants aux experts pour affirmer qu'elles sont arsénicales.

8° *400 grammes de muscles profonds de la cuisse droite,* pris au-dessous de ceux qui ont donné de l'arsenic, carbonisés par 80 grammes d'acide sulfurique, etc., ne donnèrent pas d'arsenic à l'appareil de Marsh, même avec l'appendice de MM. Flandin et Danger (tome I, page 345), moyen que les experts considèrent comme le plus délicat. L'expérience eût été plus comparative par le procédé Malaguti.

Conclusions.—Ils blâment les premiers experts : 1° de ne pas avoir caractérisé le point blanc trouvé sur la muqueuse gastrique, les parcelles métalliques trouvées dans les intestins, ainsi que les cristaux des taches des linges ; 2° d'avoir agi sur tous les viscères, négligé la réaction des taches par l'azotate d'argent. 3° les procédés Braconnot et Malaguti ont été bien exécutés. 4° le rapport ne contient pas les détails nécessaires pour en justifier les conclusions ; 5° la terre, qui était arsénicale, imprégnant d'une manière notable les linges de la femme D., par conséquent les restes du cadavre, ne nous permet pas d'affirmer que l'arsenic, retiré seulement des muscles superficiels, des eaux de lavages du suaire, etc., soit nécessairement le résultat d'un empoisonnement.

Les experts de Paris sont appelés à déposer aux assises de Dijon. Pendant les débats, l'un d'eux, frappé de l'aspect des taches obtenues par les experts de la Côte-d'Or, qui lui parurent antimoniales, en fit part à ses confrères. La cour en ordonna l'analyse par tous les experts réunis. Il fut prouvé, de l'aveu de tous, qu'elles étaient antimoniales. L'avocat général abandonna l'accusation. Acquittement.

Chez une femme empoisonnée par l'arsenic (page 287), à laquelle on avait administré de l'émétique, M. Chevallier obtint des taches qui se volatilisaient par la chaleur avec odeur alliacée, se dissolvaient dans l'hypochlorite de soude, mais donnaient une réaction si faible par l'azotate d'argent, qu'il soupçonna qu'elles étaient arsénicales et antimoniales : en effet, en faisant passer le gaz dans un tube contenant de l'amiante, chauffé à la lampe à alcool, et traitant ensuite l'amiante par l'acide chlorhydrique, celui-ci, évaporé à siccité, laissa un résidu qui offrit les réactions de l'antimoine.

Aux ASSISES DE LA CHARENTE-INFÉRIEURE (*affaire Guyonnet*, 1847), ainsi qu'aux ASSISES DE BEAUVAIS (*affaire Desjardins*, 1850).—Les premiers experts n'ayant pas retiré d'arsenic des organes, et ceux de Paris en ayant obtenu, une troisième expertise par tous les experts réunis confirma les résultats obtenus à Paris, et qu'il y avait empoisonnement.

Aux ASSISES DE.... (*Annales d'hygiène et de médecine légale*, 1849), un enfant est soupçonné d'être empoisonné par son père. Les premiers experts obtiennent des taches arsénicales. MM. Chevallier, Lassaigne et Lesueur n'en retirent pas des organes par le même procédé, ni par la carbonisation par l'acide sulfurique, et en obtiennent au contraire du produit des opérations des premiers experts. L'exhumation des restes de l'enfant vint confirmer le résultat des experts de Paris, et que l'arsenic trouvé était un accident de laboratoire.

Les empoisonnements arsénicaux, surtout dans le midi, sont très-fréquents depuis quelques années ; plusieurs même ont présenté des circonstances dignes d'être notées ; malheureusement elles ne sont qu'énoncées dans les journaux.

ASSISES DE L'HÉRAULT (*Annales d'hygiène et de médecine lég.*, 1846).—Dans l'*affaire Malaret*, digne de figurer à côté de celles *de Laffarge, de Lacoste* (tome Ier), MM. les docteurs Mandeville et Carrère, Audouard et Bernard, pharmaciens, ont retiré l'arsenic *du foie, de l'estomac, des intestins, des poumons, du cœur, des muscles psoas et iliaque, des reins, de la vessie,* après 14 mois d'inhumation, par le procédé de carbonisation par l'acide sulfurique, en vase clos , comme le pratiquent MM. les professeurs Bérard et Gay, de Montpellier (page 60). La bière était bien close, et la terre du cimetière non arsénicale. Ils trouvèrent dans l'estomac et autres organes une foule de *petites granulations*, adhérentes ou libres, d'un blanc grisâtre, formées d'albumine et de matière grasse, déjà signalées par Barruel, Orfila, Christison. Elles s'écrasaient sous les doigts, graissaient le papier ; sur un fer chaud, elles se boursouflaient, répandaient l'odeur de matière animale brûlée, laissaient une matière charbonneuse ; se dissolvaient dans l'eau bouillante, qu'elles rendaient laiteuse, l'acide azotique, et les liqueurs ne précipitaient pas par l'acide sulfhydrique, ne donnaient pas d'arsenic à l'appareil de Marsh. Dans un supplément d'analyse, ils retirèrent, par l'acide sulfurique, de l'arsenic de la terre, prise à 12, 24, 36 centimètres de profondeur, au-dessous de la fenétre par où avaient été jetées les déjections du sieur Malaret. La même quantité de terre, prise à 6 mètres de distance, n'en donna que des traces. Ils en obtinrent aussi du pavé du côté droit du lit où Malaret avait vomi, quoiqu'il eût été lavé à la potasse. Le pavé de la chambre voisine n'en donna pas.

ASSISES DE VAUCLUSE (*Gazette des trib.*, 1854). —MM. les professeurs Bérard, Gay, Brousse, retirèrent de l'arsenic de l'estomac, des intestins, du foie de la femme Roche, ainsi que des excréments d'un chat, des matières des vomissements d'un chien, qui avaient mangé des aliments arsénicaux destinés à la victime. Ces résultats concordant avec les symptômes, les lésions, les experts conclurent à l'empoisonnement.

Assises de la Côte-d'Or (10 décembre 1854, *Gazette des trib.*). — Le sieur Ginot fut convaincu de 10 tentatives d'empoisonnement sur sa femme. L'expertise décela l'arsenic dans les raclures prises devant le lit, les cendres du foyer de la chambre, les déjections recouvertes de cendres et recueillies en face de la porte, sur des fragments de papier imprégné de poudre blanche. La femme a survécu. Les débats ont révélé des détails horribles. Condamnation à mort.

Assises de l'Aveyron (*Gazette des trib.*, 1855). — Une femme empoisonne son mari, malade depuis quelque temps. MM. Rozier et Auzouy trouvent une perforation de l'estomac, à bords taillés à pic, offrant le diamètre d'une pièce de 2 francs. Ils déclarent que cette perforation peut être spontanée ou dépendre d'un empoisonnement. L'analyse démontra l'arsenic dans l'estomac, le foie. M. le professeur Berard, de Montpellier, déclara, à l'audience, que la personne était morte empoisonnée. Travaux forcés à perpétuité.—Aux assises de Tarn (même journal), un homme a saupoudré des artichauts avec des pilules asiatiques (arsénicales) en poudre. 5 personnes et un chien ont été gravement indisposés. Au moment où nous écrivons ceci, un jeune homme de 18 ans est accusé d'avoir empoisonné 8 personnes (*assises de Périgueux*).

Assises de Dieuze.—Le docteur Ancelon et M. Paucher, pharmacien, chargés d'analyser *deux carpes* provenant de l'étang de Morhyl, pour savoir si elles étaient mortes empoisonnées, la nature du poison, trouvèrent le tube intestinal pâle, vide, sans traces d'inflammation, les branchies d'un rouge vif, les autres organes sains. L'analyse n'ayant pas donné des traces de poison végétal et minéral, ils empoisonnèrent des carpes avec *la coque du levant, la noix vomique;* l'effet se manifesta au bout de 2 heures par des mouvements désordonnés, de la stupeur, la cécité et la mort en 15, 24 heures. Le corps et les écailles étaient décolorés, les branchies très-rouges, le cœur gorgé de sang très-foncé, le tube digestif enflammé dans toute son étendue, rempli d'un liquide sanguinolent : avec *la noix vomique*, la carpe prenait une position verticale, sa queue était paralysée, sa nageoire dorsale d'une sensibilité extrême.

Conclusions.—En l'absence des lésions, de poison, et la mortalité des carpes s'étant montrée en d'autres endroits, ils attribuent la mort à des circonstances atmosphériques, à l'élévation de température qui a régné en mai 1848.

VII.—Falsification des matières alimentaires.

A la suite de l'empoisonnement par les aliments, les boissons, les condiments, nous avons consacré un appendice à leurs falsifications et donné le moyen de les reconnaître (tome II). Ce sujet appartient à la fois à l'hygiène et à la toxicologie. Les analyses doivent être comparatives avec des matières de même nature non falsifiées. Dans quelques cas, comme l'a fait M. Chevallier, il est bon de recourir aux lumières des hommes de la profession (boulangers, dégustateurs de vin, etc.) Il importe aussi de s'assurer si l'altération ne provient pas des vases dans lesquels elles ont été préparées ou conservées, de leur mauvaise préparation, des influences atmosphériques générales ou locales, etc. Nous donnerons seulement l'analyse succincte de quelques rapports, afin de tracer la marche à suivre dans des cas analogues.

CAFÉ FALSIFIÉ.

M. Chevallier, chargé de vérifier *la nature d'une substance vendue pour du café, d'indiquer les inconvénients qu'il pourrait en résulter pour la santé*, procéda comme il suit.

Le paquet portant étiquette : « *Échantillon de café en poudre,* » contient une poudre brune, ayant l'odeur très-faible de café, une saveur analogue à celle du blé, de l'orge ou du pain grillés ; elle humecte et brunit la salive, offre quelques grains qui ont la consistance et la saveur du café.

10 grammes *de café pur*, carbonisé et incinéré, répandent, en brûlant, l'odeur très-forte du café. Le charbon, qui est pulvérent, laisse 10 centigrammes de cendres, de couleur grise avec quelques points jaunâtres.

10 grammes *de café saisi*, carbonisé et incinéré, ne répandent pas, en brûlant, l'odeur du café. Le charbon, au lieu d'être en grains isolés, se prend en masse, laisse 20 centigrammes de cendres verdâtres avec quelques points blancs.

10 grammes *de café pur*, bouillis dans de l'eau pendant 5 minutes et filtré, donnent un décocté qui ne bleuit pas par l'eau iodée ; pendant l'ébullition il se dépose sur les parois du vase une matière huileuse, volatile.—10 grammes *de café suspect,* soumis aux mêmes opérations, ne donnent pas de liquide huileux, et le décocté bleuit par l'iode.

67 grammes *du décocté de café pur*, évaporé, laissent 75 centigrammes d'extrait sec, d'un brun rougeâtre, sans pellicule. Le *décocté de 75 grammes de café saisi* s'évapore lentement, avec pellicule, laisse 1 gramme 90 centigrammes d'extrait brun-marron.

Le *café saisi*, jeté sur l'eau, tombe au fond assez promptement, mais ne colore pas ce liquide comme le café-chicorée.

D'autres recherches n'ont décelé aucune substance toxique minérale.

Conclusions.—1° La poudre saisie n'est pas du café ordinaire, n'en renferme qu'une petite quantité à la surface; 2° l'acheteur a été trompé, s'il l'a achetée comme café; 3° elle paraît être préparée avec des semences de graminées, mais comme elles sont broyées et torréfiées, il est impossible de les dénommer. 4° la poudre ne contient rien de nuisible à la santé (14 avril 1852, *Journal de chimie médicale*).

ALTÉRATION DES FARINES, 1853.

M. B., marchand de farine, est inculpé de la vente de denrées alimentaires corrompues. M. Chevallier, chargé de l'analyse des farines , *à l'effet de dire si elles contiennent des matières nuisibles à la santé, si elles sont propres à l'usage alimentaire*, en adressa des échantillons aux personnes suivantes :

1° *M. Durand*, inspecteur des halles, constata que le n° 3 avait un goût très-aigre, était de fabrication ancienne, avait éprouvé la fermentation, ne pouvait être employé sans inconvénient.

2° *M. Doisneau* répondit que la farine ne paraissait pas être fabriquée de l'année, qu'elle était sassée et ressassée, d'un goût détestable, donnait un pain qui ne pouvait être employé.

3° *M. Roland* constata qu'elle contenait 14 pour 0/0 de gluten humide, très-difficile à recueillir, ne marquant qu'un degré à son aleuromètre (tome II, page 658), n'offrant pas la moindre cohésion; le liquide des lavages était acide. Il croit que la farine est formée d'orge et de mauvais blé vieux, la déclare impropre à la panification, à l'alimentation.

4° *M. Chevallier* constate que la farine est d'un blanc jaunâtre, très-acide, donne une pâte qui ne s'étire pas, et

14 pour 0/0 de gluten humide, court, peu élastique, qui ne s'allonge pas, n'a pas la transparence de celui d'une bonne farine. Au microscope, il n'a trouvé ni maïs, ni farine des légumineuses par le procédé Donny : elle n'a donné aucune substance minérale toxique par le procédé de carbonisation par l'acide sulfurique, à l'appareil de Marsh, et l'incinération du charbon sulfurique. Il l'a comparée à de la farine Darblay n° 3.

Conclusions.—Les farines livrées par B. à T. sont altérées, avariées, fermentées, impropres à la panification, à l'alimentation; mais elles ne contiennent pas de substance minérale nuisible.

ACCIDENTS PRODUITS PAR LE PAIN MÊLÉ D'IVRAIE.

Par suite d'une commission rogatoire de M. Janisson, juge d'instruction près le tribunal de première instance de Belfort (Bas-Rhin), qui leur est transmise par M. Dieudonné, juge d'instruction près le tribunal civil de première instance de la Seine, MM. Chevallier et Bois de Loury, ayant à constater *si les accidents éprouvés par plusieurs familles et personnes, n'étaient pas dus à du pain, à de la farine de seigle contenant de l'ivraie*, procèdent comme il suit :

1° Examen de 68 pièces relatant les accidents éprouvés par les personnes. Toutes eurent des symptômes à peu près semblables : saveur âcre, persistante, coliques, douleurs abdominales, étourdissements ressemblant à l'ivresse, envie irrésistible de dormir, sommeil de quelques heures, brisement des membres, chez plusieurs, vomissements.

2° Ils rapportent ensuite les expériences et observations des auteurs, soit chez l'homme, soit chez les animaux, sur les effets du pain contenant de l'ivraie, et sur l'ivraie.

3° Recherchent si le pain, la farine ne contiennent pas de poison minéral, par le procédé de carbonisation par l'acide sulfurique, l'appareil de Marsh, et l'incinération du charbon sulfurique, etc. Résultat nul.

4° Examinent les diverses graines mélangées au seigle, notent celles qui déterminent des accidents , leur quantité relative.

5° Expérimentent sur des chiens à jeun depuis 24 heures , soit avec le pain ou la farine du seigle, soit avec l'extrait aqueux et alcoolique.

Comme ils n'obtinrent aucun effet et des résultats nuls dans ces trois dernières recherches, ils s'adressèrent à M. le juge d'instruction pour savoir si c'était bien le seigle qui avait servi à préparer le pain, déterminé les accidents, demandèrent qu'il leur fût envoyé des graines d'ivraie.

Après les avoir reçues et reconnu que c'était bien de l'ivraie, ils en mêlent 40 à 60 grammes pour 0/0 de farine pour la confection d'un gâteau, qui avait une saveur poivrée, peu âcre et amère. Donné à deux chiens à jeun dans du bouillon, 10 minutes après ils eurent des tremblements, des clignotements, éprouvèrent un besoin irrésistible de dormir, eurent un sommeil de 2 heures, après lequel tous les symptômes disparurent.

Conclusions.—Les accidents éprouvés par les personnes sont ceux que produit l'ivraie; le seigle et la farine, soumis à notre examen, ne renferment ni ivraie, ni aucun poison minéral.

ACCIDENTS PRODUITS PAR LE LAIT.

Dans l'arrondissement de Romorantin, après avoir pris à souper , du lait de trois vaches, dont l'une avait le pis malade, et trait dans un vase en bois, plusieurs personnes éprouvèrent des douleurs d'entrailles aiguës, du dévoiement, des vomissements, avec plénitude du pouls, agitation, soif, etc., symptômes qui furent plus intenses chez celles qui avaient le plus mangé de lait, et nuls chez celles qui n'en avaient pas pris. MM. Chevallier, Bayard,

Cottereau, eurent à résoudre : *si ces accidents ne dépendaient pas de l'altération du lait, de l'addition d'un poison; si les propriétés toxiques ne dépendaient pas de ce que les vaches avaient été piquées par une vipère ou un autre animal; si enfin elles n'avaient pas mangé de substances toxiques pour l'homme et inoffensives pour les vaches.* Voici comment ils ont procédé.

1° Les matières vomies par les personnes les plus malades, carbonisées par l'acide sulfurique, ne donnent rien à l'appareil de Marsh. Le charbon sulfurique incinéré, etc., ne fournit ni plomb, ni zinc. Une portion des matières est coagulée par la chaleur; la liqueur filtrée ne donne aucun résultat par l'hydrogène sulfuré, la pile de Smithson. Enfin une troisième portion est évaporée à siccité, traitée par l'alcool, filtrée de nouveau et évaporée. Le résidu, repris par l'eau acidulée d'acide acétique, ne présente pas de saveur amère, àcre.

2° L'opinion que les animaux piqués par une vipère peuvent fournir un lait nuisible n'est plus admise aujourd'hui, et plusieurs faits démontrent que le *lait* provenant d'animaux enragés n'est pas vénéneux. Les faits rapportés par Balthasar Timeus, que des personnes ayant pris du lait d'une vache enragée auraient contracté cette maladie, n'inspirent pas beaucoup de confiance (voyez page 252).

3° Plusieurs faits démontrent que le lait des vaches contracte l'odeur, la saveur, la couleur de certaines plantes, même les propriétés. Dans le Tennessée (Amérique septentrionale) il existe une plante qui communique des effets délétères au lait sans que les vaches en soient incommodées. Ils ignorent si le liquide de la tumeur du pis, ou le coopow, mêlé au lait, peut le rendre malfaisant.

Conclusions.— 1° Les vaches peuvent avoir mangé des plantes vénéneuses auxquelles seraient dus les accidents; 2° il n'est pas probable qu'un poison ait été ajouté au lait après coup, puisque, chez trois personnes, les accidents ne se sont manifestés que deux jours après; 3° les accidents pourraient aussi dépendre de la maladie dont l'une des vaches était atteinte (*Annales d'hyg. et de méd. lég.*, 1853).

VIII.—Des taches.

L'expert peut avoir à reconnaitre : 1° des taches d'acides, d'iode, de nitrate d'argent, de laudanum, de vin, etc., dont nous avons donné les caractères à chacun de ces poisons; 2° des taches de sang, de sperme, de divers mucus dans les cas de viol, de crime, etc.

TACHES DE SANG.

Caractères physiques. — Sur les objets imperméables (instruments de fer, cailloux, verre, bois vernissé, dur, papiers peints, etc.), elles sont d'un brun noirâtre, brillantes, saillantes, limitées, prennent la couleur d'acajou foncé et perdent leur brillant par le grattage, s'enlèvent par petites écailles quand on chauffe, et le corps reste net. Sur des objets bruns, noirs, bleus, foncés en couleur, elles ne sont quelquefois évidentes qu'à la lumière artificielle, comme l'ont constaté, dans un cas légal, Barruel et Ollivier d'Angers. Sur des matières perméables (tissus, pain, grès, bois poreux, etc.), les taches sont plus claires, non brillantes, pénètrent plus ou moins profondément, et avec les tissus de fil, de coton, elles apparaissent sur les deux faces, offrent une zóne moins foncée en couleur, à bords festonnés. Ces caractères cependant varient selon que la tache est faite avec du sang sortant de la veine ou en partie coagulé. Enfin, si l'instrument a éprouvé quelque frottement, elles sont en nappe, en stries et rougeâtres.

Lorsque la tache est sur du linge ou autre objet sécable, friable, on enlève la portion tachée avec des ciseaux, un canif, etc., on la suspend, à l'aide d'un fil, d'un cheveu, dans un peu d'eau distillée, contenue dans un tube de verre, de manière à ce qu'elle soit complétement immergée et distante du fond de 10 à 12 millimètres. Le linge se ramollit, la tache se sépare sous forme de linéaments qui gagnent le fond du vase, forment un dépôt rougeâtre plus ou moins foncé; le liquide au-dessus est incolore ; mêlé au dépôt, il prend la teinte rose plus ou moins foncée. Le linge reste couvert ou imprégné d'une matière glaireuse (fibrine) incolore, soluble dans la potasse. Le soluté précipite en blanc grisâtre par le chlore, l'acide chlorhydrique. Si l'objet était friable, on pourrait le renfermer, après l'avoir divisé, dans un petit nouet de linge, ou enlever la tache par le grattage s'il était imperméable, ou bien l'entourer d'un petit godet en cire et la mettre à macérer, dans tous les cas, dans de l'eau distillée, etc. *Le dépôt rose et le liquide*, qui contiennent l'*albumine et l'hématosine* du sang, sont soumis ensuite aux réactions chimiques, aux observations microscopiques suivantes :

Caractères microscopiques. — Le dépôt rougeâtre, provenant des taches, déposé entre deux lames de verre à l'aide d'une pipette, *offre*, à un grossissement de 600 diam. d'après M. Robin, deux sortes de globules, propres au sang. 1º *Les globules rouges* , plus nombreux , discoïdes , homogènes, à bords arrondis, sans noyaux , ni granulations, déprimés au centre, de 7 millimètres de diamètre, et de 1 millimètre d'épaisseur, composés d'une petite masse azotée (globuline), dans laquelle est uniformément infiltrée la matière colorante (hématosine); 2º *les globules blancs*, de 8 à 6 millimètres de diamètre, sphériques, à contours nets , incolores, transparents , d'aspect lisse-argenté-mat, uniformément granuleux. L'eau les gonfle d'abord, puis réunit les granules en un noyau central, qui se divise en 2 ou 3 amas granuleux. L'acide acétique les coagule aussi en un amas central, prenant ensuite la forme de fer à cheval. Les globules du pus, avec lesquels on peut les confondre, ont de 0,010, à 0,014 de diamètre et des granulations plus grosses, formées sans l'intervention des réactifs. Comme l'eau altère les globules, M. Robin met la tache à macérer dans un *soluté saturé de sulfate de soude*. Sur des taches de 8 à 12 ans, il a ainsi reconnu les globules à *leur couleur jaune-rougeâtre, leur forme, leur volume*, parmi les débris du linge, des parcelles organiques et inorganiques, des champignons qui se forment pendant la macération : ceux-ci sont sphériques, ovoïdes, incolores, de 0,003 à 0,007 de diamètre.

Caractères chimiques.— Le liquide mêlé au dépôt est d'un rouge plus ou moins foncé , filtre à travers le papier joseph sans perdre sa couleur. Chauffé dans le tube même, il se décolore, donne un coagulum gris olivâtre, qui, chauffé avec un soluté de potasse, s'y dissout en un liquide visqueux, brun verdâtre vu par réflexion ou lorsqu'on agite le tube dans l'air, et rose par réfraction ; à cet effet on le place au centre d'une feuille de papier percée , et on l'examine perpendiculairement au-dessus des charbons ardents ; ou mieux encore en plaçant le tube entre deux doigts pour intercepter les rayons réfléchis, et l'examinant entre l'œil et la lumière artificielle dans un lieu obscur. Le liquide des taches, le soluté potassique, précipitent en flocons grisâtres par le chlore, l'acide chlorhydrique, azotique.

M. Boutigny constate ces divers caractères en déposant une goutte du liquide des taches sur une plaque d'argent chauffée au rouge : elle se trouble, prend une couleur gris verdâtre ; touchée avec une baguette de verre imprégnée d'un soluté de potasse, elle reprend sa transparence, est verdâtre par réflexion, rougeâtre par réfraction, se coagule par l'acide chlorhydrique, et se redissout dans la potasse.

Ces caractères *chimiques* appartiennent au sang des mammifères, de toutes les espèces animales, peuvent être constatées sur des taches très-anciennes, pourvu qu'elles n'aient pas subi d'altération putride. Des taches de sang sur du grès, exposé à la pluie et au soleil pendant un mois, traitées par l'eau, etc., ont offert, à M. Lassaigne, les réactions chimiques indiquées. M. Braconnot les a constatées sur un linge qui avait été lavé ; comme les taches étaient insolubles dans l'eau, il s'est servi d'eau ammoniacale.

Les taches de sang peuvent être confondues avec *des taches d'albumine et d'une matière colorante* (orcanette, garance, etc.), *des taches de rouille, de terre bolaires, de fruits, de peinture*, etc. ; enfin, l'expert peut avoir à distinguer les taches du sang de l'homme de celles du sang des animaux.

1° *Taches du sang des animaux.* — Le sang des mammifères offre les deux sortes de globules, identiques à ceux de l'homme. Chez *les oiseaux, les reptiles, les poissons*, les globules rouges sont plus volumineux, de figure ovale, pourvus d'un noyau central (M. Robin). Selon Barruel, le sang des diverses espèces animales développe, par l'acide sulfurique, une *odeur spéciale, caractéristique* : celle de *la sueur des pieds, des aisselles*, avec le sang d'homme, de femme ; celle *de bouse de vache, du crottin de cheval, du suint de brebis, de la sueur du chien, de porcherie ou de charcuterie, de pigeonnier, de poisson, d'urine de souris, de punaise, de grenouille*, selon que c'est le sang de l'une ou de l'autre de ces espèces animales. Pour constater ce caractère, on traite la tache humectée d'eau ou le liquide de la tache par environ 1/3 d'acide sulfurique, on souffle pour dégager quelques produits gazeux, et on flaire ensuite. Ce caractère ne doit être employé que d'une manière accessoire, parce qu'il est souvent difficile à constater, et exige une grande habitude; il peut d'ailleurs induire en erreur, car les liquides animaux, autres que le sang, développent la même odeur par l'acide sulfurique.

2° *Taches formées d'albumine et d'une matière colorante.* — D'après M. Raspail, les taches produites par la matière colorante *de l'orcanette, de la garance et d'albumine*, offrent les caractères physiques et chimiques des taches du sang, tandis que, d'après Orfila, ces matières colorantes ne subissent pas par l'action de la chaleur, de la potasse, les mêmes modifications que l'hématosine ; ensuite elles n'otfrent pas les deux genres de globules caractéristiques du sang. Selon M. Persoz, l'acide hypochloreux, privé d'acide chlorhydrique, détruit complétement et promptement les diverses matières colorantes de nature organiques, n'altère pas ou fait passer au brun celles du sang. Orfila a constaté que les *taches de graisse et d'orcanette, de garance et d'huile de pavot, de charbon et de graisse,* se comportaient aussi comme celles du sang. Il ajoute que l'expérience ne doit pas durer plus de quelques minutes, temps suffisant pour détruire les matières colorantes autres que celles du sang.

3° *Taches de fruits acides.*—Le suc de citron et autres fruits acides produit sur le fer des taches qui sont brillantes, s'écaillent par la chaleur, s'enlèvent par l'eau, mais il ne reste pas sur l'instrument une matière glaireuse; ensuite, le soluté est jaune, ne se coagule pas et ne change pas de couleur par la chaleur, se colore en bleu par le cyanure jaune, en violet par la teinture de noix de galles, etc.

4° *Taches de rouille.*—D'un jaune d'ocre ou rougeâtres, ternes, elles ne s'écaillent pas, et l'instrument ne reprend pas son brillant par la chaleur, se délayent dans l'eau sans se dissoudre. Le dépôt, ainsi que les taches se dissolvent dans l'acide chlorhydrique, donnent un chlorure jaune, qui, par le cyanure jaune, la teinture de noix de galles, offre les réactions indiquées. Les taches de sang sont insolubles dans cet acide.

5° *Taches des terres bolaires.*—Elles se comportent à peu près comme celles de rouille, en raison du fer qu'elles contiennent.

6° *Taches de peinture.*—Elles ressemblent beaucoup à celles du sang, mais sont insolubles dans l'eau, et, par l'alcool ou l'éther, on peut dissoudre les matières grasses, séparer les matières colorantes.

7° *Taches de matières grasses, de rouille, de fruits acides, de sang.*—Mises à macérer dans l'eau, les deux dernières s'y dissolvent, la rouille se détache et se sépare par le repos;

il reste sur l'instrument une matière glaireuse, visible à la loupe, mêlée à des corps gras, qu'on sépare par l'alcool. Le liquide aqueux chauffé, donne le coagulum caractéristique du sang, et la liqueur filtrée les caractères des sels de fer.

8° *Les taches rouges du pain*, qu'on pourrait confondre avec celles du sang, sont formées de corpuscules ovoïdes de 1/3000 à 1/8000, *le monas prodigisa* d'Eremberg.

TACHES DU SPERME.

Caractères chimiques.—De forme et de dimension variables, apparentes sur l'une des faces, ou sur les deux si c'est un tissu de fil, de coton; grisâtres, à bords ondulés, d'une odeur spermatique quand elles sont récentes et frottées, ou humectées d'eau tiède quand elles sont anciennes. Le linge est empesé. Déposée sur une plaque de tole légèrement chauffée, la tache jaunit. Séparée avec des ciseaux, incisée, suspendue à l'aide d'un fil fixé à un bouchon, dans un tube contenant quelques grammes d'eau, de manière à ce qu'elle soit complétement immergée, et agitée de temps en temps, au bout de quelques heures le linge se désempèse, *offre l'odeur spermatique*, reste imprégné d'une matière glaireuse, qui réempèse le linge après dessiccation, se dissout dans la potasse. Le macéré est louche, passe difficilement à travers un filtre humecté, et le liquide filtré reste encore trouble. Évaporé lentement au bain-marie dans un petit ballon, il dégage une *odeur spermatique*, dont s'imprègne un tissu placé à l'orifice, *ne se coagule pas, dépose seulement quelques flocons glutineux*, bout à la manière d'une dissolution de gomme, laisse un résidu glaireux, qui, après refroidissement, forme, sur les parois du vase, un enduit *luisant, transparent*. Ce résidu, délayé dans l'eau, à l'aide d'une baguette de verre, s'y dissout en partie. Le soluté, filtré, *ne précipite pas par l'acide azotique, se trouble légèrement par l'alcool*. La partie indissoute est *poisseuse*, adhère à la baguette, se dissout dans la potasse.

Tels sont les caractères qui, d'après quelques toxicologistes, distinguent les taches du sperme des taches des divers mucus et autres liquides sécrétés et qui, dans quelques cas légaux, ont servi à affirmer leur nature. Ces caractères nous paraissent insuffisants : ainsi, dans quelques cas, M. Devergie avoue être resté dans le doute sur la nature des taches, et celles de salive, soumises aux mêmes réactions, offrent avec celles du sperme la plus grande analogie, surtout les deux caractères les plus importants, *l'odeur spermatique, la non-précipitation du macéré par l'acide azotique.* Le seul caractère certain, c'est la présence des zoospermes, car ils ne se rencontrent que dans cette liqueur animale.

Caractères microscopiques.— Découpez les taches par petites lanières, mettez-les à macérer d'abord dans l'eau distillée, comme il est dit dans le paragraphe précédent, puis dans l'eau à 60°, et ensuite dans l'eau additionnée de 1/10 d'alcool, ou mieux encore de 1/16 d'ammoniaque ; filtrez successivement, et dans l'ordre de leur extraction, les trois macérés sur le même filtre ; coupez le sommet de celui-ci encore humide, renversez-le et étalez-le sur une lame de verre ; imbibez-le légèrement d'eau ammoniacale ; enlevez le papier avec précaution ; examinez le liquide resté sur le verre à un grossissement de 400 à 600 fois. *Les zoospermes* ressemblent à un têtard, la tête ovoïde ou cordiforme, suivie d'une queue filiforme, allant en diminuant insensiblement, agitée de mouvements ondulatoires quand ils sont vivants. Leur longueur est d'environ 0,048 à 0,058 de millimètres. La queue en forme au moins les 9/10, mais il est rare qu'elle soit entière. Séparée de la tête, elle pourrait être prise pour les filaments du linge dont nous donnons les caractères ci-après, des petits vibrions se forment dans le sperme altéré et impriment des mouvements de translation aux zoospermes morts. Ceux-ci manquent ou sont altérés

dans quelques états morbides, surtout chez les vieillards;
tous n'ont pas la même longueur, la même grosseur : ceux
des taches sont privés de mouvement.

D'après Bayard, on peut trouver les zoospermes 6, 10,
60 heures après l'union des sexes dans le *mucus vaginal,*
qui, en outre, contient des *monades prostatiques, de petites
écailles rougeâtres, irrégulières ou ovalaires,* propres à ce
mucus. Cet auteur, par ce procédé, sur des tissus de coton,
de toile, de calicot bleu, de laine, de soie colorés en violet,
en rouge, a reconnu des taches de sperme, après plusieurs
années, M. Devergie, après un an, et Orfila après 18 *ans.*
Sur la laine la tache n'était pas toujours apparente. On se
sert de l'eau acoolisée ou ammoniacale pour dissoudre le
mucus et mieux distinguer les zoospermes. L'eau additionnée de 1/20 de potasse, de soude, de 1/40 d'acide chlorhydrique peut aussi servir à isoler les zoospermes (M. Devergie).

*Les taches de mucus vaginal, nasal, produites par la salive,
l'écoulement lochial, leucorrhéique, blennorrhéique* sont verdâtres, jaunâtres ou grisâtres, n'offrent pas des caractères
bien tranchés qui puissent les distinguer les unes des
autres. Soumises aux mêmes réactions que les taches du
sperme, aucune ne présente les trois caractères suivants
réunis, 1° *les zoospermes ; 2° l'odeur spermatique ; 3° la non-
précipitation du liquide par l'acide azotique.*

IX.—Cheveux, poils, laine, toile, coton.

L'expert peut être appelé à distinguer les cheveux des
poils des autres animaux, le coton de la laine, de la soie,
du lin dans les tissus composés; à reconnaître, sous le
point de vue de l'identité, si la couleur des cheveux n'a pas
été changée.

1°—*Les cheveux,* examinés *au microscope,* entre deux plaques de verre, au milieu d'un liquide assez réfringent (sirop, huile), sont cylindriques ou aplatis, 2, 3 fois plus
larges qu'épais, pourvus d'un canal central rempli d'une

substance opaque, ou formés de petites cavités oblongues, unisériées, renfermant une substance huileuse colorante, couverts de lames écailleuses peu saillantes, à bords sinueux, séparées par des intervalles de 1/100 de millimètre, évidentes surtout sur les poils follets. Les cheveux de grosseur moyenne offrent de 8 à 9/100 de millimètre de diamètre, ceux de la barbe, des favoris 13 à 15/100 (M. Robin.)

2° *Les poils des animaux ruminants* sont courts, roides, pourvus de cavités aérifères plus ou moins régulières, qui les distinguent des cheveux. Dans une expertise légale, Barruel et Ollivier d'Angers, chargés de constater la nature des taches et des filaments sur une hache, reconnurent 5 filaments de 11 à 12 millimètres de longueur, opaques, sans canal central, d'un jaune roussâtre, allant en diminuant d'une extrémité à l'autre, offrant enfin les mêmes caractères que les poils des vaches, des chevaux, tandis que les cheveux sont de même diamètre dans toute leur étendue, et, terme moyen, 6/1000 millimètre, ont un canal central ou une ligne plus ou moins argentée et transparente.

3°—*La laine de mouton* commune est en filaments de 3, 4/100 de millimètre ; et, la fine de 20 à 24/1000, épais, homogènes, couverts d'écailles inégales, appliquées en recouvrement de haut en bas, ce qui leur donne la propriété de se feutrer.

4° *Les fils de coton* sont des tubes fermés à leurs extrémités, pleins d'une substance qui les empêche de s'imbiber; *ceux de chanvre, de lin* sont des tubes ouverts aux deux bouts, dont le mouillage a détruit la matière qui les remplit. *La soie* est formée d'une substance molle, étirée, disposée en filaments, sans structure régulière, dont l'épaisseur varie de 7 à 15/1000 de millimètre, non écailleux, ce qui la distingue de la laine fine (M. Robin).

Tissus.— Ces caractères microscopiques et les suivants

peuvent servir à reconnaître les divers éléments qui composent un tissu et leurs proportions. Après l'avoir humecté d'acide azotique du commerce, on l'étend sur des assiettes de porcelaine que l'on expose au soleil ou près d'un poéle, pendant 7 à 8 minutes. En examinant ensuite l'étoffe à l'œil nu ou à la loupe, on peut distinguer *les fils de soie, de laine* qui sont jaunis, de ceux *de lin, de chanvre* qui restent incolores; *les fils du phormium tenax* sont colorés en rouge par cet acide. Si le tissu était teint, on détruirait préalablement la matière colorante par le chlore ou par l'action prolongée de l'acide azotique (M. Lassaigne). M. Maumée trempe le tissu dans un soluté de 1 partie de chlorure d'étain et 2 parties d'eau, puis chauffe doucement; *les fils de lin, de coton* sont seuls charbonnés. En plongeant le tissu dans un bain d'huile *les fils de lin* deviennent translucides ; ceux *du chanvre* restent blancs.

DÉCOLORATION DES CHEVEUX.—Orfila a constaté que des mèches de cheveux noirs plongés dans un bain d'eau chlorée, passaient au châtain clair, au blond foncé, au blond clair, même devenaient blancs ; mais ce n'est qu'après une longue immersion dans l'eau chlorée très-concentrée, souvent renouvelée, et encore les nuances ne sont pas toujours bien tranchées et uniformes; ensuite, les cheveux, malgré les lavages, sont cassants, conservent l'odeur du chlore. Par tous ces motifs, il est douteux que ce moyen puisse être employé sur l'homme vivant.

COLORATION DES CHEVEUX.—L'usage de teindre les cheveux est très-ancien : tantôt c'est avec des poudres, *le sulfure d'antimoine, le noir de fumée* mêlé à de l'axonge (pommade mélaïnocome), etc., dont on couvre les cheveux ; tantôt avec des substances minérales (préparations de plomb, de bismuth, d'argent) qui les pénètrent, se combinent avec le soufre des cheveux et donnent lieu à des sulfures noirs. A cet effet, on dégraisse les cheveux avec un jaune d'œuf, de l'eau ammoniacale ou savonneuse, on les imprégne exactement, mèche par mèche, de la substance colorante à l'état liquide ou de pâte; on couvre la tête d'une toile cirée, et, au bout de quelques heures, on lave les cheveux; afin de leur donner de la souplesse, on les enduit ensuite de pommade ou d'huile.

Les formules sont très-variées : *celles de Gruling, de Forestin* ont pour base le tannate de fer ou l'encre. La suivante est celle qui offre le moins d'inconvénients, et dont l'effet se produit en deux heures. *Litharge 3 p.; chaux éteinte, 2 p. 3/4; craie, 3 p.; mélangez et délayez* dans s. q. d'eau pour faire une pâte. *Le plombate de chaux* donne aussi aux cheveux une couleur d'un très-beau noir. Avec *le nitrate d'argent* ils deviennent violets à la lumière, et roussâtres avec le *sous-acétate de plomb. Le nitrate, le chlorure de bismuth, saturés par la potasse,* donnent aussi une bonne coloration, surtout par l'emploi de l'acide sulfhydrique, mais ce moyen est repoussant.

Les cheveux, les favoris, la barbe, etc., d'une personne qui voudrait dissimuler son identité en les colorant ou en les décolorant, placés entre l'œil et la lumière, offrent une couleur roussâtre ou violette, n'ont pas la même nuance dans toute leur étendue. Si on les laisse pousser, la base présente une coloration différente de celle des cheveux à l'état normal. Après cet examen, on en coupe une mèche. Si la matière colorante n'est que juxtaposée, comme avec la pommade mélaïnocome, elle s'enlève par frottement ou bien par l'ébullition dans l'eau ; la graisse fond, vient surnager, et le charbon se dépose. Si, au contraire, la couleur pénètre les cheveux, comme avec les préparations de plomb, de bismuth, d'argent, incinérez la mèche dans un creuset de platine, traitez les cendres par l'acide azotique, évaporez l'excès d'acide, reprenez par l'eau et constatez les caractères des sels de ces métaux. On peut encore dissou-la mèche directement dans l'acide azotique, évaporer, etc.

X.—Altération des actes, écritures, etc.

Le grattage, les lotions à l'eau chlorée ou acidulée par l'acide oxalique, etc., tels sont les moyens habituellement employés pour faire disparaître l'écriture des actes. Comme ces moyens altèrent le poli, l'épaisseur du papier, le rendent buvard, afin d'obvier à cet inconvénient, on se sert d'alun, de sandaraque, de matières collantes, gélatineuses, composées de résine, d'amidon, etc., comme pour le collage du papier mécanique.

Il y a divers moyens pour reconnaître ces fraudes : 1° étaler l'acte sur une lame de verre, l'examiner à la loupe pour s'assurer s'il offre partout la même épaisseur, la même transparence ; 2° le mouiller ensuite exactement avec de l'eau et procéder au même examen, en le plaçant perpendiculairement entre deux lames de verre et opérant à une très-bonne lumière. Si certains points paraissaient altérés, on les toucherait avec un soluté d'iode, qui jaunit la gélatine et bleuit l'amidon. Par l'évaporation de la liqueur on obtiendrait de l'alun, dans le cas où ce sel aurait été employé. S'il y avait des parties qui ne fussent pas mouillées, l'acte, après dessiccation, serait imbibé d'alcool à 87, qui dissoudrait la sandaraque, les matières résineuses, et les nouveaux caractères s'infiltreraient au-delà ; par l'évaporation de l'alcool on obtiendrait ces substances.

Il est bien difficile d'enlever complétement les anciens caractères par les lavages à l'eau acidulée. Pour en rendre les traces évidentes, les procédés suivants sont indiqués : 1° placer l'acte entre deux feuilles de papier tournesol rouge et bleu, imbibé d'eau ; si l'acide, le chlore n'avaient pas été saturés par un alcali, le papier serait décoloré ou rougi dans les points correspondants aux parties altérées ; si l'alcali avait été employé en excès, le papier rouge passerait au bleu. 2° l'acte étant placé entre deux feuilles de papier soie et soumis à la chaleur d'un fer à repasser, les anciens caractères pourraient se colorer d'une manière spéciale. 3° en mouillant l'acte avec un soluté soit de tannin (1 gramme pour 60 grammes d'eau), soit de cyanoferrure de potassium (1 p. sur 100 d'eau), les anciens caractères peuvent se colorer en violet ou en bleu. 4° un soluté de 1 p. d'acide oxalique sur 50 parties d'eau, versé, goutte à goutte, sur les parties qui paraissent altérées, fait disparaître plus promptement les nouveaux caractères que les anciens. Dans ces sortes d'expertises il faut s'assurer si l'acte n'a pas été altéré par son séjour dans un lieu humide, le contact d'un mur salpêtré, sulfaté, et avoir le soin d'en faire tirer un double en cas qu'il soit modifié pendant les recherches.

Quant aux encres de sympathie, on peut rendre les caractères évidents par la chaleur, qui colore en bleu les sels de cobalt, en jaune-brun le suc d'ail, par l'acide sulfhydrique, le sulfhydrate d'ammoniaque, qui colorent en noir les sels de bismuth, de plomb, etc.

XI.—Altération des monnaies.

Le titre légal des monnaies est de 900 parties d'or fin ou d'argent sur 100 parties de cuivre, avec 4 millièmes de tolérance par gramme pour les pièces d'or et 6 millièmes pour celles d'argent.

Le grattage, l'imitation par des métaux, des alliages de moindre valeur, le placage, l'addition du cuivre, tels sont les genres d'altération les plus fréquents des monnaies d'or et d'argent. Ces fraudes se reconnaissent aux caractères physiques, organoleptiques et chimiques. Les expériences doivent être comparatives avec des pièces de la même valeur.

Caractères physiques et organoleptiques. Les plus importants sont l'irrégularité de la pièce, le poids, l'odeur dont elle imprègne les doigts, la sonoréité, la dureté, la direction de l'effigie, l'absence par l'examen à la loupe de quelques caractères sur la tranche, les défauts qu'elle peut présenter : ainsi les pièces de plomb, d'étain sont insonores, grisâtres ou d'un gris bleuâtre, se ternissent à l'air, se rayent facilement, ont une odeur spéciale quand on les frotte. Alliés au cuivre, à l'antimoine, au nickel, ces métaux peuvent donner des alliages qui ont beaucoup d'analogie avec l'argent; alors il faut les soumettre aux réactifs chimiques. Le placage se reconnaîtrait par la section de la pièce.

Caractères chimiques. Ils se tirent de l'inégale solubilité et oxydabilité des métaux des alliages dans les acides azotique, chloro-azotique, de leur plus ou moins grande fusibilité à la coupellation. *Un alliage de plomb, de zinc, de bismuth, de cuivre et d'étain ou d'antimoine,* étant traité à chaud par l'acide azotique, les 4 premiers métaux donneraient un azotate soluble, tandis que l'étain, l'antimoine se déposeraient à l'état d'oxyde, lequel serait dissout dans l'acide chlorhydrique pour le caractériser. Si c'était un alliage d'étain et d'antimoine, ces deux métaux s'oxydent dans l'acide azotique sans s'y dissoudre ; on conseille alors de faire fondre l'alliage avec 3 parties d'étain, et de le traiter ensuite par l'acide chlorhydrique, qui dissout seulement l'étain; ou bien mieux encore, de dissoudre les deux métaux, préalablement oxydés par l'acide azotique, dans l'acide chlorhydrique ou l'eau régale, et de précipiter l'antimoine par une lame d'étain ou de zinc. Le *maillechort,* alliage de cuivre, de nickel et d'étain, avec lequel on peut imiter l'argent, quoique moins blanc, étant soumis à l'action de l'acide azotique, les deux premiers métaux sont dissous, et l'oxyde d'étain se dépose; si, à travers le soluté rendu acide, on fait passer du gaz sulfhydrique, le cuivre seul est précipité à l'état de sulfure. L'*alliage d'argent et de cuivre,* soumis à l'action du même acide, donnerait un double azotate dont on séparerait l'argent à l'état de chlorure par l'acide chlorhydrique.

Pour reconnaître si les pièces d'or offrent le titre légal, si elles renferment de l'argent, on les soumet à la coupellation. Sur 5 grammes de plomb, fondu dans une coupelle, jetez 1|2 gramme d'alliage et 3 fois autant d'argent que la pièce contient d'or, ce qui est constaté par une analyse antérieure; le plomb et le cuivre s'oxydent, s'infiltrent dans les parois de la coupelle, et il reste un bouton d'or et d'argent, dont on fait *le départ*, en le faisant bouillir, pendant 20 minutes, dans l'acide azotique à 22°, qui dissout seulement l'argent. Pour avoir l'or pur, on le fait bouillir, pendant 10 minutes, dans l'acide azotique à 32°.

M. Lassaigne a démontré qu'un double louis était formé de platine, 11,200, or, 4,050, argent, 0,201, en traitant, pendant 10 minutes, à une douce chaleur, 1|2 gramme de cette pièce par 2 grammes et 1|2 d'eau régale, composée de : acide chlorhydrique, 1 gramme et 1|2, acide azotique, 1|2 gramme, eau distillée, 1|2 gramme. Le platine seul reste indissout. La liqueur, étendue d'eau, dépose du chlorure d'argent, qui est réduit au chalumeau par le carbonate sodique. Le liquide filtré, dépose, par le proto-sulfate ferreux en poudre, de l'or très-divisé, qui est lavé à l'eau acidulée par l'acide chlorhydrique et desséché. Enfin le liquide restant concentré et traité par le chlorure ammoniaque, donne une double chlorure qui, lavé et calciné, laisse le peu de platine qui avait été dissout par l'eau régale.

Les *alliages* les plus usités pour imiter les monnaies d'argent sont : — étain, 75 parties, antimoine, 25 parties, —étain, 75 parties, bismuth, 25 parties, — étain, 80 parties, zinc, 20 parties, — étain, 90 parties, plomb, 10 parties, — étain, 80 parties, plomb, 10 parties, antimoine, 10 parties.

Ces données succintes, les caractères chimiques des dissolutions métalliques (page 28) serviront à reconnaître non-seulement l'altération des monnaies, mais encore, *a priori*, les proportions de chaque métal dans un alliage.

CONCLUSIONS ET COROLLAIRES

Toxicologiques.

I.—Il est expérimentalement démontré que les poisons n'agissent qu'après avoir été absorbés. L'absorption en est d'autant plus prompte qu'ils sont plus solubles, ont moins d'action chimique sur les produits organiques, que les surfaces absorbantes sont plus vasculaires, privées de mucus, d'epitelium. D'après leur degré d'activité, ces surfaces peuvent être disposées ainsi : muqueuse pulmonaire, séreuses, tissu cellulaire, musqueuses intestinale, rectale, gastrique, etc.

II. — Les poisons sont absorbés et transportés par les veines dans les organes. Leur séjour y est d'autant plus prolongé qu'ils forment des composés insolubles avec les principes immédiats, sont donnés par doses fractionnées, successives, que les organes offrent moins d'activité vitale; cependant le foie est celui où ils séjournert le plus, peut-être en raison de sa double circulation, de l'élimination et de la résorption incessantes qui s'opèrent dans le tube intestinal.

III. — La présence du poison en petite quantité dans les organes, même les plus essentiels à la vie, n'est pas incompatible avec l'état de santé.

IV. — L'élimination des poisons se fait par presque toutes les voies, d'une manière continue ou intermittente, mais c'est surtout par les reins, le tube intestinal. On les trouve aussi dans la salive, le lait, la sérosité des vésicatoires, rarement dans la bile. Les poisons volatils et gazeux le sont spécialement par les poumons. Dans les empoisonnements aigus, l'élimination peut être complète en

5, 15 jours. Dans les empoisonnements lents, successifs, les poisons qui forment des composés insolubles avec les produits immédiats peuvent se rencontrer encore dans les organes, surtout dans ceux qui sont les moins importants, 1, 5, 8 mois et plus après leur administration.

V. — L'absence des poisons dans les urines n'est pas une preuve de leur complète élimination.

VI.—Plusieurs poisons étant peu solubles ou formés de parties solubles et insolubles (poisons organiques), donnant lieu soit avec les matières organiques, soit avec les contre-poisons, à des composés insolubles, peuvent se rencontrer dans les matières suspectes (aliments, matières des vomissements, tube intestinal) à l'état 1° solide, 2° liquide, 3° de combinaison ; d'où trois ordres de recherches : A. Séparer le poison à l'état solide par le triage, le lavage ; B. soumettre après la matière à l'action de l'eau simple ou acidulé, de l'alcool, en vase clos, pour obtenir les poisons volatils ou solubles dans ces véhicules ; C. détruire ensuite la matière organique, le résidu de l'évaporation des liquides, par l'un des procédés de carbonisation, d'incinération, etc., indiqués dans le chap. II. Ce dernier mode de recherche ne s'applique guère qu'aux poisons de la 4ᵉ sect.

VII.—Quoique les poisons absorbés se rencontrent dans la plupart des organes, comme le foie est, de tous, celui qui en contient le plus, quelle que soit la période de l'intoxication, c'est sur lui que doivent porter spécialement les recherches ; viennent ensuite la rate, les poumons, les reins, le cœur, les muscles, et, parmi les liquides, les urines, le sang. Ce n'est que dans les cas exceptionnels qu'on y soumet les autres parties. Pour la recherche des poisons absorbés, les deux derniers modes d'investigation indiqués dans le paragraphe précédent sont seuls applicables.

VIII.—Les effets des poisons se distinguent : 1° d'après leur siége, en *locaux, généraux, spéciaux*; 2° d'après leur acuité, leur succession, en *aigus, lents et consécutifs*; 3° d'après leur nature symptomatique en *âcres, irritants, caustiques, narcotiques, narcotico-âcres, anesthésiques, tétaniques ou convulsivants, septiques, hyposthéniques et hypersthéniques.*

IX. — Les lésions, nulles ou peu évidentes lorsque la mort est instantanée, sont, en général, en rapport avec la nature symptomatique des effets : avec *les poisons âcres, caustiques,* elles siégent dans le tube intestinal, sont de nature inflammatoire, et le sang est noir, gélatineux : avec *les narcotiques,* le cerveau, ses vaisseaux, ses membranes sont congestionnés : avec *les narcotico-âcres,* elles participent des deux genres de lésions précédentes : avec *les anesthésiques,* ce sont celles qu'on observe dans la syncope, l'asphyxie : avec *les tétaniques,* la moëlle épinière, ses membranes sont congestionnées, enflammées et les poumons engoués; enfin *les poisons septiques* rendent le sang incoagulable, brun-verdâtre, très-putrescible, ainsi que les organes. Dans la plupart des cas, lorsque l'intoxication se prolonge, les poumons sont plus ou moins congestionnés.

X.—Quel que soit l'effet des poisons, leur mode d'action est, en définitive, chimique ou dynamique.

XI.—La prophylaxie des empoisonnements se déduit de la connaissance des circonstances dans lesquelles ils peuvent se produire. Quant à la thérapeutique, il y a deux indications fondamentales : 1° s'opposer à l'absorption du poison ; 2° en combattre les effets. On satisfait à la première par des lotions, la cautérisation, les ventouses, si le poison a été appliqué à l'extérieur; en secondant, provoquant les vomissements, les selles ou par la pompe gastrique, s'il a été donné à l'intérieur; par l'insufflation, à l'aide d'une sonde, ou en rappelant la respiration par les stimulants, la faradisation dans les cas d'intoxication par la voie pulmonaire; enfin, en donnant un contre-poison dont l'effet repose sur l'action chimique. Pour combattre les effets, on se dirige, d'après les indications les plus importantes, déduites de la nature symptomatique des effets, en combinant le traite-

ment local et général, en secondant la nature pour l'élimination du poison, réparer les désordres organiques et
fonctionnels qu'il a produits.

XII.—Le pronostic est d'autant plus grave que le poison
est plus actif, l'estomac vide, les vomissements moins
prompts, la surface où il est déposé plus absorbante; que
les effets locaux sont de nature désorganisatrice, et les
effets généraux portent sur les organes les plus importants; que l'état hyposthénique, comatique, tétanique sont
plus intenses; que le traitement a été moins bien administré.

XIII.—La toxicologie est une science complexe, qui a
surtout pour but la connaissance des effets des poisons,
leur recherche dans les matières suspectes. Comme il est
impossible d'établir une classification à la fois sur ces deux
bases, il faut adopter une méthode d'exposition qui les
concilie en quelque sorte. MM. Orfila, Devergie, Christison ont pris pour base les effets, d'autres toxicologistes, l'analogie naturelle ou chimique. Sous le rapport
légal, cette dernière nous paraît préférable; les deux sont
également bonnes, selon qu'on envisage les poisons sous
le point de vue chimique ou médical.

XIV.—Le diagnostic se déduit des circonstances dans
lesquelles l'empoisonnement s'est effectué, en combinant
les données fournies par les symptômes, les lésions, l'a-
nalyse chimique. Il importe, surtout dans un cas légal,
d'éviter les causes d'erreur résultant des réactifs, des états
morbides, des poisons normaux, accidentels, etc.

XV.— Les questions toxicologiques les plus importantes, les plus générales, concernent la terre des cimetières,
les poisons normaux, accidentels, d'imbibition, la quantité,
la valeur des expériences et observations sur les animaux.

XVI.— Les rapports toxicologiques concernent surtout
la constatation des effets, la levée de corps, l'autopsie, les
exhumations, la recherche des poisons dans les matières
alimentaires, des déjections, la falsification des aliments,

des boissons, des condiments, les taches de sang, du sperme, etc., la coloration des cheveux, etc.

XVII.—L'expert toxicologiste doit être également versé dans les sciences physiques et médicales, avoir un jugement sûr, un cœur droit, un caractère ferme, être inacceeessible à cette vaine gloriole de renommée que peut donner une cause retentissante; il ne doit enfin que la vérité,

Il résulte des *conclusions* précédentes que la toxicologie peut se constituer comme science, former un enseignement doctrinal, car elle a :

1° Sa PHYSIOLOGIE : Les connaissances relatives à l'absorption, au séjour, à l'élimination des poisons.

2° Son ÉTIOLOGIE : Les moyens d'investigation, des méthodes analytiques pour déceler les plus petites traces de poison dans les organes.

3° Sa PATHOLOGIE : Les données relatives aux effets, aux lésions, au mode d'action des poisons, au pronostic.

4° Sa THÉRAPEUTIQUE : Les moyens de retarder l'absorption des poisons, de les neutraliser, d'en combattre les effets.

5° Sa CLASSIFICATION : Qui ne paraît imparfaite que parce qu'elle ne peut être établie à la fois sur les deux objets de cette science, les effets, l'analogie chimique ou naturelle des poisons.

6° Son DIAGNOSTIC : Les données pour distinguer l'empoisonnement de tout autre état morbide, éviter les causes d'erreur relatives au poison.

7° Parce qu'enfin la toxicologie possède les données suffisantes pour la solution des questions qui peuvent se présenter dans les débats et les rapports, résoudre, sous le point de vue chimique et médical, une question d'empoisonnement, éclairer, sous le point de vue légal, le magistrat, le jury sur les circonstances relatives au crime, au délit.

FIN DE LA TOXICOLOGIE GÉNÉRALE.

TABLE MÉTHODIQUE.

CHAPITRE III.

PATHOLOGIE TOXICOLOGIQUE.

CHAPITRE IV.

THÉRAPEUTIQUE TOXICOLOGIQUE.

CHAPITRE V.

CLASSIFICATION TOXICOLOGIQUE.   161

CHAPITRE VI.

DIAGNOSTIC TOXICOLOGIQUE.

CHAPITRE VII.

EMPOISONNEMENTS COMPLEXES.

CHAPITRE VIII.

QUESTIONS TOXICOLOGIQUES.

CHAPITRE IX.

RAPPORTS TOXICOLOGIQUES.

FIN DE LA TABLE.

Paris.—Imprimé chez BONAVENTURE et DECESSOIS, 55, quai des Augustins.